U0043334

THE PERFECTIONISTS

How Precision Engineers Created the Modern World

精確的力量

從工業革命到奈米科技，追求完美的人類改變了世界，

SIMON WINCHESTER
賽門·溫契斯特

吳煒聲——譯

獻給節子。

我的父親伯納德·奧斯汀·威廉·溫契斯特（1921-2011），

生前為人嚴謹，做事一絲不苟，茲以本書緬懷他。

以下段落出自於作家劉易斯・芒福德（一八九五－一九九〇）的著作。各位若謹記於心，閱讀後續內文時可能會有所助益。

機器往復誕生的過程即將結束。過去三個世紀以來，人類飽受陶冶而學習甚多，同時心思敏銳，深切了解機器的實際用途：然而，我們無法繼續生存於機器主導的世界，如同我們無法在貧瘠的月球表面存活。

——《城市文化》（*The Culture of Cities*, 1938）

我們如今重視科學、發明和實用的組織，但也必須盡量喚醒情感，以及表達道德和審美價值。這兩個層面彼此缺一不可。

——《生存的價值觀》（*Values for Survival*, 1946）

別管該死的汽車，讓我們為愛人和朋友打造城市。

——《我的作品與昔日歲月》（*My Works and Days*, 1979）

目次

推薦序

差不多先生的完美惡夢

涂豐恩 哈佛大學歷史與東亞語文博士

「你知道中國最有名的人是誰？提起此人，人人皆曉，處處聞名，他姓差，名不多，是各省各縣各村人氏。你一定見過他，一定聽過別人談起他，差不多先生的名字，天天掛在大家的口頭，因為他是中國全國人的代表。」

「差不多先生的相貌，和你和我都差不多。他有一雙眼睛，但看得不很清楚；有兩隻耳朵，但聽得不很分明；有鼻子和嘴，但他對於氣味和口味都不很講究；他的腦子也不小，但他的記性卻不很精明，他的思想也不細密。」

你可能還認得這一段文字，它出自一篇名叫〈差不多先生傳〉的短文，作者是現代中國最重要的知識分子胡適。這篇文章因為一度收入台灣中學國文課本當中，因此成為許多人的共同記憶。

在胡適筆下，差不多先生是這樣的：要買紅糖卻買成了白糖、在課堂上把陝西當成山西，在錢鋪裡做夥計算帳，卻常把十字常常寫成千字，千字常常寫成十字。凡此種種功能，他卻總是不以為意，只說：「凡事只要差不多，就好了。何必太精明呢？」

還有一次，差不多先生要搭火車，卻遲到兩分鐘才到火車站，眼看火車已經開走，他只能搖搖頭說：「火車公司未免太認真了。八點三十分開，同八點三十二分開，不是差不多嗎？」

最後，差不多先生生了病，家人要找汪大夫來看病，卻陰錯陽差找到了牛醫王大夫，害得差不多先生一命嗚呼。看來是個悲劇的結尾，胡適卻諷刺地寫著：

「他死後，大家都很稱讚差不多先生樣樣事情看得破，想得通；大家都說他一生不肯認真，不肯算帳，不肯計較，真是一位有德行的人。於是大家給他取個死後的法號，叫他做圓通大師。」

「他的名譽愈傳愈遠，愈久愈大，無數無數的人，都學他的榜樣，於是人人都成了一個差不多先生。——然而中國從此就成了一個懶人國了。」

〈差不多先生傳〉首次發表在一九一九年的《新生活雜誌》上，距今正好一百年前。那一年，也是「五四運動」爆發的一年，在那之後，新文化運動在中國風起雲湧，青年知識分子高舉「德先生」（民主）與「賽先生」（科學）的旗幟，要開始大力改造創痛。

胡適是這場運動中的要角，他發表〈差不多先生傳〉，自然也是意在針砭中國文化。

我看到《精確的力量》一書，第一個想起的，便是胡適的這篇短文。其實，胡適不是唯一從這種角度批評中國文化的文人。根據日人內山完造的紀錄，魯迅也曾經說過：「中國四萬萬的民眾害著一種毛病，病源就是那個馬馬虎虎。就是那隨它怎麼都行的不認真態度。」相較起來，他說，「日本的長處，是不拘何事，對付一件事，真是照字面直解的『拚命』來幹的那一種認真的態度。」

精密、完美、嚴謹，這些概念與現代科學與技術的發展有著極密切的關係，也是創造世界的關鍵要素。胡適的諷刺寓言，魯迅對中國人馬馬虎虎的念茲在茲，都從反面襯托出「追求精確」是現代文明的一種執念。

《精確的力量》一書深入探索「精密」的發展史，還有它在現代社會、商業與科技發展中所扮演的角色，除了讓我們理解這個概念本身的流變，也讓我們看到它如何上升到如今這般不可置疑、不可或缺的崇高地位。

本書作者、著名的科普作家賽門・溫契斯特（Simon Winchester），將精密的現代史追溯到十八世紀的鐘錶匠。這似乎不讓人意外，說到精密，很多人腦中浮現的，可能正是鐘錶齒輪互相咬合、彼此轉動的形象。鐘錶需要精密，因為現代社會要求時間精準，不差一分一秒。順道一提，鐵路與火車在這個現代時間觀念的形成中，扮演了十分核心的角色，此前恐怕沒有一項交通工具，會如此要求搭乘者準時。（溫契斯特提到：「在二〇一七年年底，一輛筑波快線列車提早離站二十秒，日本鐵道公司為此還公開致歉。）胡適在〈差不多先生傳〉中描寫主角錯過火車的場景，可以說十分具有其時代意義的。

不過溫契斯特也指出，追求精密的時鐘，是個持續的歷史過程，並非一蹴而就。早期的時鐘受制於物質條件，其實並不準確，必須不時校準。（「鐘聲輕柔和睦，報時各自為政」，有位作家曾這麼寫到。）但一九六九年，日本的精工（Seiko）鐘錶公司利用新技術，製造出石英腕錶，成為有史以來最精密的手錶，據說震撼全球製錶界，也把人類對精準時間的追求，往前推了一大步。

時鐘與精準的關聯也許不難想像，但我們也會在書中讀到其他意外的故事。比如溫契斯特告訴我們，「精密」的誕生，與瓦特發明蒸汽機竟也有著直接的關連。原來，瓦特早期所製造的蒸汽機。因為不夠精密，蒸汽一直外洩，讓雄心勃勃的瓦特懊惱不已。幸好，來自英國的「鐵狂人」威爾金森（John Wilksinson），在因緣際會下與瓦特搭上了線，並以他製造火砲的經驗，改善瓦特的蒸汽機，消除了蒸氣外洩的問題，也讓瓦特發明的機器，開始推動歷史轉軸。過去歷史課本講到工業革命，絕對不能不提瓦特之名，但意外扮演關鍵推手的威爾金森，可就沒那麼為人所熟知了。

除了鐘錶與蒸汽機外，精密的概念也助長了軍事、汽車與航空等現代工業，還有與台灣當代經濟息息相關的半導體產業——可惜作者沒有對台灣的角色有所著墨。在書中，溫契斯特一一追索這些產業「精益求精」的歷史。不過反過來說，在這樣一個凡事講求精確的時代，不夠精確、甚或只是一點小誤差，都可能釀成重大的災禍。

比如十九世紀初年美國的軍火工業，因為商人的貪婪，沒把精準一事放在心上，結果製作出來的槍械，要不是問題重重、無法使用，就是損壞之後難以修復，讓許多提著槍上戰場的年輕士兵，只能自求多福。根據溫契斯特的說法，美國之所以輸掉了一八一四戰爭，與這個軍火製造的精密問題，有著直接關係。

一百多年後，美國會遇到另一個因不夠精密而下場難堪的場面。事情發生在一九九〇年，那一年，哈伯望遠鏡升空，科學家們熱切期盼這個最新、最先進，花費將近二十億美元打造的太空望遠鏡，能為地球人帶回壯闊的宇宙景象。但是誰也沒想到，在哈伯升空兩個月後，得到的結果卻是：圖像模糊不清。

哈伯所拍下的照片沒有一張清晰到可以使用，整個計畫幾乎要宣告失敗。問題的原因？原來只是「主鏡稍微多磨平了一些，只有人類頭髮厚度的五十分之一，卻足以引起光學問題」。

因為相當於人類頭髮厚度五十分之一的誤差（更精確地說，是主鏡邊緣多扁平了二・二微米），就足以讓二十億美元的計畫差點破滅。

因為不精準而造成的災難，還有另外一樁。二〇一〇年十一月四日，澳洲航空的巨無霸客機A三八〇空中巴士，準備從新加坡前往雪梨，可是起飛不久，突然警報大作，引擎燃起熊熊烈火，造成全體機上乘客恐慌。還好，最後在機組人員冷靜處理下，這架飛機成功緊急迫降，沒有釀成人命傷亡。

根據事後調查，所有的問題，可以追溯到引擎的一個零件——供油短管。「這跟管子不到五公分長，直徑只有四分之三公分，英格蘭中部地區北方一間工廠的某個員工曾對這根管子鑽了一個小洞，但是鑽偏了，洞的位置不正。」誤差大約半公釐，卻造成數百萬美元的損失，甚至差點要奪走幾百條人命。

在過去數百年內，「精密」為現代文明帶來的許多新的可能性，科技的發展、商業的突破，都有賴這一個觀念。甚至許多現代機器的精密程度，已經遠遠超乎一般人類的能力。但也因此，人類的粗心大意，將帶來意想不到的嚴重後果，而任何誤差，也將變得無法忍受。《精確的力量》一書，既是向不斷追求精準的科學家與工程師致敬，有時讀來卻也像是一則警世寓言。

一百年前的差不多先生，要是有幸活到了今天，恐怕結局不只是丟掉了自己性命這麼簡單了吧。

Prologue

前言

科學的目標並非開啟大門，讓人汲取無窮智慧，而是設定界線，避免世人犯錯連連。

——德國劇作家貝托爾特·布萊希特（Bertolt Brecht），《伽利略傳》（*Life of Galileo*）（1939年）

我家正準備吃晚餐，但父親閃爍一抹心照不宣的眼神，說要給我看樣東西。他打開公事包，拿出一個沉甸甸的大木箱。

那是一九五〇年代中期，正值冬季的傍晚時分。我們住在倫敦，淒冷的暈黃煙霧瀰漫，令人飽受痛苦。我年約十歲，剛從寄宿學校（boarding school）返家過聖誕節。我父親也剛從北倫敦（North London）❶的工廠回家，拂去軍官大衣肩上點點的灰色雨夾雪（sleet）。他站在火爐前取暖，嘴裡叼著菸斗。我母親則在廚房忙上忙下，將餐盤拿到了餐廳。

我得先談談那個箱子。

即使事隔六十多年，我依然印象深刻。箱子長寬各約十吋，深為三吋，以橡木製成，塗覆清漆，質感頗佳，外表略有磨損，卻保管得宜。箱頂有塊黃銅板，板上鐫刻我父親姓名的首字母與尊稱B. A. W. WINCHESTER ESQ.（伯納德·奧斯汀·威廉·溫契斯特先生）。❷那口箱子與我放鉛筆和蠟筆的不起眼松木箱一樣，頂部有個滑門，以小黃銅搭扣（brass hasp）鎖住，另有一個凹槽，可供一根手指插進去推開滑門。

箱子是我父親製作的，有一層厚實的深紅色天鵝絨襯裡，還有一排很寬的凹槽。槽內穩妥放置許多拋光金屬塊，某些為立方體，多數是矩形，猶如小牌匾（tablet）、骨牌（domino）或坯料（billet），表面都刻著一個數字，數字不是前面有小數點，就是包含小數點，比如．一七五、．七三五或一．三〇〇。我父親小心翼翼放下箱子，然後點燃菸斗：這些神祕的金屬塊約有一百多塊，於煤火映照下閃閃發光。

他拿出兩塊最大的金屬塊，放在亞麻桌布上。我母親認為，老爸從工廠生產區帶回家秀給我看的東西會沾上一層薄薄的機油，因此有點惱怒，哼了一聲，便奔回廚房。她來自於比利時根特（Ghent），❸是個傳統女性，講究整潔，認為亞麻和蕾絲應該一塵不染、潔白無瑕。

我父親拿出金屬塊給我見識。他說這些是以高碳不鏽鋼（high-carbon stainless steel）製成，或者至少是另一種合金，含有些許鉻（chromium）與少數鎢（tungsten），因此特別堅硬。我爸還說，這些金屬塊根本沒有磁性。為了證明這點，他把桌布上的金屬塊推向彼此，劃出了一道油漬痕跡。我媽看了，更加惱怒。他父親說得沒錯：金屬塊不會彼此吸引，也不會相互排斥。他叫我用兩手各拿起一塊金屬塊。我用雙手手掌各捧著一塊金屬塊，作勢掂量重量。金屬塊冰冷厚實，大而沉重，但製作嚴謹，甚為漂亮。

---

❶ 譯注：北倫敦是倫敦的北部地區，通常指泰晤士河北岸地區，與南倫敦相對。

❷ 譯注：作者父親的全名為Bernard Austin William Winchester，ESQ.是英國早期用於男子名後的尊稱。倘若使用ESQ.，前面便不再用Mr.。

❸ 譯注：中世紀時，根特有蓬勃發展的羊毛和亞麻產業，乃是歐洲的大城。

老爸從我手中取回金屬塊，立即將其放回桌上，然後堆疊起來。他叫我拿起上頭的金屬塊，只能拿上頭那塊，而且只用一隻手。我照著去做，但拿起上面那塊時，下面那塊卻緊黏著，也跟著被我拿起。

我父親咧嘴一笑。他說，把它們分開。我抓住下面那塊，使勁去拉，但拉不開。我父親說，多用點力。我又試了一次，但金屬塊紋風不動。這兩塊方形物體緊密結合，似乎被人用黏膠或焊接而構成了一體。我看不到它們的接合處，感覺兩塊金屬彼此融合。我又不斷試著掰開它們。

我弄得滿頭大汗，而我母親從廚房走回來，顯得很不耐煩。我父親便放下菸斗，脫掉外套，開始把食物分到餐盤。金屬塊就放在我父親的玻璃鏡筒（water glass，又譯水玻璃）旁邊。我掰不開金屬塊，表示力氣太小，內心頗感挫敗。我吃飯時又問，可以再試一次嗎？父親回答，不必了。然後，他拿起金屬塊，手腕輕輕一轉，便從側向讓其中一塊從另一塊滑落。金屬塊立刻分開，既輕鬆又優雅。我還是個小學生，看得目瞪口呆，眼前的事猶如一場魔術。

我父親說，這不是魔術，只是金屬塊的六個面都完美無瑕、極為平整。這些物件的加工精度非常高，表面沒有凹凸不平之處，空氣無法滲入去構成弱點。金屬塊極為平坦，一旦相互觸碰，表面分子便會黏合，幾乎難以分開，但箇中原因為何，無人知曉。只能將它們彼此滑開，這是唯一的方法。可用一個詞語描述這種方法：扭擰（wringing）。

我父親語帶興奮，口沫橫飛地講解，我一直很喜歡他散發的熱情。他非常自豪，指出這類金屬塊可能是歷來最精密的物件。它們被稱為塊規（gauge block／Jo block）。瑞典機工卡爾·愛德華·約翰遜（Carl Edvard Johansson）發明塊規之後，這種方塊便用來量測物件尺寸，可用最小公差（tolerance）的塊規進行精密量測。生產塊規的人從事極致的機械工藝。我父親說：這些東西很珍貴，對我非常重要，我希望也能讓你瞧瞧。

然後，他便不再說話，小心翼翼將塊規放回天鵝絨襯裡的木箱。他吃完飯之後，點燃菸斗抽著，最後在火爐旁睡著了。

我父親終其一生擔任精密工程師（precision engineer）。他在職業生涯的最後幾年，替魚雷導引系統（guidance system）設計並製造微型電動馬達（electric motor）。他從事機密的工作，但偶爾會偷偷帶我參觀工廠。我會看到各類機器，有的替小型黃銅齒輪切割輪齒，有的替比人類頭髮更細的鋼製心軸（steel spindle）拋光，有的則將銅線纏繞於比火柴棒頭更小的磁鐵上。我會盯得出神，不是驚異萬分，便是深感迷惑。

我記得曾和我父親喜歡的某位員工度過一段歡樂時光。這位老人身穿棕色的實驗室外套，跟我父親一樣，工作時老愛叼著菸斗，卻不點燃菸草。他坐在一台特殊車床（lathe，我父親說，車床是德國製，非常昂貴）的操作台前面，眉頭深鎖，不停監看高速旋轉的切割工具（notching tool）的切割端。不斷噴出的奶油狀油水混合液正在替機具降溫。一根小的黃銅榫釘（dowel）緩慢旋轉，機器輕啄這根金屬棍，掠過表面時割出極細的黃色金屬線。整個過程極為神奇，令人深深著迷，我專心瞧著，看著一排新切割的輪齒穩穩出現於榫釘外緣。機器稍停片刻，突然出現一陣靜默。然後，當我瞇著眼看著榫釘周圍混亂流動的物質時，一堆獨立且更精緻的碳化鎢（tungsten carbide）工具出現於眼前，隨即運轉作業，其心軸開始轉動與切割，將已構成的輪齒塑形、彎曲、切割與削角。透過機器的放大鏡可看出，輪齒邊緣經過葉片下方時如何改變形狀。最後，在颯颯聲中，輪齒與工具彼此分離。心軸停止旋轉，榫釘如火腿塊般被切開，夾子鬆開之後，從奶油般的液體中升起過濾器，上頭有一堆濕淋淋的精製物件，閃亮得不可思議，這些便是齒輪成品，約莫二十來個，每個都沒有超過一公釐厚，直徑約為一公分。

齒輪都被一根看不見的槓桿從車床上翻轉到一個托盤上，準備滑到心軸上，然後以神奇的方式連接到馬達，有的馬達製造鰭翼，有的則會改變螺距，讓威力強勁的潛艇魚雷能以迴轉方式於寒冷的洶湧大海前進，即便海流難以預測，也能朝敵方目標直奔而一擊命中。

然而，這位老工匠此時決定，英國皇家海軍（Royal Navy）可以從這批新齒輪中讓出一顆不用。他拿起一對鋼製尖嘴鑷子，從奶油般的溶液中夾起一顆齒輪，用清水洗淨，將齒輪遞給我，臉上滿是驕傲得意。他坐回座位，笑得非常開懷，認為自己做得不錯，因此心滿意足，點燃了菸斗。我父親說，這顆小齒輪是個禮物，要讓我記得曾經來訪。這是我這輩子見過最精工細作的物件。

我父親跟這位優秀員工一樣，對自己的職業非常自豪。他認為，將不成形的金屬塊轉變為美麗實用的物件是深奧且重要的工作，值得投入心血。他會微調每個物件並仔細加工，生產出各種用途的產品，從平凡的物件到奇特的零件，樣樣俱全。除了製造武器零件，我父親的工廠也會生產用於汽車、加熱風扇與豎井的裝置，還會製造切割鑽石、研磨咖啡豆，以及安裝於顯微鏡、氣壓儀、照相機和鐘錶內部的馬達。我父親沮喪地說，他的工廠不生產手錶零件，而是座鐘（table clock）、航海用精密時計（chronometer）與落地鐘（long-case grandfather clock）的組件。他製造的齒輪會持續不斷記錄月相，將其顯示在高掛於數千個門廳上方的鐘錶盤面上。

我父親偶爾帶回家的物件可能不如塊規神奇，卻更為精緻迷人，其機器切削的表面極為光滑平整。他帶這些東西，主要是想取悅我。他會把物件放在餐桌上開箱獻寶，但我母親總會為此生氣，因為物件通常都是用油性棕色蠟紙包裹，難免會在桌布上留下油漬。我媽總會狂叫：你就不能墊一張報紙嗎？但通常為時已晚，因為東西已經拿出來了，在燈光照耀下閃閃發光。我爸已經準備滾動輪子、轉動曲柄，甚至展示玻璃零件（裝置通常會有一到兩個透鏡，或者一面小鏡子）。

我父親著迷於製作精良的汽車，對其敬佩不已，尤其讚賞勞斯萊斯（Rolls-Royce）汽車。那是多年以前，當時這類高貴汽車並非代表車主的社會地位，而是彰顯製造者的極致工藝。我父親參觀過勞斯萊斯在英國克魯郡（Crewe）的裝配線（assembly line），與製造發動機曲柄軸（engine crankshaft）的團隊閒聊。最讓他印象深刻的是，重達幾十磅的曲柄軸完全以手工製作，機件平衡完美得當，一旦上試驗台（test bench）進行旋轉測試，便不會停止轉動，因為每一側皆等重，壓根不會產生摩擦。我父親告訴我，如果沒有摩擦，勞斯萊斯「第五代幻影」（Phantom V）的曲柄軸一旦旋轉，便會永不停止。我聽完之後，暗自打算自行設計一部永動機器。為了實現這個夢想，我花費不少閒暇時光，在數百張紙上畫草圖（我年少無知，不太了解熱力學〔thermodynamics〕前兩個定律，不曉得辦不到這點）。

我是在賞玩機器的日子裡度過童年，至今已過了半個多世紀，但我仍記憶清晰，懷念那段時光。二〇一一年春季的某個下午，一位住在佛羅里達州清水鎮（Clearwater）

的陌生人給我發了一封電子郵件。我收到郵件時非常意外，童年時光頓時湧上心頭。信件標題很簡明，只寫著「A Suggestion」（提議），內文第一段（只有三行字）不說客套話，劈頭便寫道：「Why not write a book on the History of Precision?（為何不寫一本討論精密工藝歷史的書籍？）」

寄信人名叫科林．波維（Colin Povey），其主要職銜是「科學玻璃吹製師」（scientific glassblower）。[4]他講的理由很簡單，卻極具說服力：精密（precision）是創造現代世界的關鍵因素，卻隱藏於世人的眼光之外。人人皆知，機器必須精密；大家都認為，對人們很重要的物品（好比照相機、手機、電腦、自行車、汽車、洗碗機與原子筆）必須有精密組合且操作近乎完美的元件；此外，我們大概也會假設，物品愈精密，品質便愈好。氧氣（oxygen）或英語之類的精密現象被視為理所當然。大家對此皆視而不

[4] 只有數百人從事這項獨門職業，他們善於製作精緻複雜的玻璃儀器，專供化學實驗室使用。這些人發行一本雜誌，稱為《融合》（*Fusion*）；他們會舉辦會議；他們崇拜大野貢（Mitsugi Ohno），這位日裔美國移民於一九九九年去世，享年七十三歲，生前主要在堪薩斯州立大學（Kansas State University）任職，吹製了許多精製的巨型玻璃船隻與標誌性美國建築，這些傑作目前展示於該校位於曼哈頓鎮（Manhattan）的校園。大野最為人知的，乃是發明吹製克萊因瓶（Klein bottle）的方法。這種後曲（recurving）容器只有一個表面，猶如三維的莫比烏斯帶（Möbius strip）。

見、不常仔細思考，也甚少適切討論（至少對於非專家的普通人而言）。然而，精密現象始終存在，乃是現代社會極其重要的層面。少了這項因素，現代化便如紙上談兵，純屬空談。

然而，並非自始至終都是如此。精密有個開端，有明確且毋庸置疑的起始日期。精密是逐漸發展，不斷成長、變化和演變。在某些人眼中，精密的未來發展非常明確，但某些人則感到迷茫，不確定其未來走向。換句話說，精密會依循敘事的軌跡發展，但該軌跡可能是拋物線，而非延伸至無窮遠的直線。無論精密以何種方式演變，都會伴隨著一個故事。正如電影界所言，那是一條直通線（through line）。[5]

波維先生說，他以這種方式理解精密理論。然而，他也基於個人理由來建議我探討精密工藝。他告訴我一則故事，談論到精密與簡潔（concision）。以下扼要說明故事情節：

他的父親老波維先生曾是一名英國士兵，人有點古怪，自認為是名印度教教徒（Hindu），因此不必參加通常為強制性的聖公會週日禮拜（Sunday Anglican service）。老波維不想在戰壕中作戰，於是加入英國皇家陸軍軍械部（Royal Army Ordnance Corps，簡稱RAOC），該部隊負責提供作戰士兵武器、彈藥和裝甲車。

（此後，RAOC的任務日漸繁重，如今也得負責略顯卑微的勞務，好比替軍隊洗衣服、提供活動浴室，以及拍攝官方照片。）

老波維在訓練期間，學會了處理炸彈的基本知識與其他技術，因精通工藝而檢定合格。他在一九四〇年被祕密派往英國駐華盛頓大使館（他穿著便服，因為美國當時尚未捲入二戰）。❻老波維的職責主要是與美國彈藥製造商聯絡，以便製造適用於英國製武器的彈藥。

一九四二年，老波維被賦予一項特殊任務：研究為何某些美國製反坦克彈藥從英國步槍發射時會不時卡彈。他火速搭乘火車前往底特律的製造商，在工廠待了數週，仔細量測各批子彈，不過他發現每一發彈藥都製作精確，完全符合規格，應該能適切裝進要使用彈藥的武器。他回報倫敦的上司，告知問題不在於工廠。因此，倫敦高層命令老波維一路跟隨彈藥，直至北非沙漠的戰場，當地的指揮官正因槍砲射不出彈藥而跳腳。

❺譯注：貫穿整部電影的主題或構想。
❻譯注：美國在戰爭初期抱持孤立主義，不願參戰，但日本在一九四一年十二月偷襲珍珠港，令美國公眾憤怒不已，全國才從孤立主義轉為支持參戰。

老波維拖著裝有測量設備的皮箱，立即奔赴美國東岸。他首先搭乘各種運送彈藥的列車，緩緩穿越美國東部的山脈和河流，最終抵達費城。彈藥會從費城用船出貨。他每天都會測量彈殼，知道彈藥及其外殼都維持起初的設計模樣，與剛離開生產線時一樣，在每個鐵路站點都能順利裝進槍管。然後，老波維登上了貨船。

不料，這趟旅程驚險萬分：他搭乘的船發生故障，被船隊與護航驅逐艦拋棄，很可能受到德軍潛水艇（U-boat）的襲擊。此外，貨船深陷狂風暴雨，船員無不暈船，情況極為悲慘。然而，老波維正是身處這種險惡環境，才順利解決了難題。

砲彈堆放於貨艙的板條箱，但船會嚴重搖晃，某些砲彈會因此受損。船隻劇烈搖晃起伏時，子彈堆外緣的板條箱（而且只有那些箱子）會碰撞船側。如果子彈反覆撞擊，而且撞擊時彈殼尖端恰好撞到貨艙壁，前端的整個金屬發射體（簡單來說，就是彈頭）便會被推回黃銅彈殼內，但只會稍微退後一丁點。彈殼碰撞多次之後就會變形，其邊緣會輕微鼓起，而變形幅度幾乎難以察覺，只能用老波維更精密的測微器（micrometer）與量規（gauge）方能檢測出來。

受到這類撞擊的子彈會被隨機分配，因為貨船停靠碼頭之後，裝卸工人會卸下板條箱，然後彈藥會被送往各軍團，壓根沒人知道運送砲彈的順序。因此，某些彈藥便無法合用於戰場上的槍管，難怪才會隨機出現槍管無法發火的情況。

老波維的判斷很合理，而解決之道很簡單：只要底特律工廠強化彈藥箱的硬紙板與板材，然後，嘿嘿，彈藥運送到岸之後都不會變形，反坦克步槍（antitank rifle）卡彈的問題便立馬解決。

老波維向倫敦發電報，回報情況與建議。他立即被封為英雄，然後便出現典型的軍隊辦事風格：老波維又馬上被遺忘於沙漠之中，沒有接到後續任務命令，而且他離開華盛頓的辦公室許久，軍隊也積欠了他許多薪水。

在撒哈拉沙漠（Sahara）出任務，人應該會熱到暈頭轉向，因為故事情節此時有點搖擺不定：老波維似乎在沙漠縱情狂歡，但停留時間稍嫌久了一些。然而，他享受了幾星期的豔陽之後，發現確實需要返美，於是便用幾瓶蘇格蘭威士忌賄賂官員，好讓自己返家。他用了十一瓶約翰走路（Johnnie Walker）行賄，才從開羅（Cairo）（途中還曾路由一處比廷布克圖〔Timbuktu〕❼更有異國情調的戰時中途停留站，從當地的臨時機場中轉）到達邁阿密（Miami），然後再搭乘往北的輕鬆短途飛機，返抵華盛頓（Washington）。

老波維返家之後，發現了令人沮喪的消息。他前往非洲太久，又沒有與單位聯繫，

❼譯注：西非馬利共和國的城市，位於撒哈拉沙漠南緣，尼日河北岸，昔日曾是伊斯蘭文化中心。

因此被宣告失蹤並判定死亡。他的許多權利已被撤銷，櫥櫃也被封鎖，連衣服都被修改，讓另一個體型比他瘦小的人穿。

他花了一段時間，才從兵荒馬亂之中重新安頓好。當一切大致恢復正常時，老波維發現整個軍械部已經轉移到費城（Philadelphia），他便立即動身前往。

老波維在費城愛上了軍械部的美國祕書，兩人最終結婚了。老波維的軍隊識別牌（dog tag）刻著他信奉的印度教，但他卻從未認真信教，而且婚後在美國無牽無掛度過餘生。

給我來信的人辭藻華麗，悠然寫道：「那位女士是我母親，我才能存在。我之所以能存在，全然由於精密這檔事。」他接著寫道，這就是為什麼「你必須寫這本書」。

在我們深入研究其歷史之前，必須先探討精（密）度（precision）的兩個具體層面。首先，現代人聊天時，隨時都可能談到精密度；其實，在現代的社會、商業、科學、機械和知識領域中，精密度是不可或缺、毋庸置疑且似乎至關重要的組成分。它全面且徹底滲透到我們的日常生活。其次是（這簡直很諷刺）多數人的生活無不被精密度影響，受其調味、醃製、鹽漬和妝扮；然而，當我們想到它時，卻全然不知何謂精密度、不了解其意義，或者不明白它和聽起來類似的概念有何差別——最常見的，首推準確度

（accuracy），另有雷同的講法，譬如：完美（perfection）、嚴謹（exactitude）、正確無誤（being just right）和完全正確（exactly）！

精密度無處不在，要證明這點輕而易舉。

只須約略四處查看，便可得知這點。不妨瞧瞧咖啡桌上的雜誌，特別去留意廣告頁面。你在短短幾分鐘內，便可粗略湊出時間表，享受充滿精密度的一天。你可使用高露潔精密牙刷（Colgate Precision Toothbrush）清潔口腔，迎接清新的早晨；如果你夠熟悉吉列（Gillette）的諸多系列產品，可用嶄新的鋒護冰爽（Fusion5 ProShield Chill）系列刮鬍刀，用「精密的五刀片」（five precision blades）減低刮臉頰和下巴鬍鬚時的「拉扯」（tug and pull）感，最後拿博朗精度修剪器（Braun Precision Trimmer）整理山羊鬍和八字鬍。認識新朋友之前，務必購買上過廣告的機器，運用專利的「精密雷射除紋」（precision laser tattoo removal），免受痛苦便可輕鬆移除二頭肌上暗示前女友的紋身圖案。一旦清乾淨紋墨，便可對外展示肌肉，拿一把「芬德精密」（Fender Precision）低音吉他，向女人彈奏一首小夜曲求歡；你也可以替汽車裝上一組新的書面保證「火石／泛世通精密」（Firestone Precision）輻射層雪地輪胎，於冬季時駕車帶她奔馳遨遊，無須擔心車子會失控打滑；你可以先在高速公路上展示高超的駕駛技術，讓她印象深刻，然後運用「福斯精密」（Volkswagen Precision）停車輔助科技，嫻熟地將車子停靠於路邊；然後，你可以邀她上樓，打開古老的「史考特精密」（Scott Precision）收音機，播放輕柔音樂（總部位於芝加哥的「史考特變壓器公司」〔Scott Transformer Company〕「締造了諸多世界紀錄，這款收音機又替其非凡成就錦上添花」——普通咖啡桌上擺放的，並非全是最新一期的雜誌）。倘若飄雪稍微緩和，不妨使用配有「精密溫度控制」（precision temperature control）的「大綠蛋」（Big Green Egg）戶外烤爐，於後花園準備浪漫晚餐；然後，你們可以欣賞附近使用「強森精密公司」（Johnson Precision）器具耕種的玉米田，沉浸於夢幻般的田園景致；最後，你們大可放一百個心，當晚狂歡之後，即便隔日醒來宿醉頭痛或身體不適，也可前往紐約長老會醫院（NewYork-Presbyterian Hospital）求醫，服用新近問世的精密藥物來緩解病症。

隨便翻閱咖啡桌上成堆的雜誌，立馬便能找到前述案例。案例之多，不勝枚舉。未來的英國女王（婚前本名為凱特．密道頓〔Kate Middleton〕）外貌過於出眾完美，英國小說家希拉蕊．曼特爾（Hilary Mantel）最近將她描述為「精密製造、機器製造」（precision-made, machine-made），[8]然而，這位劍橋公爵夫人（Duchess of Cambridge）（其他人也不例外）之所以完美，乃是囿於先天基因和後天教養，必然會展現「不精密」（imprecision）；因此，無論保皇黨或工程師，其實都不滿意曼特爾的說法。

在上述例子中，精密度帶有貶義。然而，精密度卻在別處被奉為圭臬，不時出現於產品名稱、列為產品功能的主要性質，或者成為產品的形式，而且生產這類產品的公司，往往都將精密二字納入企業名稱。此外，精密度還用於描述下列情況：人如何使用語言；人如何整理自身的想法；人如何穿衣、寫稿、繫領帶、製作服裝和調製雞尾酒；人如何雕刻和將食物切片和切塊，好比壽司大師是因為切鮪魚時精準到位而備受尊敬；以及人如何巧妙踢足球、化妝打扮、投擲炸彈、解決謎題、開槍射擊、繪製肖像、電腦打字、贏得辯論和提出見解。

我可說，證明完畢（Q.E.D.）。[9]確實是如此（Precisely）。

精密（precision）與準確（accuracy）意思相近，但精密更好，更適合前述列舉的案例。「準確雷射除紋」（Accurate Laser Tattoo Removal）聽起來並不那麼令人信服或讓人感覺有效；汽車若配備「準確停車科技」（Accurate Parking Technology），會讓人覺得偶爾可能會撞到別輛車子的擋泥板；「準確玉米」（Accurate Corn）充其量聽起來有點枯燥。如果你說「準確」繫上領帶，聽起來彷彿高高在上，有意譴責他人；但若改口說

[8] 譯注：暗諷凱特王妃是按照精確計製作，猶如機器製造，舉手投足過於精準到位。

[9] 譯注：拉丁片語quod erat demonstrandum〔這就是所要證明的〕的縮寫。通常在證明的尾段寫出「Q.E.D.」，藉此顯示所需的證明結論完整無缺。

「精密」繫上領帶，便可展現風格魅力。

「精密」這個詞極具魅力且扣人心弦（precision的第三個音節開頭是 s 的齒音／擦音〔sibilance〕，因此帶有這種效果），起源於拉丁文。法語早期廣泛使用這個字，十六世紀時才首度納入英語詞彙。單字precision最初表示「分離或切斷的行為」（an act of separation or cutting off），但現今已很少人這麼用（另一個字précis表示修剪或割掉的行為）：[10]如今經常代表的意思因為使用過度而淪為陳腔濫調，如同《牛津英文字典》（*Oxford English Dictionary*）所述，它代表做事「準確和精確」（with exactness and accuracy）。

在下文中，精密與準確幾乎等量齊觀，可以互換，因為人們通常認為這兩個詞代表相同的東西；然而，它們代表的事物並不完全相同，並非一模一樣。

本書要探討特定的主題，非得明確區分這兩者，因為真正落實精密的工程界專家認為，區別這兩個詞非常重要。這點提醒我們：英語幾乎沒有同義詞，英文單字全都特立獨行，具備極為狹窄的含義。在某些人眼中，精密和準確大不相同。

精密和準確的拉丁語起源便暗示了這兩個字的本質差異。準確的詞源是表示「關心和留意」（care and attention）的拉丁文；精密的起源是古代一系列涉及分離（separation）

的字詞。乍看之下，「關心和留意」似乎跟切割的動作有點關係，但其實關聯甚少。精密卻與後來表示「細微和細節」（minuteness and detail）的意義有著更為緊密的聯繫。如果你準確描述某樣東西，便是盡可能描述其真正的價值。如果你精密描述某樣東西，你是盡量詳述其細節，儘管這些細節可能並非描述事物的真正價值。

你可以用極高的精密度來描述圓的直徑和圓周之間的恆定比率（亦即圓周率 π），譬如三．一四一五九二六五三五八九七九三二三八四六。圓周率也可準確地表達到小數點後七位，好比三．一四一五九二七——這個數字極為準確，最後一個七是可接受的數字，因為 π 的真正值是落在六五（前面才提到這點，我刻意在數字中間多空一個空格），足以四捨五入。

還有更簡單的解釋方法，就是使用手槍射擊的三環靶紙（three-ring target）。如果你向靶紙開了六槍，六槍都偏離目標，那你是既不準確，也不精密。假使你的射擊孔位於內環，卻廣泛分散在目標周圍，表示你非常準確，射擊的點很接近靶心，但精密度不

⓾ 詩人艾略特（T. S. Eliot）在一九一七年的〈風夜狂想曲〉（Rhapsody on a Windy Night）便套用這個意思：明月低吟咒語／消融層層記憶／其清晰的脈絡關聯／其分隔與切割……（Whispering lunar incantations / Dissolve the floors of memory / And all its clear relations, /Its divisions and precisions ...）。

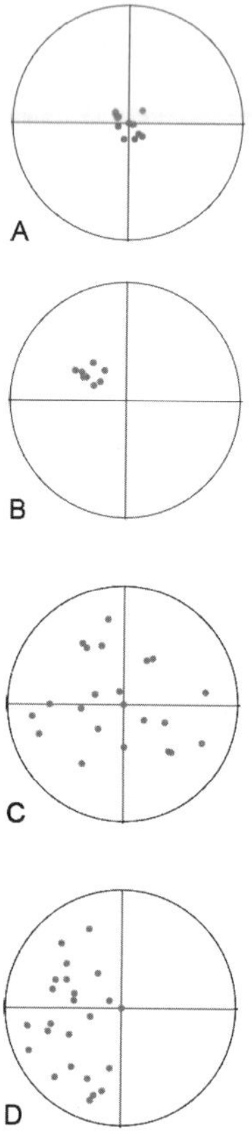

透過靶紙，便可輕鬆區分精密度和準確度。在圖A中，射擊孔接近並聚集在靶心周圍：精密度和準確度都很高。在圖B中，有精密度，但射擊孔偏離靶心，因此不夠準確。在圖C中，射擊孔分散廣泛，既不精密，也不準確。在圖D中，有些彈孔聚在一起，有些則接近靶心，所以準確度中等，精密度尚可，射擊差強人意。

高，因為你的射擊點都落在靶紙的不同位置。如果你的射擊孔都介於內環和外環且彼此非常接近，你就展現很高的精密度，但準確度卻不足。

最後是最令人滿意的情況，請擊鼓慶賀：射擊孔都聚在一起，全部命中靶心。你表現得很棒，有很高的準確度與精密度。

無論是寫出 π 值或打靶，結果累積之後接近期望值時，便是獲得了準確度，而所謂期望值，便是常數的真正數值或靶紙的中央。相較之下，如果累積的結果彼此相似，便是獲得了精密度，亦即多次射擊的結果都完全相同，即便該結果可能不一定反映期待的真正數值。總之，準確度要符合意圖；精密度只考慮本身。

前述講法很混亂，必須添加最後一個定義：公差／容許偏差（tolerance）的概念。出於自然科學和組織架構的因素，公差是特別重要的概念，而本書是圍繞著公差建構內容。現代社會日漸追求更高的精密度，我便依照公差級數安排章節，愈往後頭，級數愈高：剛開始先討論〇．一和〇．〇一的低公差，爾後章節探討高得出奇且萬難達成的高公差，但某些科學家卻致力於追求極致：近期有人宣稱達到的容許偏差小至〇．〇〇〇〇〇〇〇〇〇〇〇〇〇〇〇〇〇〇〇〇〇〇〇〇〇〇〇一公克，亦即「十的負二十八次方」公克。[11]

然而，這項原則也衍生出更常見的自然科學問題：為什麼？為何需要這類公差？人們競相追求更高的精密度，是否確實能造福社會？我們是否迷戀精密度，不斷製造公差範圍日漸縮減的物件，純粹只因為我們能夠辦到，或者因為我們認為應該如此？後續才要思考這些問題，但眼下必須先定義公差，方能窺探精密的這項特殊層面，如同我們了解精密的本身。我先前說過，人可精確運用語言或精準繪圖，但本書主要討論製造物件的這些屬性，而這些物件通常是加工的硬體物質，包括金屬、玻璃和陶瓷等。然而，木頭不在討論之列。我們很想檢視精緻的木造傢俱或寺廟神社，甚至讚嘆精密的刨平木頭與接榫，但精密和準確的概念無法嚴格運用於木造物件，因為木頭是柔韌之物，富有彈性且可變動：它會膨脹和收縮，改變程度難以預測；木頭出於自然，囿於本質而沒有固定的尺寸。無論被刨光、接合、堆疊或輾壓，甚至塗上一層明亮的清漆，木頭依舊不精密。然而，高度機器加工的金屬、拋光的玻璃鏡片或燒製的陶瓷，這些無不具備真正和持久的精密度。倘若製造過程毫無瑕疵，便可不斷重複製造，成品全部雷同，彼此能夠互換。

加工製造的金屬物件（玻璃製品或陶器也不例外）都有化學和物理特性：它必須具備質量（mass）、密度（density）、膨脹係數（coefficient of expansion）、硬度（degree of hardness）和比熱（specific heat）等等，還必須有尺寸：長度（length）、高度（height）和寬度（width）。此外，它必須具備可測量的平直度（straightness）、平坦度（flatness）、圓度（circularity）、圓柱度（cylindricity）、垂直度（perpendicularity）、對稱性（symmetry）、平行性（parallelism）和位置／正位度（position）。加工物件另有其他迷人卻更為晦澀難懂的性質。

就尺寸大小和幾何形狀而言，加工的金屬物件必須有某種程度的所謂「公差」。[12]如果要將加工物件置入機器（時鐘、原子筆、噴射引擎、望遠鏡或魚雷的導引系統），它得符合某種程度的公差。假使加工物件只須直挺挺地單獨置於沙漠，公差便毫無意義。然而，它若要與另一種同樣精製的加工金屬物件契合，就得在尺寸或外形上有公認或表明的容許變異（permissible variation）量，兩樣物件方能彼此契合。這種容許變異便是公差。愈講求精密，公差範圍就愈小，而且要清楚標明。

例如，鞋子通常具備極低的公差：製作粗糙的拖鞋可能「在尺寸上具有公認或表明

⓫ 製作物件時，關鍵在於其尺寸。英語通常會使用近乎無形的副詞how，以疑問方式來限定某件東西的「範圍」（what extent）和「程度」（what degree）。東西有多長、有多大、邊緣有多直、曲面有多彎曲、有多堅硬，以及有多合身？古埃及人率先定義這類術語，提出庫比特／肘尺（cubit），亦即法老前臂的長度（譯注：約四十六公分），因此普遍認為，古埃及人是測量先驅。此後，其他的文明衍生出別種人類屬性，好比拇指或腳的長度、走一千步的距離、一日行程涵蓋的距離，藉此形成測量尺度的基礎，進而制定出固定的吋／英寸（inch）、磅（pound）、grave（譯注：法國人製作的一種金屬砣，為公斤基準器，一七九九年被千克取代）或斤（catty）；某些測量尺度，好比中國的距離單位里（li），卻不固定，會隨著行走的道路是平坦或上坡而有所改變。然後，法國人提出整齊有序、以十進制為基礎的「公制」（système métrique），公制隨後轉變成如今設計嚴謹且通用全球的「國際單位制」（International System of Units，簡稱SI），定義了七個測量長度、質量、時間、電流、溫度、物質量和光強度的基本單位，亦即公尺（meter）、公斤（kilogram）、秒（second）、安培（ampere）、克耳文（kelvin）、莫耳（mole）和燭光（candela）（除了緬甸、賴比瑞亞和美國，各國都正式採用這些單位）。為了讓行文順暢，後記會更詳細揭露諸多測量發展史的祕辛。

⓬ 一九一六年時，人們首度定義公差，稱其為機器工藝中「允許的誤差範圍」（the permissible margins of error）。一份一八六八年的英國國際鑄幣報告率先提及這種特殊觀念，指出製造金幣時，「鑄幣的誤差範圍……稱為公差（remedy或tolerance）……純度（fineness，成色）為十五格令（grain，譯注：磅碼度量衡制中的最小單位，約等於〇．〇六四八公克，原為一粒小麥的重量），加減一克拉（carat）的十六分之一」。

的容許變異」（an agreed or stated amount of allowable variation in its dimensions，此乃工程師對公差的正式定義），變異程度可達到半吋。腳和內襯之間有如此寬大的空隙，精密的概念在此幾乎派不上用場。然而，倫敦的手工羅布（Lobb）烤花皮鞋（brogue）完美無缺、舒適貼腳，可謂極致精密，但仍有八分之一吋的公差。對鞋子而言，這種公差無傷大雅。人們穿起羅布皮鞋時，依舊會感到春風得意。話雖如此，從精密工程（precision engineering）的角度而言，羅布皮鞋根本不精密，也絕非準確。[13]

人類曾經製造出兩部最精確的測量儀器，其中一部遠離塵囂，位於美國靠近太平洋西北地區，亦即華盛頓州中部的乾燥地帶。它是在高度機密的設施外頭建造，美國在當地製造第一批摧毀長崎炸彈所需的鈽（plutonium），數十年來，鈽一直是美國原子武器的核心材料。

該地多年來生產核子武器，遺留大量危險的輻射物質，好比老舊的燃料棒和受汙染的衣物，數量之多，多到難以想像。時至今日，在民眾高聲疾呼之後，政府才開始「補救」（remedy）——或者環保主義者偏愛的「重新矯正」（remediate）——這些汙染物。「漢福德區」（Hanford site）[14]是目前全球最大的環境清理場，淨化環境費用高達數百億美元，必要的補救計畫可能將持續到本世紀中期。

我曾經從西雅圖千里迢迢驅車疾駛，於深夜首度路經這個地區。我往南開時，看到遠處閃現微弱燈光。那裡有武裝警衛駐守，在有尖刺鐵絲網的維安柵欄和警示標誌的背後，約有一萬一千名工人正日以繼夜處理放射性的有害土壤與水源。有些人認為，這項工程過於浩繁，永遠不可能完成。

在主要清理場地的南面和鐵絲網柵欄的外頭，尚可看到成堆的殘餘核廢料，科學家正在此地進行當今最引人注目的實驗。這根本不是機密，也不會遺留任何危險物質，但必須製造與運用一系列人類有史以來最精確的機器和儀器。

那裡毫不起眼，不小心便會錯過，我在晨曦煦煦下抵達該處赴約。我徹夜長途開車，整個人疲憊不堪。外頭冷冽凍骨，路上空無一人，沒有路標指出主要岔道。左邊有面小牌子，指向一群離道路一百碼的白色低矮建築。牌子寫著：「LIGO. WELCOME.（雷射干涉儀重力波觀測站。歡迎光臨！）」這兩個英文字彷彿在暗示：歡迎前來當代大教堂，虔誠膜拜「超精密」（ultraprecision）。

⓭ 精密製造的鞋子依然存在。一八一七年，麻薩諸塞州春田（Springfield）的湯瑪斯．布蘭查德（Thomas Blanchard）設計了一款機器來製造這種鞋子，此乃美國精密故事的一頁事蹟。第三章將探討這個故事。

⓮ 譯注：華盛頓州哥倫比亞河畔漢福德鎮。美國聯邦政府在此處理各類核能廢料。

這片地區鳥不生蛋，氣候乾燥，塵土飛揚。科學家花費數十年，在此祕密設計科學儀器。那裡從事的實驗極其昂貴，但當地成員抱怨時，總會提起一則座右銘：「我們默默無聞，得維護自身安全。」壓根看不到有倒鉤或帶刺鐵絲網柵欄保護他們。ＬＩＧＯ的儀器，公差範圍極小，小到難以想像，其組件的精密度達到超高水平，放眼全球，大自然未曾出現達到過這種精密水準的物體。

ＬＩＧＯ是一座天文台，乃是「雷射干涉儀重力波觀測站」（Laser Interferometer Gravitational-Wave Observatory）的簡稱。這種儀器非常敏感、極其複雜且造價昂貴，目的是要探測穿透時空結構（fabric of space-time）的短暫破壞、扭曲和漣漪現象，亦即所謂的重力波（gravitational wave）。一九一六年，愛因斯坦根據廣義相對論（general theory of relativity）預測了這種現象。

如果愛因斯坦預估正確，深太空（deep space）每隔一段時間發生重大事件（譬如兩個黑洞互撞）時，星際漣漪便會如同扇子一般以光速向外擴散，最終必將撞擊且穿越地球。此時，地球會改變形狀，但變動幅度微乎其微，歷程也極為短暫。

任何有感知的生物都無法體察這種輕微波動；時空擠壓極其微小、瞬間發生且根本無害，當今的機器或設備都無法記錄，理論上只有ＬＩＧＯ能辦到。觀測站儀器歷經數十年實驗，期間不斷改良，逐漸提升靈敏度，目前正在華盛頓州西北沙漠與南方路易斯安那州的灣流區（該處已經設置第二座類似的觀測站）運作，確實已獲致成果。在愛因斯坦發表廣義相對論將近一世紀之後，[15]亦即二〇一五年九月，ＬＩＧＯ的儀器明確偵測到一系列的重力波，同年聖誕節前夕和二〇一六年又再度偵測到。這些重力波源自宇宙外圍，花了數十億年，千里迢迢穿越地球，在極短的時間內改變了地球形狀。

為了偵測這種現象，ＬＩＧＯ的儀器必須按照完美的機械標準製造。在幾年之前，我們幾乎難以想像能達到這種標準，而在更早之前，我們更是想都沒想過，遑論要去落實。這種精緻工藝、這種靈敏度與這種超精密加工並非歷來如此。精密不是隨手可得，於陰暗處等待人們發掘，然後被初期的崇拜者開發，從而造福大眾。實情絕非如此。

精密是一種概念，需要人們基於單純且普遍的需求去刻意發明。出於實際的理由，精密才會問世。二十一世紀時，人們熱愛幻想，冀望能夠確認（或否認）遙遠的恆星碰撞之後會讓時空結構振動；然而，前述的實際理由與這項冀望毫無瓜葛，反而與十八世紀腳踏實地的想法有關。當時，人們亟欲探索一種物理現象，想知道高溫的水所蘊藏的巨大潛力，而從前一個世紀（十七世紀）以降，這種形式的水一直被稱為和定義為「蒸

---

[15] 譯注：愛因斯坦自一九〇七年開始發展這項理論，最終於一九一五年完成。

汽」（steam）。

當時，人們認為可以擁有、管理和引導這種看不見的氣態形式沸水，從中汲取動力去從事有用的工作，（幸運的話）藉此造福全人類。精密便是在這種背景之下於焉誕生。

歷史證明，這都是工程師的天啟頓悟，全然發生於一七七六年某個涼爽的五月天，地點位於北威爾斯（North Wales）。恰巧的是，美利堅合眾國幾週後便成立，[16]於是搭上了順風車，善用了這種妥善演進的精密技術。如今，那個春季的日子被全球訂為首度創建某種程度實際（real）且可再現（reproducible）機械精密度的時日（但是並非人人都附和）——這種精密度可測量、可記錄且可重複，達成了十分之一吋的公差。當年，人們將這種公差比擬為英國一先令銀幣（shilling）[17]的厚度。

---

[16] 譯注：美國在一七七六年七月四日發表獨立宣言。

[17] 譯注：一九七一年以前的英國貨幣單位，一先令值十二舊便士，二十先令折合一英鎊，後來改成銅鎳合金硬幣。

Chapter I

第一章

（公差：0.1）

星星、分秒、汽缸與蒸汽

航海鐘與蒸汽機

受過教育的人能坦然接受主體本質呈現的精密程度，而且在只能粗略追求真相時，也不會尋求準確性。

——亞里斯多德（Aristotle）（西元前384–前322年），《尼各馬科倫理學》（*Nicomachean Ethics*）

十八世紀的英國人約翰・威爾金森（John Wilkinson）被工程界公認為「真正的精密度之父」。人們當時訕笑他瘋狂得可愛，尤其因為他痴迷金屬鐵（metallic iron）。威爾金森打造了一艘鐵船、在鐵桌上工作，以及架起一座鐵製講台，甚至叫人把他關在鐵棺裡，而這副鐵棺便停放在他的工作室（他會突然從棺材跳出來，嚇唬標緻的女訪客）。他生前在蘭開夏（Lancashire）[1]南部的一處偏遠村莊立起一根鐵柱供後人瞻仰。

約翰・威爾金森號稱「鐵狂人威爾金森」（Iron-Mad Wilkinson），而在他之前，還有許多前輩也能冠上精密之父的頭銜。其中一位不太走運，乃是來自約克夏（Yorkshire）[2]的鐘錶匠，名叫約翰・哈里森（John Harrison），他比威爾金森更早幾十年便在打造能精確計時的裝置；另一位則是比哈里森還早大約兩千年的古希臘無名工匠。上個世紀之交，一群潛水打撈海綿的漁民在地中海深處發現這位藝匠的精工細作。某些人認為，精密度應該是現代人創立的概念，因此前述的發現會讓他們訝異。

希臘漁民在伯羅奔尼撒半島（Peloponnese）南方的溫暖海域潛水，通常可在安提基特拉（Antikythera）小島附近撈捕到許多海綿，這座小島介於克里特島（Crete）和希臘大陸南部的捲鬚海岸。然而，他們這次另有所獲，發現一艘失事船隻的帆桁和傾覆的梁柱，它極可能是羅馬時代的貨船。這些漁民從斷裂的木材中實現了潛水夫的夢想：他們找到一大批華麗的藝術品和奢侈品。更神祕的是，連同這些寶藏，還有一堆青銅混合木材之物，早已腐蝕和鈣化，大小如同電話簿。人們起初低估了這個物件，認為它毫無考古價值而將其棄置一旁。

這堆破敗之物遭人忽視，被遺忘在雅典的櫥櫃裡兩年，期間逐漸乾燥，進而崩壞斷裂，裂成三塊，露出了內部裝置，結果震驚全球，裡頭竟有三十多個巧妙齧合的金屬齒輪。其中一個大齒輪，其直徑幾乎與這塊物體等寬；其他齒輪的寬度則不超過一公分。所有齒輪皆有手工切割的三角形齒，最小的齒輪只有十五個齒；最大的則有兩百二十三個。為何是這個數目？當年仍是未解之謎。❸所有的齒輪似乎是從一塊青銅板上切割下來的。

科學家對此起初驚訝不已，隨即轉為難以置信、抱持懷疑，甚至感到困惑而心生恐懼。他們幾乎不敢相信，精明無比的希臘藝匠竟能打造出如此精製的機械。因此，這座令人生畏的機械（倘若確實如此）再度被深鎖於暗室，猶如病原體一般被監禁和管控，塵封了將近半個世紀。它在安提基特拉小島外海被人發現，因此被稱為「安提基特拉機

❶譯注：英格蘭西北部一郡。
❷譯注：位於英格蘭東北部。
❸譯注：代表沙羅週期，亦即每兩百二十三個朔望月。每經過一個沙羅週期，太陽、地球與月亮的排列會近乎直線。

械」（Antikythera mechanism）。爾後，人們悄悄且不著痕跡地將其從希臘考古歷史中刪除，因為他們習慣於古希臘傳世的花瓶和珠寶、雙耳細頸瓶（amphora）和硬幣、大理石雕像或光亮的銅器。僅有某些超薄的書籍和小冊子討論這台機械，稱它是某種星象盤（astrolabe）或天象儀（planetarium）。除此之外，外界對這項發現興趣缺缺。

一九五一年，鑽研科學歷史及其對社會影響的年輕英國學生德立克・普萊斯（Derek Price）獲准去仔細檢查「安提基特拉機械」。在接下來的二十年裡，普萊斯使用Ｘ光（X-ray）和伽瑪射線（gamma radiation）分析這台破碎的古物以及新近發現的八十個碎片，努力探索隱藏了兩千年的祕密。普萊斯最終認為，這台機械比普通星象盤更為複雜，也更為重要。它原本可能是某部神祕計算儀器的跳動心臟（運作核心），而該機械顯然於西元前兩世紀問世，構造極為複雜，令人難以想像，無疑出自於某位曠世奇才。

普萊斯專業不足，無法盡悉機械的內部構造，其一九五〇年代的研究成果有限。然而，二十年之後，核磁共振造影（magnetic resonance imaging，簡稱ＭＲＩ）問世，一切便隨之改觀。到了二〇〇六年，亦即撈捕海綿的漁民首度發現這項古物一百多年之後，[4]科學期刊《自然》（*Nature*）才刊登一篇文章，更詳盡分析「安提基特拉機械」。

成員來自世界各地的專家團隊向《自然》期刊投了這篇文章，認為希臘潛水夫打撈上岸的這項古物，乃是嚴密封裝於機殼的小型機械遺骸。這台機械可謂類比電腦

（analog computer），❺具有錶盤（針面）、指針和基本的使用指南。這種裝置用來「計算和顯示天體訊息，特別是週期（cycle），譬如月相（phase of the moon）和陰陽（合）曆（luni-solar calendar）」。此外，這部機械的銅面雕刻小字體的華麗希臘文（Corinthian Greek），❻目前總共發現三千四百個文字，字母皆為公釐大小。古希臘人昔日只知道五顆行星，而我們可以推斷，當年希臘人轉動盒邊曲柄時，這些齒輪會彼此齧合，用來推測所知行星如何運行。❼

這篇文章刊登之後，一群為數不多的熱心人士便風靡這台無比非凡的小儀器，開始動手用木頭與黃銅仿造各種可運轉的機械模型。在某個案例中，機械模型的內部結構如同3D跳棋遊戲不斷擴展，結果擠爆透明的有機玻璃（Perspex）層。專家從各種齒輪的

---

❹譯注：沉船發現於一九〇〇年十月。

❺譯注：以類比形式代表資料的電腦，輸入的資料是實測的物理量，而非數位訊號。

❻譯注：Corinthian指古「希臘科林斯式的」，乃是一種建築風格，其細圓柱的頂部雕刻華麗樹葉，因此有奢華之意。

❼傳統與後來希臘化時期的希臘天文學家都知道五大行星：水星（Mercury）、金星（Venus）、火星（Mars）、木星（Jupiter）和土星（Saturn）。這些行星的希臘名稱迥異於現代的（羅馬）稱謂，依序為赫米斯（Hermes）、阿佛洛狄特（Aphrodite）、阿瑞斯（Ares）、宙斯（Zeus）和克隆納斯（Cronos）；然而，planet（行星）卻是希臘文字，意指「漫遊者」（wanderer），因為古人仰觀星象時，發現這些天體是以迥異的方式，映襯著後方群星凌空而過。

齒數，判斷打造機械的工匠如何套用這些齒輪。例如，最大的齒輪有兩百二十三個齒，研究人員便據此找出線索，因為他們記得，巴比倫天文學家最善於觀測天象，成就震古爍今，曾經計算出月食通常間隔兩百二十三個滿月／望月（full moon）。然後，使用這個齒輪，便能預測月食（其他齒輪與齒輪間的組合搭配也能轉動錶盤上的指針，指出位相（phase）和行星攝動〔planetary perturbation〕[8]），同時指出即將舉行的公共體育賽事日期（此乃小事一樁），特別是古代的奧林匹克運動會（Olympic Games）。

現代的研究人員得出結論，認為這台機械製作精良，「部分零件的準確度[9]達到一公釐的十分之幾。」光憑這點，「安提基特拉機械」便足以號稱最精密的儀器之一。在這段引言之中，不妨說這部機械是歷來首創的精密儀器。

然而，即使要這樣宣稱，卻得承認它有個天生的缺陷。根據熱心的各方分析家對模型的實測結果，這部機械極為失準、毫無用處且令人失望。據說其中一根指針可指出火星位置，但通常會偏差三十八度。亞歷山大．瓊斯（Alexander Jones）是鑽研古物的紐約大學教授，發表過最多探討「安提基特拉機械」的論文。亞歷山大指出，這部機械複雜萬分，源於「新興稚嫩且快速發展的工藝傳統」（a young and rapidly developing craft tradition），其製造工匠也做了「有問題的設計選擇」（questionable design choice）；總而言之，這部儀器可謂「非凡的創造，卻非完美的奇蹟」（a remarkable creation, but not a miracle of perfection）。

這部機械還有令人費解的層面，讓科學史學家至今仍好奇不已：它充滿了排列複雜的發條，但昔日組裝機械的工匠顯然未曾想過，這部儀器可當作「時鐘」。

我們出於這種後見之明，當然深感困惑，恨不得回到古代去點醒希臘人，告訴他們別忽略了如今看來顯而易見之事。古人早已運用別種裝置測量時間，最常見的是日晷（sundial）、滴水（dripping water）、沙漏（hourglass，如同煮蛋計時器〔egg timer〕）、有時間刻度燃料架的油燈（oil lamp），以及插在有時間刻度（time graduation）插針上緩慢燃燒的蠟燭。古希臘人知道如何運用發條齒輪來製作計時器（光看「安提基特拉機械」，便可知道這點），但他們從未這樣做。

古人未嘗茅塞頓開。希臘人不曾恍然大悟，後來的阿拉伯人也深陷迷霧，甚至先前更令人尊崇的東方文明都未曾開悟明白。非得等到數個世紀之後，機械鐘錶（mechanical clock）才誕生於別處。一旦時鐘問世，最重要的便是精密度（精準）。

十四世紀時，許多人宣稱自己發明了機械鐘錶，而這類時計的最終功能是顯示小時

❽ 譯注：「攝動」是天文學術語，指大質量天體受到數個質量體的引力影響，產生可察覺的複雜運動。
❾ 譯注：精密度。

和分鐘。然而，（從目前的角度來看），當時仍有一種反常現象，亦即顯示時間是機械鐘的附屬功能。鐘錶最早出現於中世紀，亦即所謂的發條時鐘（clockwork clock），當時運用複雜的「安提基特拉式」齒輪組，搭配華麗精美的裝飾和錶盤，顯示雷同於計時的天文訊息。牛頓曾提出單向的「時間之箭」（one-way arrow of time），稱之為「期間／歷時」（duration），而凌空而過的天體星象似乎比滴答不停的飛逝時光更為重要。

這是有箇中原因的。黎明、正午和黃昏提供了時間框架，古人仰觀大自然，從中知道何時起床勞動、何時返家休憩、何時擦乾額頭汗水和飲酒作樂，以及何時吃飯進食並準備就寢。更詳細劃分的時間（畢竟是由人類創造的），無論是早六點十五分或深夜十一點五十分，其實都不太重要。天體運行不息，乃是各方神祇命定，此乃屬靈範疇。有鑑於此，人不該著眼於小時和分鐘的數字訊息，更應該關心天體運行，打造華麗的機械去顯示星象。

然而，小時和分鐘的聲譽和地位逐漸攀升，一路過關斬將，躍升為發條機械的主要用途，於是發條機械被統稱為鐘錶／時計（timekeeper）。古人可能曾仰觀天際去推斷時間，但機械一日肩負起計時功能，五花八門的鐘錶便陸續問世，情況持續至今。

修道院是率先僱用計時員的場所，因為修士必須遵守祈禱時刻（canonical hour），[10]準時甦醒以便禱告，從最早的申正經（Matins）到最晚的夜課經（Compline），中間歷經辰時經（Terce）、申初經（None）和晚課（Vespers）。隨著社會興起各種職業（如店主、辦事員、忙著開會的企業家、必須嚴格遵守時間的教師和輪班工人），民眾便需要更明確知道用數字表示的時間。在田野辛勤耕種的農民可看到遠方教堂的時鐘或耳聞揚起的鐘聲，而城市居民若赴約要遲到時，必須知道離「指定時間」（appointed hour）還剩多少分鐘（十六世紀時，人們才普遍認可「指定時間」這種說法，當時四處可見公共的機械鐘錶）。

在陸地上，最常顯示（亦可說「定義」）時間的，莫過於鐵路公司。火車站偌大的時鐘比其他的建物特徵更為醒目，而車掌查看其（埃爾金〔Elgin〕、漢米爾頓〔Hamilton〕、波爾〔Ball〕或沃爾瑟姆〔Waltham〕）懷錶的景象極具代表性，依舊深植人心。在圖書館和某些家庭之中，時刻表儼然猶如《聖經》，至關重要。時區（time zone）概念及其製圖的應用，無不源自於鐵路對人類社會的計時印記。

然而，在鐵路公司發揮按時營運的影響力之前，另有一種行業比其他職業更需要最精確的計時，這個行業便是航運業（shipping industry）。歐洲人於十五世紀發現美洲，隨後整合前往東方的航線，此後航運業便迅速發展。

❿譯注：每日七段的祈禱時間。

海運業務是橫跨廣闊無「軌」的汪洋。若在大海中迷航，輕則花錢消災，重則當場殞命。此外，航行時絕對必須精準確認船舶在任何時刻的位置，而要確定行船位置，務必知道準確的登船時間，更重要的是，必須知道某個穩定參考點的準確時間。有鑑於此，海事鐘錶製造商必須製作最精確的鐘錶。[11]

最致力於讓時鐘精準計時的，莫過於某位約克夏的木匠兼細木工（joiner）。這位木匠爾後成為英格蘭（或許全球）最受人景仰的鐘錶製造師（horologist），他就是約翰・哈里森（John Harrison）。哈里森最著名的功績，便是讓船員能夠確認船隻的經度。他費盡心力，製造一系列極其精密的鐘錶與手錶，每個裝在舵房的時計無論遭逢任何大風大浪，即使過了數年，誤差也不會超過幾秒鐘。一七一四年，倫敦正式成立「經度委員會」（Board of Longitude），懸賞兩萬英鎊，只要能夠精準確認經度且誤差少於三十英里，[12]便可獲頒獎金。約翰・哈里森窮其一生設計五款時計，最終抱得大部分的獎金回家。

哈里森的遺作備受珍視。格林威治皇家天文台（Greenwich Royal Observatory）高踞於山丘，視野遼闊，山下景致一覽無遺，可俯瞰位於倫敦東側的航海博物館（Maritime Museum）。天文台台長每日黎明都會給他和員工稱為「哈里森家族」（the Harrisons）的三座巨型航海鐘上發條。他基於傳統禮節，持續替這些計時機械上發條，明瞭它們及其不上發條的姊妹作品[13]深具歷史價值。每座時鐘皆曾是現代船用精確時計（marine chronometer）的原型，讓船隻能在航海時精確定位，挽救了無數水手的生命。（船用精確時計問世之前，船主無法確知自身位置，因此航行時經常發現島嶼和岬角赫然聳現於船首而觸礁沉船。一七〇七年，克勞德斯利・雪弗爾〔Cloudesley Shovell〕司令率領的海軍中隊在康瓦爾郡海岸〔Cornish coast〕[14]遭逢厄運，觸礁沉沒，雪弗爾司令與兩千名水手不幸滅頂。這次劫難迫使英國政府認真思考如何確認經度，因此設立「經度委員會」，提供獎金廣徵四方高手，格林威治最終才有這一小批每天清晨得上發條的精密鐘錶家族。）

⑪ 一旦船員看不見陸地，他們便無法準確掌握自身位置。確認緯度（從赤道往北或往南的距離）非常簡單，只須測量正午的太陽高度，或者（在北半球）測量夜晚的北極星（pole star）。不過，確認經度（從船舶的母港往東或往西的距離）則困難得多。經度經線標記各地的時差，而地球每二十四小時轉動三百六十度，因此每小時相當於十五度的經線（譯注：每隔十五度經度定為一個時區，相鄰時區相差一個小時）。然而，航海的船舶唯有知道母港的時間（當地時間相對容易推算出來，可觀察太陽和星星的位置）才能計算出時差，亦即經度。十八世紀的航海家認為，船舶會在風暴中破浪前行，也會穿越炙熱與寒冷地帶，而安置於船上的時鐘又無法停止運轉（來檢修和調校），因此幾乎無法準確記錄時間。

⑫ 譯注：應指海里（nautical mile）。

⑬ 譯注：後頭提到的H4航海錶。

⑭ 譯注：英格蘭西南角落。

「哈里森家族」還基於其他因素而倍顯重要。船員利用這些時鐘和後續推出的時計，便可有效、準確且精密地得知位置並繪製航線，進而賺取巨額財富。以下言論如今可能不再合宜，但不可否認，英國人發明了哈里森時鐘，爾後又率先推出新款的後繼時計，得以在帝國鼎盛時期縱橫四海，跨洋遠征，奠定橫跨一個多世紀的全球霸主地位。有了精密時鐘，方能精確導航；能精確導航，便可累積航海知識，進而掌控海權，擴增國力。

天文台台長戴上白色手套，分別使用獨特的雙套黃銅鑰匙，打開高大的玻璃櫃，這些偉大的時鐘矗立於櫃內。每座時計皆由英國國防部（Ministry of Defence）無限期出借。最早的航海鐘於一七三五年完成，如今被稱為Ｈ１，台長會用猛力拉一下黃銅鏈替這座時計上發條。若要替後來打造的一對鐘錶（亦即十八世紀中期問世的Ｈ２和Ｈ３）上發條，只須快速轉動鑰匙即可。

最後一個裝置是華麗的Ｈ４「航海錶」（sea watch），哈里森便是靠這個作品獲獎。這個時計無須上發條，因此不會運轉，安靜無聲。這只錶有直徑五吋的銀色錶殼，厚如餅乾，看似放大版的老舊懷錶。它運轉時需要上油潤滑，但油逐漸累積變稠之後，錶便會愈來愈不精準。套句鐘錶製造師的術語，這只錶會「喪失速度」（lose rate）。此外，如果Ｈ４繼續運轉，只能看到秒針轉動，因此會有點無趣，難以給人奇特的印象，而且它只要不斷運轉，內部機芯也必將磨損，此時讓秒針轉動，毫無意義可言。有鑑於此，多年來天文台長決定讓這項工藝傑作維持「準處女」狀態，如同牛津（Oxford）阿什莫林博物館（Ashmolean Museum）收藏的那把從未讓人演奏的史特拉底瓦里（Stradivarius）小提琴，⓯此乃試圖妥善保存藝品，讓世人見證工藝大師的傑作。

哈里森打造了令人讚嘆的機械藝術傑作！他決定角逐經度競賽獎金時，早已製造了諸多精緻且極為準確的時計，其中多數是用於陸地的擺鐘（pendulum clock），通常是落地鐘（long-case clock），而新款皆比舊款更為精緻。哈里森發揮想像，努力改善鐘錶，其他十八世紀的當代鐘錶製造師只會花心思將時計裝飾得更華麗。

例如，他致力於解決摩擦問題，並且跳脫常規，初期皆用木製齒輪打造鐘錶：當時替鐘錶上的潤滑油（lubricant oil）會逐漸變得黏稠，因此會讓多數發條減緩運轉速度，著實令人頭痛，而這些使用木製齒輪的鐘錶根本無須上油潤滑。為了解決這個問題，他

⓯這把名琴稱為「彌賽亞」（Le Messie／the Messiah），一直謝絕人演奏而維持處女之身。然而，牛津流傳一則軼事：某位來自美國南方州的男子曾前往博物館，請求演奏這把提琴，但遭到拒絕而淚灑現場。館方後來心軟，將他鎖在房間與琴共處。男子待了十五分鐘，期間仙樂飄飄，從門縫流瀉而出。館內眾人聞之，耳暫明、心愉悅，未嘗聽聞這般美妙旋律。譯注：義大利的史特拉底瓦里被譽為史上最傑出的提琴製作師。

先後用黃楊木（boxwood）和不會浮起的加勒比海堅硬鐵梨木（Lignum vitae）製造所有的齒輪組（gear train），然後以黃銅樞軸（pivot）連結兩種木頭打造的齒輪。他還設計了一種非凡的擒縱機制（escapement mechanism），[16]亦即時鐘發出滴答聲的核心裝置。這種機制沒有滑動部件（因此不會產生摩擦），卻仍然被稱為蚱蜢式擒縱裝置（grasshopper escapement），因為其中一個與擒縱輪齧合的元件會跳開，猶如蚱蜢突然從草地跳出來。

然而，替搖晃不止的海船設計可攜式精密鐘錶時，不能使用重力驅動的長鐘擺。哈里森為參與競賽所設計的前三個時計雖然仰賴砝碼／秤砣（weight）系統提供動力，該系統卻迥異於懸掛於傳統落地鐘的沉重鉛錘。它們是兩根黃銅天平桿，看起來像一對啞鈴，全都垂直放置擒縱機制和齒輪組的外側，頂部和底部都連接成對的彈簧，而根據哈里森的描述，這樣便可提供某種形式的人造重力。這座航鐘滴答運轉時，前述彈簧會讓這兩根桿子前後來回擺動，彼此不斷接近和遠離，相互點頭致意（戴著白手套的天文台台長繼承了海上船長的職務，每天都得替航海鐘上發條，天平桿才能持續搖晃擺動）。

H1、H2和H3等依序問世的航海鐘，每座都比前身稍有改進，每次都歷經多年的耐心實驗才完工，哈里森整整花了十九年才打造出H3。這三座時鐘採用基本雷同的天平桿動力原理，其複雜元件美不勝收，運轉時使人眼花撩亂，令人驚異著迷，彷彿陷入催眠狀態。

哈里森以前擔任過木匠、演奏過中提琴、調過鐘鈴和當過唱詩班指揮（十八世紀的博學者〔polymath〕確實名不虛傳且多才多藝），他對每座時鐘進行了眾多改良，日後都成為現代精密機械的重要組成部分：例如，哈里森創造了滾子軸承（roller bearing），此乃滾珠軸承（ball bearing）的前身，美國鐵姆肯公司（Timken）和瑞典斯凱孚（ＳＫＦ）等大型現代企業皆因生產軸承而成立。哈里森設計Ｈ３時計為了調節鐘錶的溫度，獨自發明了雙金屬片（bimetallic strip），[17]如今許多生活必需品仍舊採用這項設計，比如恆溫器、烤麵包機和電水壺之類的器具。

這三座奇異的機械外觀華麗，帶有革命性的設計，但都不算成功之作。每座機械都曾被帶上船當作時計。新款的航海鐘每回都能更精確推測船舶的所在位置，但船舶從它們獲得的經度卻不夠準確，遠低於「經度委員會」的要求，因此哈里森並未靠這批航海鐘獲獎。話雖如此，人們認可哈里森的天賦與決心，便不斷提供他大量資金，期望他能即時在製錶工藝上取得突破。他終於辦到了。從一七五五至一七五九年之間，哈里森沒

---

[16] 譯注：擒縱的擒，便是擒著秒針，不讓它猛力轉動；擒縱的縱，乃是允許秒針有限度轉動。無論上發條時輸入多少動力，擒縱裝置都能善加調節，以既定數值輸出動能，使機芯平穩運轉。

[17] 譯注：由兩種金屬組成的複合材料。兩層金屬的熱膨脹係數不同，一旦溫度變化，主動層的形變將大於被動層的形變，整體便會向被動層該側彎曲。哈里森以此代替原先抵抗溫度變化的「烤架」。

有打造另一座時鐘，而是製作了一只手錶。這只傑作於一九三〇年被清理和修復，此後便簡稱為H4。[18]

從各方面來看，這款手錶可謂工藝傑作。哈里森三十一年來近乎痴迷於工作，幾乎將他對大型擺鐘的改進措施全部匯聚於這個五吋的銀色錶殼中，同時添加其他功能，以確保這個鐘錶臻於人類工藝的極限，能夠精準無誤計時。

哈里森在大型航海鐘上使用來回振盪的水平桿，使機械展現神奇瘋狂的壯觀景象，但是他製造前述手錶時，改用控溫的螺旋主發條（mainspring），搭配快速跳動的平衡輪／擺輪（balance wheel），輪子以前所未見的速度來回旋轉，一小時約可旋轉一萬八千次。他還安置一個所謂的自動「上發條裝置」（remontoir），它每分鐘會對主發條重上發條八次，保持張力不變、節拍固定。不過，這樣設計有個缺點：這只手錶需要上油。為了減少摩擦並將所需的潤滑油量減到最低，哈里森盡量使用鑽石製成的軸承，此乃鐘錶使用寶石擒縱裝置的早期案例。

後續故事將圍繞精密工具機（precision machine tool）來推展。哈里森從未使用這類精密機具，如何能打造前述的鐘錶傑作，箇中脈絡至今依然成謎。當然，打造仿效H4的鐘錶及其後繼者K1（庫克船長〔Captain James Cook〕[19]每逢出航，必定使用這款時鐘），都得使用工具機來製作更精緻的手錶零件：六十六歲的約翰．哈里森能徒手做這等細活，回想起來，依舊令人難以置信。

哈里森完工之後，便將手錶交給英國海軍部（Admiralty）進行嚴格測試。該機械（哈里森的兒子威廉〔William〕親自到場監督）被帶上「英國皇家海軍德普特福號」（HMS Deptford）。[20]這艘護衛艦（爾後改稱巡洋艦）是安裝五十五門火砲的四級艦（fourth-rate），從朴茨茅斯（Portsmouth）[21]出發，預計航行五千英里前往牙買加（Jamaica）。[22]測試結束時仔細檢查手錶之後，發現累計的計時誤差僅五．一秒，完全

---

[18] 修復哈里森家族鐘錶（並替其指定首字母縮寫）的人名叫魯伯特．古爾德（Rupert Gould），他可謂非比尋常之士。古爾德身高六呎四吋（譯注：約一百九十公分），曾經擔任英國皇家海軍（Royal Navy）軍官和稱職的兒童廣播節目主持人，也曾在艱澀領域鑽研學問且偶爾於溫布頓中央球場擔任裁判，甚至是一位研究尼斯湖水怪（Loch Ness Monster）的專家。話雖如此，他惡名昭彰，曾因酒醉暴怒，也發生過數次精神崩潰，甚至性偏好成謎，一九二七年時鬧出離婚風波，搞得沸沸揚揚，舉國側目。古爾德在一九二三年撰寫了一本討論航海鐘的經典作品，並且替其畫插圖（至今書本仍繼續印行），隨後說服皇家天文台公開展示哈里森鐘錶，使其不再被棄置於無人聞問的地下室繼續破敗。一百六十五年之後，古爾德再度讓Ｈ1運轉。他耗費十年時光修復古鐘。二〇〇〇年的電視劇《經度》（*Longitude*）記念了他的這段歲月，由英國資深演員傑瑞米．艾朗（Jeremy Irons）飾演古爾德。

[19] 譯注：庫克船長是位英國皇家海軍軍官兼探險家，曾三度奉命遠征太平洋，登陸過夏威夷群島與澳洲東岸。

[20] 譯注：ＨＭＳ是Her/His Majesty's Ship的縮寫。

[21] 譯注：位於英格蘭東南部的漢普郡。

符合經度獎勵的要求。整個航程長達一百四十七天，返航時甚至遇上狂風暴雨，過程錯綜複雜，令人惶惶不安（威廉當時得用毛毯包裹手錶），但這個時計的誤差僅一分五十四．五秒，人們從未想過航海計時工具竟然能如此準確。

約翰．哈里森憑著奇異傑作而獲獎，聞之令人欣慰，然而實情並非如此。「經度委員會」在數年之間一味搪塞，顧左右而言他，因為當時的皇家天文學家宣稱，他們正在改善一種更能確認經度的方法，亦即使用月角距（lunar distance），[23]因此不必再製造航海鐘。可憐的哈里森不得不覲見國王喬治三世（King George III，他非常崇拜哈里森），請國王代他求償。

接下來是一連串對哈里森的羞辱。他被迫再次讓H4進行測試，於四十七天航程之後累計三十九．二秒的誤差，這次的準確度又再度落在「經度委員會」設定的範圍。然後，哈里森又得在一組觀察員面前拆卸手錶，讓他的珍貴機械交給皇家天文台，進行為期十個月的試運行，以便（再度）檢查其準確度（但這次時計是安置於平穩之處測試）。哈里森此時年屆七十九歲，早已老態龍鍾，愈來愈厭倦這整段紛擾的過程，可想而知，他鐵定飽受折磨且煩惱不已。

幸好喬治國王介入斡旋，哈里森最終仍獲得該有的獎金。民眾想起哈里森時，無不認為他是橫空出世的奇才，卻受到不公平的對待。他打造的偉大航海鐘與兩只航海手錶

H4和K1是他輝煌的傳世傑作，其中的三座時計仍然日夜滴答運轉報時，讓人記得打造它們的藝匠曾醉心精密度和準確性，戮力追求極致工藝，從而深切改變了全世界。

「安提基特拉機械」確實是製作精密的非凡裝置；然而，這個機械不準確，建構手法也略嫌拙劣，而這點情有可原，因此它不可靠，毫無實用價值。反觀哈里森的鐘錶，既精密又準確，但得耗費多年心血方能臻於完美，誠屬昂貴的工藝結晶。佯稱這些精密時計可能或確實獲致了天翻地覆的精密度，可能是毫無意義的。哈里森的工藝成就難以磨滅，其精密鐘錶大概只享有三個世紀的實用價值，如此坦率直言，絕無不敬之意。如今，船舶海圖室（chart room）的黃銅色天文鐘（chronometer）猶如置於防水摩洛哥箱（morocco box）的六分儀（sextant），並非必要儀器，只是裝飾物件。透過無線電便可獲得準確無比的時間信號。船橋（bridge）藉由全球定位系統（Global Positioning System，簡稱GPS），便可詢問遙遠的衛星，取得經度和緯度的座標。發條機械有甚為美觀的

---

22 船上啤酒意外遭受汙染，期間曾跳脫計畫，停留馬德拉（Madeira，譯注：位於非洲西海岸之外，隸屬葡萄牙）補貨。

23 譯注：天文導航術語，指月球和另一個天體之間的角度。船員可利用月角距查詢格林威治標準時間，無須使用航海鐘便能確認經度。

齒輪，錯落封裝於機殼內，整部機具珍貴無比且雕工精緻，卻是運用昔日技術打造的產物。如今將它們保留在船上，僅僅當作預防措施：如果船隻完全失去動力，或者船長是純粹主義者（purist），對科技不屑一顧，哈里森的航海鐘便有用武之地。否則，哈里森的鐘錶將逐漸蒙灰、積累鹽粒，或者被安置於玻璃櫃。他的盛名將逐漸滑落，終將遭人遺忘，籠罩於歷史迷霧，遺落在啟航點的小飯館內。

若要成為完全改變人類社會的現象（正如它昔日締造的成果與不久將達成的功績），精密必須能夠被重複展現；要能以合理的成本、適當的頻率與相對容易的手段一次又一次複製同等精密的藝品。有真材實學且知識淵博的藝匠（如同哈里森的工匠）若具備足夠的技能、充足的時間、合用的工具與高品質的材料，便可創造優雅精密的上乘傑作，甚至能複製成果，陸續打造三到五個同等精工細作的藝品，外觀美麗、令人讚嘆。

如今，博物館（最著名的是牛津、劍橋和耶魯大學的博物館）專門展示科學史的大型櫥櫃擺滿了這類工藝品。有星象盤、太陽系儀（orrery）、環形日晷／球形等高儀（armillary sphere）、天象儀（astrarium）、八分儀（octant）、象限儀（quadrant）、極為精緻的六分儀（sextant），或者壁畫和裝框的圖片，五花八門，品類繁多，多數機械極其精緻複雜，乃是藝匠精心打造的精密科學儀器。此外，每個儀器必定以手工打造。

每個齒輪都是手工切割，每個零件（例如，每片硬膜〔mater〕、網／層膜〔rete〕、鼓膜〔tympan〕和每個照準儀〔alidade〕，星象盤有大量專屬的術語）以及每個正切螺絲（tangent screw）和指標鏡（index mirror）也不例外（六分儀也有千奇百怪的相關術語）。將零件相互組裝與調整整體機械時，都得仰賴細膩的手上功夫。毫無疑問，透過心靈手巧的零件組合，方能打造出精美迷人的儀器；然而，礙於製造和組裝方式，這些精密儀器只能少量生產，供為數不多的高端客戶使用。這些機械可能很精密，但只能供少數人使用。唯有多數人能夠使用精密儀器時，作為概念的精密度方能如同今日，開始深切影響全體社會。有位人士完成了這項壯舉，他創造了極為精確的物品，不用手工製作，而是靠機器製造，甚至用的是一台專門創造來創造這件物品的機器（我刻意再三重複「創造」這個詞，因為製造機器的機器如今被稱為「工具機」〔machine tool〕。無論過去、現在和未來，這種機具都是精密故事的關鍵）。這位十八世紀的英國人對鐵充滿熱情而被人視為瘋子。當時，鐵是獨特的穩定金屬，他用鐵打造出各種出色的新裝置。

約翰．威爾金森享壽八十，生前賺取了巨額財富。一七七六年時，威爾金森時年四十八歲，聘請了湯瑪斯．庚斯博羅（Thomas Gainsborough）替他描繪肖像，因此他絕非名不見經傳的人物——他既非默默無名，也不名聞遐邇。值得注意的是，數十年來，威爾金森的英俊肖像沒有掛在倫敦或昆布利亞（Cumbria，他在一七二八年出生於此）的醒目之處，反而是掛在離柏林甚遠的一間博物館的安靜畫廊，連同其他四幅庚斯博羅的創作，其中一幅甚至描繪一隻鬥牛犬。如此相隔千里，暗示威爾金森不想回到祖國英格蘭。根據《新約》的記載，某位先知曾經不受家鄉父老尊崇，[24]而這種情況似乎可套用於威爾金森，因為如今英國人幾乎不知他的大名。威爾金森有位大名鼎鼎的同事兼客戶，亦即蘇格蘭人詹姆斯·瓦特（James Watt）。瓦特憑藉威爾金森的卓越技術而發明了早期的蒸汽機（steam engine），因而聲名大噪，令威爾金森黯然失色。

這類蒸汽機對於下個世紀工業革命的各類機械至關重要。歷史將會證明，發明這種引擎的故事與製造大砲的軼事密不可分，但這不僅因為這兩人都使用沉重鐵塊製作的零件。威爾金森與瓦特因槍砲而搭上關係，而他們又曾與鐘錶製造者哈里森有所牽連，因為哈里森的航海鐘測試是在當時的皇家海軍戰艦上進行，而那些戰艦配置許多大砲。這些大砲由英國鐵匠製造，其中最著名的便是

「鐵狂人」約翰·威爾金森。他曾替詹姆斯·瓦特獲取鑽鑿砲管的專利，這項專利標示精密概念的誕生與工業革命的肇始。

威爾金森，而他也是最會發揮創意的人。在十八世紀中期，鐵匠要打造大型武器供英國海軍使用，當時英國的水手和士兵都極為忙碌，從此處開始講故事應該最恰當。㉕

約翰．威爾金森生在從事鐵貿易的家庭。他的父親名叫以撒（Isaac），原本是雷克蘭（Lakeland）的牧羊人，某天偶然在牧場上發現鐵礦石和煤炭，因此變成鐵工廠廠長（ironmaster，即製鐵業者），此乃當時正盛的行業。所謂鐵廠廠主，就是擁有一列熔爐

㉔ 譯注：《新約．馬太福音》第十三章指出，耶穌回到家鄉拿撒勒，在會堂教訓人，眾人驚奇於他的智慧和神蹟。然而，拿撒勒人熟悉耶穌的身世與家人便厭棄他。耶穌對他們說：「大凡先知，除了本地、親屬、本家之外，沒有不被人尊敬的。」因為他們不信，耶穌便不多行神蹟。

㉕ 在威爾金森的一生中，新成立的大不列顛王國（Great Britain，譯注：作者應指Kingdom of Great Britain。根據《一七〇七年聯合法案》，蘇格蘭王國與英格蘭王國組成了大不列顛王國）亟欲對外作戰，曾多次與外國對戰，包括：與西班牙起衝突，捲入詹金斯的耳朵戰爭（War of Jenkins’ Ear，譯注：發生於一七三九至一七四八年的軍事衝突）；與法國對抗，捲入奧地利王位繼承戰爭（War of the Austrian Succession，譯注：發生於一七四〇至一七四八年）；與西班牙和法國抗衡，爆發七年戰爭（Seven Years’ War，譯注：發生於一七五四至一七六三年）；捲入美國獨立戰爭（American Revolutionary War，譯注：從一七七五至一七八三年）；捲入第四次英荷戰爭（Fourth Anglo-Dutch War，譯注：從一七八〇至一七八四年）；以及當愛爾蘭加入英格蘭和蘇格蘭，雙方共同成立（大不列顛及愛爾蘭）聯合王國（United Kingdom，譯注：全名為United Kingdom of Great Britain and Ireland，成立於一八〇一年），爾後又參與拿破崙戰爭（Napoleonic Wars，譯注：從一八〇三至一八一五年）。威爾金森打造的大砲幾乎無役不與。

的人，使用木炭（因此砍伐了英格蘭大片的森林）或（對環境負責而使用）煤炭（燃燒後轉化而成的焦炭〔coke〕）[26]將鐵礦石冶煉和鍛造出鐵。根據傳說，約翰的母親曾坐著推車，一路顛簸，前往鄉村市集，途中艱辛產下威爾金森，因此他才會著迷於白熾熔融的金屬，喜歡拿埋在地底的岩石（鐵礦石），猛烈加熱和錘擊它們，進而創造出有用的東西。他在英格蘭中部地區（English Midlands）以及他父親落腳的威爾斯邊境（Welsh Marches）[27]四處遊歷，學習製鐵技術。到了一七六〇年代初期，威爾金森已經練就一身技藝，並且娶了富家女，在威爾斯和英格蘭邊境村莊柏夏姆（Bersham）開了一間大型鑄鐵廠。根據該公司的第一份分類帳，威爾金森積極製造：「日曆卷軸（calendar-roll）、麥芽輾壓機（malt mill roll）、糖輾壓機（sugar roll）、導管、砲彈、手榴彈和槍枝。」柏夏姆是個小村落，威爾金森則是當地最富裕的居民與最大的雇主。託前述名單中最後一項產品的福氣，這個村落在世界歷史上享有獨特的地位。

柏夏姆位於克利韋多格河（Clywedog）的河谷，不僅促進了工業革命，也在發展精密的故事裡占有一席之地，這點毋庸置疑，卻泰半遭人遺忘。一七七四年一月二十七日，威爾金森就在此地用煤炭狂燒熔爐，每週足足生產二十噸[28]的優質鐵，發明了一種製造槍枝的技術。這項技術立即產生了瀑布／級聯效應（cascade effect），比他過往想過的技術更為深奧，而且我也認為，該技術比他的朋友兼對手鐵工廠廠長亞伯拉罕·達祕三世（Abraham Darby III）遺世的作品影響更為久遠。達祕三世建造了現今仍屹立不搖的庫爾布魯克戴爾鐵橋（Iron Bridge of Coalbrookdale），該橋至今每年都能吸引數百萬遊客，多數現代的英國人將其視為最有力且最知名的工業革命象徵。

威爾金森申請過一項編號一〇六三的專利（英國首次於一六一七年核發專利，因此這是英國早期的專利），名稱為「鑄造和鑽鑿鐵槍或火砲的新方法」（A New Method of Casting and Boring Iron Guns or Cannon）。按照現今的標準，他的「新方法」幾乎路人皆知，可謂顯而易見的火砲製造方法。然而，在一七七四年時，全歐的海軍火砲正經歷技術和裝備的重大革新，威爾金森的構想乃是天賜之物。

在此之前，海軍大砲（特別是三十二磅長砲，此乃皇家海軍一級艦的標準配備。製造新船時，經常會訂購一百門這種火砲）會先被鑄成空心。當鐵在模具中逐漸冷卻時，工匠會打造用來推入並發射火藥和砲彈的內管，然後將大砲安置於一面切塊上，再將鋒利的切割工具從長砲管末端伸進去，以便削平內管表面的凹凸缺陷。

㉖譯注：除去揮發性成分的焦炭，其燃燒熱度高於煤炭，可適用於冶金。

㉗譯注：中世紀英格蘭和威爾斯的邊界，地勢崎嶇，難以控管。

㉘譯注：應指英制的「長噸」，等於兩千兩百四十磅或一千零一十六公斤。

這種技術有個問題，就是切割工具會自然隨著內管通道前進，但內管可能沒有被鑄造得完全筆直。如此一來，加工和拋光完畢的內管會出現偏心率（eccentricity），[29]而切割工具一旦偏離前進軌道，也會削薄某些火砲內壁。出現薄壁可能會帶來危害。砲台甲板（gun deck）是危險之處，火砲內壁若是過薄，不僅砲管可能會爆炸或破裂，也會傷害駐守砲台甲板的水手。十八世紀初期，海軍火砲質量低劣，發射失敗率過高，震驚倫敦海軍總部的高級將領。

威爾金森此時提出了新構想。他會先鑄造實心（而非空心）的火砲，以此保證鐵本身的完整性。舉例而言，如果安裝建構內管的模殼，某些部位的鐵件便會較早冷卻，但威爾金森的做法卻可減少這種情況。實心的堅固圓柱鐵塊可能非常沉重，但是若經過精心鑄造，柏夏姆熔爐燒出的圓柱鐵塊不會有氣泡和海綿狀部位（昔日被戲稱為「蜂窩問題」〔honeycomb problems〕）。對於空心鑄造的火砲，這種瑕疵屢見不鮮。

然而，真正的祕訣在於如何鑽鑿火砲孔。操作的兩端（鑽鑿的一端與被鑽鑿的一端）必須固定穩妥，不可移動。無論身處今日或回到十八世紀，這都是正規做法。若想精密切割或拋光某物，使其成為某種尺寸，工具（tool）和工件（workpiece）都必須盡量夾緊、固定不動。此外，打造砲管時，情況尤其特殊，不允許鑽鑿工具在鑽孔時偏移。這是要先鑄造實心火砲的原因。鑽鑿若有偏差，日後砲管便可能膛炸而引發災難。

根據威爾金森第一代的專利工序，這個實心火砲圓柱會持續旋轉（一條鏈條纏繞著它，然後連到水車），鋒利的鐵製鑽鑿工具則固定於剛硬基座的頂端，然後筆直向前，鑽進前述旋轉實心工件的表面。當鑽鑿工具被筆直且精準地推入這根鐵件時，便可鑽出一個新孔。威爾金森的傳記作者最近寫道：「有了剛硬鑽桿與穩妥基座，必然可獲得準確性。」這句話頗有詩意。在後期的工序中，火砲被固定不動，鑽鑿工具反而連到水車而不停旋轉。根據理論，只要旋轉桿本身是剛硬的、只要它在兩端被支撐住來維持其剛性（rigidity）、只要它在鑽孔時圓柱面沒有以任何方式彎曲、轉動、卡住或晃動，便可極為準確地鑽出孔洞。

結果確實如此。火砲接二連三從加工機器滾出，每根砲管都精準無比，符合海軍的要求。從機器卸下的火砲，每根都與先前製造的火砲一模一樣，也與即將固定於機器鑽孔的火砲幾無二致。新系統從一開始運轉便完美無瑕，威爾金森因此申請並獲得其著名的專利。

早先鑄造的砲管在鑽孔之後會出現偏心率，到處可見缺陷和薄弱之處。如果用這種

㉙ 譯注：指圓錐曲線上的一點到平面內一定點的距離，與不超過此點的直線的距離之比，可用來描述曲線形狀。

砲管射擊，砲彈或連續射擊的彈藥會在空中亂飛。皇家海軍接收馬車載來的柏夏姆出廠的砲管之後，發現其儲架壽命增長不少，而且從砲管發射的葡萄彈（grapeshot）、[30] 榴霰彈（canister shot）[31] 和易爆砲彈（explosive shell）可準確擊中鎖定目標。能有這些改進，鐵工廠廠長威爾金森厥功甚偉。他早已家財萬貫，如今又賺進大把銀子：威爾金森聲名遠播，新訂單如雪片般飛來。不久之後，在英國出產的鐵器之中，八分之一出自於他的鐵工廠。柏夏姆於是名載史冊，萬古流芳。

然而，到了隔年，亦即一七七五年，威爾金森的新方法晉升為改變世界的發明，柏夏姆才從鄉間村落躍升到國際舞台，因為威爾金森在那年開始與瓦特攜手合作。他不慎將新的火砲製作技術（這次沒有申請全新的專利）與瓦特當時尚未完成的發明相互結合，瓦特的發明是巧妙利用蒸汽，替工業革命（Industrial Revolution）與後期的機械提供動力。

蒸汽機的原理眾人皆知，乃是基於簡單的物理現象，亦即液態水被加熱到沸點時會變成氣體。氣態水的體積比液態水約大上一千七百倍，因此可用來工作。許多早期實驗者都知道這點。湯瑪斯．紐科門（Thomas Newcomen）是康瓦爾郡的一名鐵匠，率先運用這項原理來創造產品：他用安置閥門（valve）的管子，將鍋爐連接到帶有活塞（piston）[32] 的汽缸，再將活塞連到搖動機件（rocker）的一根連桿上。每當來自鍋爐的蒸汽進入汽缸時，活塞便會被向上推動，使得連桿傾斜，讓連桿的遠端輸出（極為）少量的動能。紐科門隨後發現，若要增加輸出動能，可向充滿蒸汽的汽缸注入冷水，缸內蒸汽便會冷凝，縮到原本體積的一千七百分之一，從而產生真空，讓大氣壓力將活塞再往下推。透過這種下衝程（downstroke），連桿的遠端就會被提起，確實開始工作。譬如，連桿可以從淹水的錫礦撈起氾濫的洪水。

此乃非常基本的蒸汽機，除了抽水便毫無用處。然而，十八世紀的英格蘭處處可見淺層礦井，老是淹水，因此這種機械廣受煤礦業喜愛。紐科門的蒸汽機及其類似產品一直被生產了七十多年，直到一七六〇年代中期才開始退流行。當時，瓦特受人聘請，在六百哩之外的格拉斯哥大學（University of Glasgow）製造和修理科學儀器。他正在仔細研究一種紐科門蒸汽機的模型，然後受到一連串的天啟，認為可以大幅改良模型，使其高效運轉來提供大量動能。

瓦特提出了很高明的主意，而從旁協助他的，正是威爾金森。此處簡單總結一下

㉚ 譯注：許多鐵丸組成的砲彈。
㉛ 譯注：中空彈藥，內填火藥與鐵丸，會在敵人上方爆炸，藉由彈片和鐵丸增強殺傷力。
㉜ 譯注：在汽缸內滑動的中空圓柱，其外徑近似汽缸內徑。

來龍去脈。有數個星期之久，瓦特獨自待在格拉斯哥大學的工作室，苦苦思索紐科門蒸汽機的某一種模型。當時的紐科門蒸汽機效能不高，會平白浪費輸入機器的熱量和能量。瓦特耐心十足，嘗試各種方法來改進紐科門的發明。傳聞他心力交瘁時曾說：「大自然鐵定有弱點，只是我們還沒找到。」根據傳聞，在一七六五年的某個星期天，當他正在格拉斯哥中央的一處公園散步來恢復精神時，突然想到他檢視的蒸汽機之所以效率極低，關鍵在於：向汽缸注入冷卻水使蒸汽冷凝並產生真空時，冷水也會「冷卻汽缸本身」。然而，為了讓蒸汽機有效運轉，汽缸必須盡量維持在高溫。冷卻水應該「不要冷凝汽缸內的蒸汽，而是該冷凝單獨容器內的蒸汽」，以便讓主汽缸產生真空，同時保持汽缸的熱量，使其能再度吸收蒸汽。此外，為了讓運轉更有效率，可從活塞頂部（而非底部）引入新的蒸汽，並且將某種填料塞進活塞桿周圍的汽缸，藉此防止蒸汽外洩。

這兩種改進措施（一是使用單獨的蒸汽冷凝器，二是更換進氣管，從主汽缸上端而非下端注入新的蒸汽）非常簡單，對一七六五年的瓦特似乎是輕而易舉的事情。他無非是將紐科門所謂的「火機」（fire-engine）變成適當運轉、全速工作的蒸汽動力機器，使其瞬間成為理論上可以產生無窮動力的裝置。

瓦特要開始進行測試、建構原型機、對外展示與尋求資金時（他後來總共耗費十年，期間從蘇格蘭往南遷移，搬到靠進英格蘭中部的地區，這些地區正在工業化而朝氣

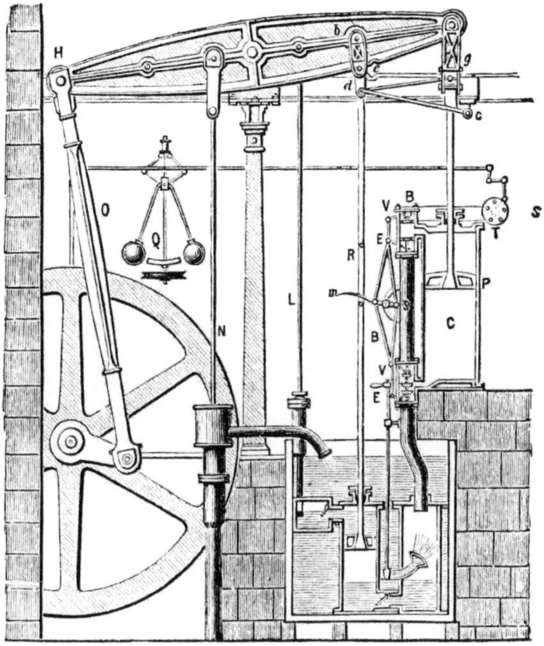

一台18世紀末期「博爾頓與瓦特」（Boulton and Watt）蒸汽機的橫截面。主汽缸為C，可能由威爾金森鑽鑿孔洞，而活塞P緊貼汽缸內部，厚度為1先令硬幣之厚，等於十分之一吋。

蓬勃），便去申請專利，馬上就獲頒專利：第九一三號，一七六九年一月。這項專利有個看似平凡無奇的名稱：「減少火機消耗蒸汽和燃料的一種新方法」（A New Invented Method of Lessening the Consumption of Steam and Fuel in Fire-Engines），措辭簡單，掩蓋這項發明的重要性：這項技術一旦完善，將在下一個世紀及更久遠的未來，成為英國和全球工廠、鑄造廠和運輸系統的主要動力來源。

然而，特別值得注意的是，此時又出現一種歷史的巧合。發明家威爾金森當時居住於英格蘭中部附近，正在辛勤工作，即將申請一項專利（前面提過的一〇六三號專利，核發時間為一七七四年一月，恰好比瓦特的專利多出一百五十號，核可時間也剛好晚五年）。當時，整個製鐵界都耳聞，威爾金森對鐵極為狂熱：眾人皆知威爾金森製作了一座鐵講壇，他會站在上頭侃侃而談。他還打造了一艘鐵船，讓船在各種河流上航行。他甚至做了一張鐵桌和一副鐵棺材，偶爾會躺在棺材裡，然後搞惡作劇，跳出來嚇人。（儘管威爾金森缺乏魅力，臉上長滿麻子，卻深受女性追捧。他性慾很強，曾讓女僕懷孕，七十八歲的高齡還能老來得子。威爾金森喜歡拈花惹草，樂此不疲，曾同時與三名女人有染，享受齊人之福，但這些女子都被蒙在鼓裡，互不相識。）

話雖如此，威爾金森依舊能夠從女人堆裡跳脫出來。時至一七七五年，他與瓦特碰面，兩人個性截然不同，卻結交為朋友，儘管這種情誼是出自於商業合作，而非彼此英雄相惜。不久之後，他們結合兩者的發明來共同謀取利益。威爾金森的「鑄造和鑽鑿鐵槍或火砲的新方法」以及瓦特的「減少火機消耗蒸汽和燃料的一種新方法」相互結合，這種配搭既方便且必要。

瓦特是蘇格蘭人，為人悲觀迂腐，做事一絲不苟且嚴守道德紀律，他會想盡辦法讓自己打造的機器盡量「正確無誤」。當他在格拉斯哥工作室努力製作、修理和改良科學機械時，狂熱追求準確性，幾乎足不出戶，猶如先前在林肯郡（Lincolnshire）[33]鐘錶製作工作室埋頭苦幹的哈里森。瓦特非常熟悉早期的分度器（dividing engine）、螺紋切割機（screw thread cutter）、車床（lathe）與其他器具，這些機械能夠幫助工程師踏出追求機械完美的第一步。他慣於精心打造和妥善維護器具，使其按照預期方式運轉。每當事情出錯或效率降低，甚至他在倫敦蘇豪區（Soho）大型「博爾頓與瓦特」工廠建造的龐大鐵製蒸汽機比他在蘇格蘭實驗的黃銅和玻璃模型運作更差時，瓦特便會暴跳如雷。

他的第一個原型蒸汽機是個龐然大物：整體機械高三十呎，主汽缸直徑四呎且長六呎，有一個燃煤鍋爐和一個獨立的蒸汽冷凝器，個個碩大無比。全部的工作零件皆由黃銅管、上好潤滑油的閥門和槓桿構成的複雜盤繞網所連結，另外配置一個旋轉的雙球調速器（two-ball governor），[34]可避免蒸汽機的速度失控。[35]機器上方是一根沉重的木梁，以規律節拍來回擺動，轉動一個巨大的鐵飛輪（flywheel），使其驅動一個泵浦（pump），該泵浦每分鐘可運作十五次，能夠噴出水柱、壓縮空氣或執行其他工作。蒸

[33] 譯注：英格蘭東米德蘭茲一郡。
[34] 譯注：又稱離心式調速器或瓦特調速器。
[35] 譯注：兩顆重球錐擺的旋轉速度等同於蒸汽機的速度。當蒸汽機提高速度時，重球會因離心力而移到調速器外側，帶動相關機構去關閉進氣閥門，迫使蒸汽機降速，反之亦然。

汽機一旦全速運轉（達到全功率），會發出一連串的噪音與連續噴出熱氣，並且劇烈震顫，發出砰砰聲，猶如胃腸在翻天覆地攪動，讓人不禁感覺：只不過將水加熱到自然沸點，機器似乎不該如此劇烈晃動。

然而，滾滾的蒸汽不斷冒出，使瓦特的蒸汽機一直籠罩於潮濕、不透明的灰霧之中。這股灼熱的隱形氣體，激怒了一絲不苟、迂腐不化的瓦特。他竭盡全力，再三嘗試，蒸汽依舊不停洩漏，並且並非悄悄點點外洩，而是整股大量湧出。最可恨的是，蒸汽竟是從蒸汽機的主汽缸外洩。

瓦特試圖用各種裝置、物件和物質阻止蒸汽洩漏。根據理論，活塞外層與汽缸內壁之間的間隙應該是最小的，無論在何處，間隙理應相同。然而，工匠是先錘打鐵片，將其鍛造成圓環，然後將圓環邊緣密封，以此組成圓形汽缸，因此各處的間隙其實差異甚大。活塞和汽缸會在某些地方相碰觸，會因摩擦而磨損。但是兩者在其他地方又會相隔半吋，每次注入蒸汽，蒸汽便會從間隙噴出。這些便是該堵住之處：瓦特試著塞入浸泡亞麻仁油（linseed oil）的皮革；用浸濕的紙張和麵粉製成的糊狀物封填間隙；用錘子將軟木片、橡膠片甚至半乾的馬糞敲入縫隙。他甚至異想天開，用一條繩子包裹活塞，並且將他所謂的「壓環」（junk ring）收緊這條壓縮繩索。

爾後，全然出人意表的是，位於柏夏姆的威爾金森要求瓦特替他打造一台蒸汽機，用來當作鍛鐵廠的風箱（bellows）。威爾金森一眼便看出瓦特的蒸汽機為何會洩漏蒸汽，也立即想出解決之道：他可用鑽鑿砲管的技術來打造蒸汽機的汽缸。

威爾金森沒有採取預防措施，先替這套全新技術申請新的專利，便急著按照他打造海軍火砲的方式來製造瓦特蒸汽機的汽缸。他讓瓦特的工人拖著實心的鐵製汽缸毛坏，一路行了七十哩，拖到了柏夏姆。然後，威爾金森將這個毛坏（威爾金森身為客戶，這就是他要的蒸汽機，全長六呎，直徑為三十八吋）綁在一個牢固的台子上，接著用重鏈鎖穩，確定它連移動一吋都沒辦法。然後，他用超硬的鐵打造了一個大型切割工具，該工具的直徑為三呎（根據理論，工具鑽鑿之後會產生切口，留下一個直徑為三十八吋的圓柱體，壁厚為一吋），[36]被牢固於一根長八呎的硬鐵桿末端。他將兩端支撐住，將其安置於一架沉重的鐵製雪橇上，可以緩慢而穩定地推動雪橇，使切割工具鑽進巨大的鐵製工件（毛坏）。

一旦準備就緒，他便透過軟管注入水和植物油的混合物，以便冷卻激烈晃動的金屬並洗掉碎鐵片；他接著會開啟水閥來讓水流動，水車輪轉動之後，便可使鐵桿和切割工具轉動；然後，他會緩慢而穩定、一點接著一點向前推動鐵桿，直到切削刃開始慢慢鑽

[36] 譯注：一呎為十二吋，三呎為三十六吋，多出的兩吋對半分，便是一吋。

鑿鐵坯表面。

切割時會產生灼熱與發出嘈雜聲，半小時之後，便可切割出汽缸。發燙卻沒有鈍掉的切割工具會被拉回。直徑三呎的切割孔洞光滑乾淨、筆直精準。威爾金森會用一套鏈條和墊塊，讓沉重的汽缸（現在輕盈許多，因為大部分的鐵已經被鑽鑿掉）撐著底端豎直起來。直徑稍微小於三呎並塗覆潤滑油的活塞會被小心地吊起，吊到汽缸管口之上，然後放進汽缸內部。

我想，當時會發出一陣歡呼，因為活塞會無聲無息滑入汽缸，可以輕鬆升降，會有明顯的空氣或油脂外洩。然後，拆卸的零件被帶回瓦特在蘇豪區的工廠。他只用了幾天，將汽缸安置於最醒目之處，成為他的（亦即全球）首部可運轉的全尺度（full-scale）單動式（single-action）蒸汽機。瓦特和工程師接著添加所有的附屬零件（管子、第二個冷凝器、鍋爐、搖臂、調速器、水箱和飛輪），然後替鍋爐爐膛（firebox）添加煤炭，加了一根導火線，最後點燃了火。一旦水足夠熱到讓蒸汽從安全線（safety line）湧散而出，便打開主要閥門。

活塞伴隨著排氣的嚓嚓聲，開始在加工好的新汽缸內上下移動。然後，上面的搖臂開始向上和向後擺動；遠端的連桿也開始上下移動；飛輪的一組偏心（eccentric，非正圓）太陽和月亮齒輪（sun-and-moon gear）[37] 開始轉動；然後，巨大的轉輪（數噸的實心鐵，實際上可儲存蒸汽機的動力）便開始轉動。

片刻之間，隨著調速器閃亮的對聯球快速旋轉以調控速度，蒸汽機便全力運轉，轟隆咆哮，砰咚作響，發出嗡嗡嚓嚓的排氣聲。一切都完美無瑕，因為瓦特自從開始測試蒸汽機以來，首度沒看見「蒸汽外洩」。蒸汽機正以最高效率運轉：轉動快、動力大、完全按照要求工作。瓦特眉開眼笑。威爾金森解決了他的難題，工業革命（從現在回顧，他倆從未預料到這點）便正式登場。

現在要來談談數字，此乃關鍵，亦是本故事的核心，出現於本章開頭，將在本故事的剩餘段落變得更加精密。這個數字是○・一——十分之一吋。正如瓦特後來所言：「威爾金森替我們鑽鑿了數個汽缸，幾乎沒有誤差，汽缸直徑為五十吋……任何部分都沒有出現跟舊先令厚度一樣的誤差。」一枚英國舊先令銀幣的厚度為十分之一吋。這是威爾金森鑽鑿第一個汽缸時的公差。

其實，威爾金森可以做得更精密。在很後期的一封信之中（當時威爾金森已經替瓦特的蒸汽機鑽鑿不下五百個汽缸。英國與世界各地的工廠、碾磨廠和礦場紛紛搶購這些

㊲譯注：應該類似於行星式齒輪（sun-and-planet gear），通常由一個或多個外部齒輪圍繞中心齒輪旋轉，如同行星環繞太陽公轉。

蒸汽機），瓦特這位蘇格蘭人吹噓，說威爾金森「改進了鑽鑿汽缸的工藝，我敢保證七十二吋的汽缸在最差的部分，其精密度不會高於舊六便士的厚度」。英國舊六便士銅幣更薄，只有十分之一吋的一半，亦即〇・〇五吋。

然而，瓦特在吹毛求疵。無論精確到一先令硬幣或舊六便士銅幣的厚度，這些都無所謂。一個全新的世界正在誕生。當時已經能夠製造出可以製造其他機器的機器，並且可以準確和精密地進行製造。頃刻之間，人們關心起公差，明確而言，就是製造要與另一個原件配合的某個原件時，誤差範圍有多大。這是非常新的概念，從一七七六年五月四日交付第一台蒸汽機時，這種概念便誕生了。這台蒸汽機的中心功能部件（汽缸）具備未曾想過或達到的機械公差，數值為〇・一吋，甚至更低。

在大西洋遙遠的另一側，正確來說，應該是前述事件結束之後兩個月，亦即一七七六年七月四日，一個全新的政治領域出現了。美利堅合眾國誕生了，其影響力是世人難以想像的。

此後不久，美國在歐洲的主要代表湯瑪斯・傑佛遜（Thomas Jefferson）[38]聽到了這些神奇的機械進展，認為這些發展潛力無窮，於是開始思考他遙遠的國家該如何充分加以利用。

傑佛遜或許認為，這些發展可以奠定美國發展新貿易的基礎。他或許會跟工程師一樣回應：我們可以做得比現在更好，使用晦澀難懂的數字語言來表明志向：我們也許可以在美國製造、加工和生產金屬器件，公差可以比威爾金森的〇．一吋小上許多。或許，我們夠精巧，可以達到〇．〇一吋的公差。也許能做得更好，精密到〇．〇〇一吋。誰說我們辦不到呢？正如美國是新成立的國家，這些有遠見的工程師也許在思考，或許可以打造新的機器。

這一切在發生之際，這些工程師（主要是英格蘭的工程師，但是在故事的後半段，工程師多數來自於法國）做得比他們想像的要好得多。準確的精靈已經被人從瓶子裡釋放。精密度已經跨出大門，正迅速向前邁進。

㊳譯注：美國開國元勳，《美國獨立宣言》起草人，曾經擔任美國的第三任總統。

Chapter II

第二章

（公差：0.0001）

極為平整且甚為縝密

扣鎖、滑輪與測量儀

現今機器運轉順暢、動作精確，乃是我們使用了嚴謹準確的工具機（來製造機器）。

——威廉·費爾貝恩準男爵（Sir William Fairbairn, Bt.*）（1862年），《英國科學促進會報告》（*Report of the British Association for the Advancement of Science*）

* 譯注：Baronet（縮寫Bt.）是英國最低的世襲身分，受者名前加Sir，名後加Bt.。

倫敦皮卡迪利街（Piccadilly）一百二十四號位於街道北側，可俯瞰綠園（Green Park），西邊為寧靜陳舊的「騎兵俱樂部」（Cavalry Club），❶東邊是早已歇業的秘魯風格酸橘汁醃魚（ceviche）餐廳。這棟建物外觀優雅但缺乏特色，嚴謹之士將其當作辦公室，富裕之人則將其視為酒店式公寓（service apartment）。❷

在一七八四年時，這條大道的西側底端尚未完全開發。此後，櫥櫃、引擎和鎖具製造商約瑟夫．布拉馬（Joseph Bramah）的住家兼工作室一直位於這個地址。他成立「布拉馬公司」（Bramah and Company）六年左右，便已站穩腳步，打開知名度。某個天高氣爽的日子，一小群好奇的路人聚在這家小公司之前，打探著圓肚窗（bow window）。眾人面露疑惑，摸不著頭緒，爾後超過一甲子都無人能破解窗內擺出的難題。

從窗戶望去，只見一個物件，置於天鵝絨墊上，猶如宗教聖物。那是個橢圓形扣鎖，大小適中，外觀光滑，構造簡單。扣鎖刻著一行小字，唯有將臉緊貼窗戶，方能看清內容：the artist who can make an instrument that will pick or open this lock shall receive 200 guineas the moment it is produced.（哪位藝匠能打造開鎖裝置？只要成功，立馬可獲得兩百幾尼〔guinea〕。❸）

這個扣鎖宣稱無法打開，設計者是公司負責人布拉馬。然而，打造扣鎖的不是布拉馬，而是時年十九歲的亨利．莫茲利（Henry Maudslay）。莫茲利先前擔任鐵匠學徒，在前

約瑟夫·布拉馬是技藝非凡的鎖匠。他還發明了鋼筆（fountain pen）、數鈔機，以及一種讓酒吧地下室啤酒保持涼爽和維持壓力的裝置。

一年被布拉馬納入麾下，全然因為他素以技術高超、能精密加工而名聞遐邇。

直到一八五一年，才有人順利打開布拉馬設計的鎖（話雖如此，後面章節會指出，是否確實開了鎖，仍有所爭議），贏得了豐厚獎賞。❹在解鎖之前，布拉馬和莫茲利皆能自詡為技術高超的工程師（唯有這兩位先進的後人方能見證有人破解這項難題）。威爾金森在柏夏姆締造鑽鑿汽缸的成就，進而開創了精密領域（precise world）（至少該領域是此後立即誕生的），而布拉馬和莫茲利則發明了各種有趣的裝置，憑一己之力替精密領域制定規則。這兩位天才的某些發明已經封入歷史、遭人遺忘，有些則倖存下來，替當今最複雜的

❶譯注：私人會員俱樂部，如今已改名為騎兵與護衛俱樂部〔Cavalry and Guards Club〕。
❷譯注：頂級商務住宅，只租不賣。
❸譯注：舊時等於二十一先令的英國金幣。
❹約等於現今一台小型賓士轎車的價格。

工藝奠定發展基礎。

工程師大都讚賞莫茲利的傳世傑作，所以他如今才比較出名；然而，當年比較出風頭的，可能是布拉馬。布拉馬曾經摔倒而受傷。當他臥床養病時，發明了一種很不浪漫的物件：倫敦居民當時亟需改善公共衛生（public hygiene），布拉馬便創造了沖水馬桶。這種裝置包含好幾片活板、一個浮球、兩三個閥門和數條管子，不僅能自我清潔（其實是自我沖洗），也不會在冬天凍結而造成極大的不便。他替這個構想申請專利，然後生產了二十年的抽水馬桶，總共賣了六千多套而大賺一筆。當時，開化的英國中產階級都會裝設布拉馬的沖水馬桶，將其當成最重要的浴室設備，這種情況持續了一百多年，等到英國歡慶維多利亞女王登基五十週年（Victoria's Jubilee）[5]之後才有所改觀。

扣鎖比馬桶更為複雜，打造時要求更精密的工藝。布拉馬於一七八三年當選新成立的「皇家文藝製造商業學會」（Royal Society for the Encouragement of Arts, Manufactures and Commerce，學會仍然存在，名稱依舊不變）的成員，開始對鎖產生興趣。[6]該學會如今簡稱「皇家文藝學會」（Royal Society of Arts，簡稱RSA），在十八世紀時分為六個部門，亦即農業（Agriculture）、化學（Chemistry）、殖民地和貿易（Colonies and Trade）、製造（Manufactures）、機械（Mechanicks，當時如此拼寫），[7]以及最古色古香的雅緻藝術（Polite Arts）。[8]布拉馬自然會參加多數的「機械」會議。他入會之後不久，打開了一個特殊鎖具而聲名大噪。然而，實際情況並非一句話便能帶過：一七八三年九月，名叫馬歇爾（Marshall）的先生提出了一個號稱無法解開的鎖，當地的開鎖專家特魯洛夫（Truelove）拿出一套特殊工具開鎖，弄了一個半小時仍徒勞無功。布拉馬隨後從觀眾席後頭起身，嘗試去開鎖。他迅速打造了一對工具，恰好用了十五分鐘便順利解鎖。在場人士皆興奮不已，歡呼連連。他們目睹了精通機械的專家展現絕技。

當時的英國人對鎖很痴迷。十八世紀末期，社會和法律變革席捲英國，分裂了社會：數個世紀以來，擁有土地的貴族居於深宮大院，躲在高牆與隱籬後頭大享清福，而且僱用僕傭來避免外界侵擾；相較之下，世代窮困的貧民卻能看到靠新商業環境致富者過奢華的生活。這些富人及其財產往往昭然若揭，在快速發展的城市中尤其如此：豪宅樓房往往緊

---

❺ 譯注：全名The Golden Jubilee of Queen Victoria。維多利亞女王一八三七年登基，一八八七年舉辦慶典。布拉馬在一七七八年發明沖水馬桶。

❻ 布拉馬出生於約克夏，當時年輕有為，深受許多人讚賞，其中之一是名叫約翰・謝爾頓（John Sheldon）的外科醫生。謝爾頓善於對屍體進行防腐處理，自稱是第一位搭乘熱氣球飛行的倫敦人，也曾前往格陵蘭（Greenland），嘗試用塗覆箭毒（curare，譯注：亞馬遜河谷印第安人使用的神經性毒液）的魚叉來捕殺鯨魚。

❼ 譯注：如今的拼法是Mechanics。

❽ 譯注：暗示時代印記的用語，表示資產階級附庸風雅，追求文化情趣或地位，後來逐漸被fine arts（美術）取代。

鄰蓬戶甕牖，閭閻不斷、雞犬相聞。窮人大多嫉妒富人。搶劫掠奪經常發生。富貴之家恐懼不已，除了緊閉門窗，還得打造門鎖，鎖的質量也要好。馬歇爾號稱自己的鎖難以解開，但技術熟練的人，十五分鐘便可打開。不擇手段的飢餓盜賊，或許十分鐘便可解鎖。馬歇爾的鎖不夠好，布拉馬便決心設計和打造更好的鎖具。

布拉馬解開馬歇爾的鎖之後不到一年，亦即一七八四年，便打造了這種鎖。竊賊當時最喜歡用塗覆蠟質的空白鑰匙去探查鎖內的各種鎖桿（lever）和制栓（tumbler）的位置來開鎖；然而，布拉馬在當年八月申請專利的鎖卻非常複雜，讓人無法用前述方法從鑰匙孔探測鎖內機制。根據他的設計，將鑰匙插入鎖孔並轉動鑰匙來釋放插銷時，各種鎖桿會升降到不同位置，但是一旦插銷被鎖定，這些鎖桿便會「返回原位」。如此一來，竊賊幾乎難以開鎖。無論如何用上蠟的空白鑰匙開鎖，根本難以找到需要的鎖桿（因為早已移位）來釋放插銷。

布拉馬提出這種基本的鎖扣原理之後，便可游刃有餘，巧妙打造出圓柱鎖具，其鎖桿不是受重力影響而升降，而是在各種鑰匙齒壓印之下，沿著圓柱周圍內外進出，然後透過每個鎖桿配置的單一彈簧返回原位。因此，整個鎖可謂小型黃銅管，可輕易安裝於木門或保險鐵櫃的管狀空腔，（開鎖時）門鎖會與門戶的外緣齊平，（上鎖後）門鎖會縮進門框的黃銅腔。

布拉馬又陸續發明許多奇特的裝置，以及提出新奇的構想，其中許多新構想與鎖具毫無關係，卻源於他對液體受壓行為的迷戀。例如，他發明了液壓機（hydraulic press），廣泛應用於全球的工業界。說得更詳細一些，布拉馬還向市場推出原始形式的鋼筆，❾並且繪製了自動鉛筆（propelling pencil）設計圖；他還提出更耐用的產品，好比他製造了啤酒泵（beer engine），保留傳統的小旅館主人至今仍使用這種裝置，因為這樣可讓口渴的酒吧顧客享用先前存放於地窖中的液壓清涼啤酒。❿（有了啤酒泵，調酒師便無須上上下下，爬地窖樓梯去搬運新鮮的啤酒桶。）蘭開夏還有一家酒吧以布拉馬來命名，但現今愛喝啤酒的人渾然不知這號人物。此外，鮮少鈔票印刷商知道布拉馬率先打造過一部巧妙的機器，可讓數千張相同鈔票印上不同序號。他還製造了刨大木板的機械和造紙機。布拉馬甚至預測，有朝一日，乘風破浪的大型船隻將會使用大型螺栓。

然而，布拉馬只有靠鎖具才能讓其大名被收錄到英語詞彙。文學作品仍然會提到「布拉馬鋼筆」（Bramah pen）和「布拉馬鎖」（Bramah lock）：威靈頓公爵（Duke of

❾不過，布拉馬下了雙保險來避免損失。他還發明可以把一根鵝羽毛切割成數個筆尖的工具。他發明的鋼筆有新奇的金屬筆尖，還有儲存油墨的可擠壓橡膠管。假使鋼筆無法蔚為風潮，他便可重拾能夠批量生產的傳統書寫工具。

❿譯注：壓力可讓二氧化碳溶解於酒中，使飲用者享受刺激舌面與口腔的氣泡感。

Wellington）曾在作品中讚美這兩種器具，蘇格蘭小說家暨詩人華特・史考特（Walter Scott）和愛爾蘭劇作家蕭伯納（Bernard Shaw）也不例外。英國大文豪狄更斯（Dickens）更是在《匹克威克外傳》（*The Pickwick Papers*）、《博茲札記》（*Sketches by Boz*）與《非商業旅人》（*The Uncommercial Traveller*）中多次單獨使用「布拉馬」（Bramah）來泛指其發明。布拉馬的名字曾被單獨使用，因此至少對維多利亞時代的民眾而言，他曾經是「名祖」（eponym）：[11]人們曾用一支「布拉馬」（鑰匙）去打開一個「布拉馬」（鎖具）；人們曾用一個「布拉馬」（鎖具）來鎖家門；人們曾給好朋友一支「布拉馬」（鑰匙），允許他們隨時登門造訪。案例繁多，不勝枚舉。當賈伯先生（Mr. Chubb）和耶魯先生（Mr. Yale）登上舞台時（《牛津英文字典》〔*Oxford English Dictionary*〕分別於一八三三年和一八六九年首度收錄這兩位先生的大名），布拉馬壟斷鎖具詞彙的情況才被打破。[12]

當然，布拉馬鎖如此精良，原因在於內部設計極其複雜。但是它能持久耐用，乃是因為它製工精密。鎖能精工細作，發明者功勞不大，布拉馬聘僱的工匠（還是個男孩）厥功甚偉。他大量製造器件，造得好、造得快，也很省成本。莫茲利被布拉馬聘僱為學徒時才十八歲：他後來將成為早期精密工程界舉足輕重的人物之一。時至今日，莫茲利的影響不僅遍及家鄉英國，更擴散到全世界。

年輕的莫茲利（布拉馬聘用他時曾說，莫茲利「高大英俊」）是在倫敦東部的伍爾威治皇家兵工廠（Woolwich Royal Arsenal）初出茅廬。他當時十二歲，最早擔任「火藥跑腿」（powder monkey，皇家海軍會僱用腿快的小男孩，叫他們把船艦彈藥庫的火藥拿到砲台），然後調到木工廠幹活，但莫茲利抱怨木材不精確，對工作感到厭煩。僱用他的人無不心知肚明，這個小夥子喜歡金屬。當他跑到造船廠的鐵匠鋪時，他們假裝沒看見。當他用廢棄的鐵螺栓打造出一系列有用且精緻的三腳架時，他們也沒說什麼。

一七八九年，布拉馬憂心忡忡。當時，英吉利海峽的對岸政局不穩，大批驚恐的法國難民湧入大不列顛王國，多數難民紛紛逃往倫敦。倫敦居民甚為緊張，突然想要保護家園和企業的安全。布拉馬擁有專利保護，得以壟斷（製鎖）市場。然而，他卻陷入了困境：只有他才有能力製鎖，但他和旗下工匠都無法大量打造廉價鎖具。多數自稱工匠的人，只能打造粗製物件，用厚重錘子擊打受熱軟化的鐵件，然後用鐵砧或鑿子，尤其是銼刀，來

⓫ 譯注：姓名曾被用來命名發明之物。

⓬ 譯注：作者分別指十九世紀倫敦製鎖匠查理・賈伯（Charles Chubb）和美國製鎖匠小萊納斯・耶魯（Linus Yale Jr），前者發明了賈伯式保險鎖（Chubb），後者創造了圓筒銷栓鎖，亦即耶魯鎖（Yale）。

粗略打造鐵件。很少人手藝精巧，能夠打造出「機件」（mechanism，當時剛採納不久的單字）。

話雖如此，改變即將降臨。十八世紀時，倫敦鐵匠的圈子很小。布拉馬耳聞伍爾威治有個特殊的小夥子，他迥異於比他稍微年長的夥伴。這個年輕人不單只在打鐵，而是會一絲不苟，精心打造金屬物件，提出異於凡物的精緻成品。布拉馬探訪了莫茲利並立即接納了他。不過，布拉馬心知肚明：根據慣例，這位剛入行的年輕人要接受七年的學徒訓練，但商業需求打破了慣例：布拉馬眼看顧客快擠破皮卡迪利街的店面，根本無暇顧及細節，於是當機立斷，馬上聘請這位年輕人。這項決定改變了歷史。

莫茲利竟然是引領變革的大人物。首先，他一眼便知該如何解決鎖具供應問題。他沒有遵循傳統，老想著聘請工匠靠手藝逐一打造鎖具。莫茲利仿效三十年前住在西邊兩百哩之遙的約翰·威爾金森，打造了一台製造鎖具的機器。他製造了一台工具機：換句話說，他打造了一具製造「機器」（此處是指「機件」）的機器。其實，莫茲利打造了一整套工具機，用來（協助）製造零件，再拿去組裝布拉馬設計的各種複雜鎖具。手工打造零件時難免會犯錯，但工具機能夠快速製造零件，成本低廉且不會出錯。換句話說，莫茲利的工具機可以精密製造必要的鎖具零件。

倫敦的科學博物館（Science Museum）如今展示三台莫茲利的製鎖裝置。其中一台是鋸切圓柱零件溝槽的鋸床；第二台或許不是工具機，而是用來確保高速生產相同零件的機具。那是一種快速抓握、迅速釋放的台鉗，可謂一種夾具，能在螺栓被安裝於車床的一系列刀具銑削時固定螺栓；第三台是別出心裁的裝置，可藉由踏板提供動力，捲繞鎖具內部的彈簧，使彈簧在定位且妥善固定之際處於緊繃狀態，一直到鎖具外殼拴定之後才會鬆開。鎖具外殼由閃亮的黃銅板組成，表面刻著「布拉馬製鎖公司，倫敦皮卡迪利街一百二十四號」（The Bramah Lock Company of 124 Piccadilly, London）之類的華麗字眼。

有些人認為，第四台機具是最重要的工具機部件，約在同一時期大量出現。它很快便成為車床不可或缺的一部分。這是一種很像拉坯機（potter's wheel，製陶轉輪）的旋轉裝置。自從法老統治的埃及發明這種輔助工具以來，它便不斷改善人類的生活。數個世紀以來，車床演變甚為緩慢。最大的改進或許出現於十六世紀，當時引進了導螺桿（leadscrew）的概念。[13]這是一種很長的木製（早期通常如此）螺桿，安裝於車床主框架下方，用手轉動螺桿之後，可讓車床的移動端接近或遠離固定端。使用導螺桿可進行精密作業。譬如，轉一圈手柄，或許可讓車床的移動端前進一吋，但前進距離的多寡會依照導螺桿的螺距（pitch）而有所不同。如此一來，用車床進行木工加工的人便更能掌控機具，

⓭譯注：車床切削時用來控制滑動台架運動的螺桿。

製造出裝飾美觀、對稱精準且呈現巴洛克華麗風格的物件（比如椅腿、棋子或把手）。

然後，莫茲利改善了車床，使其躍升數個等級。他先用鐵打造車床，鍛造出厚實堅固的結構，而且立即用車床加工木製品，甚至加工堅硬金屬坯料，製造完美對稱的物件，以往的脆弱車床壓根無法辦到這點。光憑這點，莫茲利便足以流芳萬世，但是他又在工作車床上加上另一種組件。這種組件如何誕生，至今仍各有說詞。一旦爭論起來，簡直沒完沒了，只會讓精密和精密工程的歷史更加撲朔迷離。

具體而言，這個安裝於莫茲利車床的組件稱為滑動台架／刀架（slide rest），它厚實堅硬、固定穩妥，卻可藉由螺桿移動，能夠固定各種切削工具。它裝有齒輪，可讓切削工具微調（位置），以便精確加工待切割的零件。滑動台架必須介於車床的頭架（headstock，包含馬達／電動機〔motor〕和旋轉工件的心軸〔mandrel〕）和尾架（tailstock，固定工件的另一端）。莫茲利的導螺桿由金屬而非木材製成，

「高大英俊」的亨利·莫茲利加工了布拉馬鎖的內部零件，爾後成為精密工具製造（precision toolmaking）和大量生產（production）的鼻祖。他更提出獲致完美平整度（flatness）的關鍵工藝概念。

螺紋更為精細，螺距更加緊密，遠勝木製導螺桿。導螺桿會推進工件。

然後，固定於滑動台架的（切削）工具會在導螺桿引導的路徑上移動，對工件鑽孔、削角或銑削（milling，一旦發明了銑削，自然能夠如此加工，下一章將討論這項過程），甚至依照車床操作者的要求形塑工件。因此，導螺桿會縱向移動工件，而固定切削工具的滑動台架則是橫向移動，對工件切割、削角或鑽孔，台架甚至能在導螺桿引導的路徑上朝四面八方移動。

金屬工件可被加工成各種形狀和尺寸。只要每項工序的導螺桿和滑動台架的設定相同（車床操作員可記錄位置並確認它們不變），每次加工之後，成品都會一模一樣，毫無例外——外觀一致、尺寸固定且重量相等（假設金屬密度一樣）。加工元件可以被複製，彼此能夠互換，這點至關重要。如果加工元件是另一台機器的零件（譬如：齒輪、扳機、手柄或鋼筒），彼此便可互換，從而奠定現代製造業的基礎。

同樣重要的是，諸如莫茲利車床這般裝備齊全的機具也能製造工業化世界中最重要的零件，亦即螺絲（screw）。

我們後續將會看到，螺絲製程歷經數個世紀的改良，已有長足的進展；然而，發明高效、精確和快速切割金屬螺絲方法的人，正是莫茲利（這是他發明、嫻熟或改善車床的滑動台架之後）。布拉馬曾在皮卡迪利街工作室的窗口擺上鎖具，藉此炫耀或提出廣為流傳的難題。莫茲利創立的「莫茲利‧兒子們‧菲爾德」（Maudslay, Sons and Field）[14]也依樣畫葫蘆，在倫敦馬里波恩（Marylebone）瑪格麗特街（Margaret Street）的首間小工作室的圓肚窗上擺著一項物件。該物件以黃銅製成，長達五呎，製作精良，完全筆直，乃是莫茲利最引以為傲的工業螺絲。

嚴格來講，莫茲利並非率先改良螺絲車床的藝匠。曾有一名約克夏的科學儀器製造者，名叫傑西‧拉姆斯登（Jesse Ramsden）。他接受「經度委員會」（哈里森曾賣力替這個委員會打造航海鐘）的資助，卻不准為自己的發明申請專利。早在二十五年之前，亦即一七七五年，拉姆斯登便打造了一台小而精緻的切割螺絲車床。使用這台車床時，每吋得轉一百二十五轉，以此切割出微小的螺絲（表示要轉一百二十五圈才能讓螺絲前進一吋）；因此，裝置裝上這些螺絲之後，便可進行最細微的調整。然而，拉姆斯登的車床其實是一次性機具，跟手錶同等精緻，能與望遠鏡和導航儀器搭配，但絕不能製造許多金屬元件組成的大型裝置，更無法高速運轉、保持精準和持久耐用。莫茲利打造裝備齊全的車床，就是創造一種機具。套用某位歷史學家的說法，這個機具日後將成為「工業時代的基礎／母體工具」（the mother tool of the industrial age）。

此外，莫茲利使用自己的滑動台架和技術所製造的螺絲，搭配鐵製車床（而非他起初和布拉馬一起使用的木製車床），便可加工出公差小到一萬分之一（〇‧〇〇〇一）吋的物件。在倫敦人的眼前，精密度於焉誕生。

人們日後可精密製造無數尺寸不一、形式各異的元件，也能大量生產加工物件。誰發明了滑動台架，這項功勞便歸給誰。滑動台架可用來製造各類物品，從門鉸鏈（door hinge）到噴射引擎（jet engine），從汽缸體（cylinder block）到活塞和原子彈致命的鈽核心。當然，螺絲也位列其中。

究竟誰發明了滑動台架？不少人說是莫茲利，他在布拉馬「的祕密工廠工作，有幾架奇怪機器……由莫茲利先生親手打造」。有人說布拉馬發明了滑動台架，還有人根本不信莫茲利曾經參與這項發明，明確指出他不是發明者，而且莫茲利也未曾宣稱自己發明了這種機具。根據百科全書的記載，德國人率先發明滑動台架，某份一四八〇年的手稿已有滑動台架的插圖。俄羅斯科學家安德烈・納托夫（Andrey Nartov）是十八世紀彼得大帝（Tsar Peter the Great）的御用工匠，曾被譽為歐洲最棒的車床操作大師（他曾傳授當時的普魯士〔Prussia〕[15]國王如何使用車床），傳聞他早在一七一八年便打造出一台可運作的滑動台架（並且將其帶到倫敦展示）。如果有人懷疑聖彼得堡的傳聞，不妨告訴大家，名叫賈奎

[14] 譯注：該公司原名亨利・莫茲利和公司（Henry Maudslay and Company）。他的兩個兒子和約書亞・菲爾德（Joshua Field）入夥後，公司便改成前述名稱。

茲・迪・沃康松（Jacques de Vaucanson）的法國人曾在一七四五年製造了一部滑動台架。

北卡羅萊納大學（University of North Carolina）教授克里斯・伊凡（Chris Evans）撰寫過許多論文，探討精密工程的早期發展，他點出相互牴觸的各類宣稱，同時提醒讀者別輕信「大發明家」（heroic inventor）的論點。伊凡指出，最好認為精密度是「眾多父母共同生下的孩子」，而精密度發展時，難免出現重疊之處。此外，牽涉精密度的各門學科之間有諸多模糊界限。精密度在初期是一種現象，歷經三個世紀不斷穩健發展，其令人困惑之處也逐漸被破解。換句話說，精密度的故事遠不如精密度本身那麼清楚明確。

話雖如此，莫茲利的主要傳世傑作確實令人難忘。他受聘於布拉馬之後，提出或參與了其他發明，但他向布拉馬要求加薪時（在一七九七年時，莫茲利每週賺三十先令），卻因態度不佳而遭到拒絕，一怒之下便憤而離職。

莫茲利隨即跳脫西倫敦的製鎖小世界，踏進了（有人會說，他開創了）「大量生產」的迥異領域。他提出可確實大量製造英國帆船重要元件的手段。他還打造複雜奇妙的機器，在後續的一百五十年裡，這些機器被用來製造帆船滑輪組（pulley block），此乃索具的重要元件，讓英國皇家海軍得以巡航和管理海域，在某段時期統治了全球海洋。

這一切皆源於機緣。布拉馬曾在皮卡迪利街展示鎖具，莫茲利也跟風，在自家工作室公開展示用車床製造的五呎黃銅螺絲。莫茲利將螺絲放到中央舞台，刻意展現技能。根據海軍的傳聞，他向民眾展示螺絲之後不久，巧事便從天而降。當時有兩人下定決心，打算好好籌建生產滑輪組的工廠，以便滿足迫切且日益增長的滑輪需求。

十八世紀中期，英國南部碼頭城市南安普敦（Southampton）已經建立一間勉強可算製造滑輪組的工廠。工匠會鋸切和榫接木製部件，但仍須靠手工進行最終加工，因此供應鏈經常不穩。人們認為，英格蘭若要生存，供應鏈必須可靠。

在十八世紀末期，英國斷斷續續與法國開戰。法國大革命之後，拿破崙（Napoleon Bonaparte）崛起，英國政府認為必須整建部隊，以便因應十九世紀初期的戰事。英國當時有兩支戰鬥部隊，分別是陸軍與皇家海軍，而海軍搶到大部分的戰爭預算。英國碼頭很快便停滿大型船隻，隨時準備揚帆出航，迎戰法國敵人（特別是拿破崙艦隊）。造船廠忙著造船、船塢忙著修船，從英吉利海峽到尼羅河（Nile），從巴巴利海岸（Barbary Coast）[16]到科羅曼德（Coromandel），[17]處處可見武力強大的巨型英國戰艦（men-o'-war）巡邏警戒。

⑮ 譯注：德國北部古王國，國祚一七〇一至一九一八年。
⑯ 譯注：指北非中西部的沿海地區。
⑰ 譯注：紐西蘭北島的城鎮。

這些戰艦都是大型帆船，通常有木造船體和銅質包覆的龍骨（keel），甲板分為三層，上頭安置大砲，巨型小葉南洋杉（Norfolk Island pine）桅杆支撐著同等寬大的風帆。當時的風帆皆以帆布製作，用數英里長的索具（rigging）、支索（stay）、帆桁（yard）、側支索（shroud）和踏腳索（footrope）來懸掛、支撐和控制。多數繩索都必須穿過堅固的木製滑輪系統，水手將其簡稱為滑輪組（pulley block），無論在海事領域的內部或外部，人們都把這種軍艦的組成部件稱為滑輪裝置（block and tackle）。

一艘大型帆船可能有多達一百四十個滑輪組，類型繁多、大小不一，端視船隻要執行何種任務。水手若想升起中桅帆，或者將一根（當作桅杆的）圓材從一處移到另一處，只須使用一個滑輪的滑輪組。如果要舉起極重的物體（例如錨），可能需要六個滑輪組，每個滑輪組有三個滑車（sheave，亦即滑輪），還得將一根繩子穿過這六個滑輪組；如此一來，水手只須用幾磅的力量，便可藉助滑輪輕鬆拉起重達半噸的錨。某些優秀的小學仍然會教授滑輪組的物理原理。這項原理指出，最基本的滑輪系統也能提供最大的機械效益，只要簡單運用，便能輕鬆駕馭這種機械動力。

船舶使用的滑輪組通常要很強韌，必須能夠長期抵擋時刻衝擊的海水、冰冷的海風、熱帶濕氣、赤道無風帶的酷熱和鹽霧（salt spray），就算頻繁操作或遭水手粗魯對待，也要能經久耐用。在帆船時代，船隻主要由榆木打造，兩側有螺栓固定的鐵板，鐵鉤牢牢連接船體上下端，滑輪組介於船側之間，四周圍繞及穿繞繩索。滑輪通常由「鐵梨木」製作，哈里森也曾用這種堅硬的自潤木材（self-lubricating wood）製作航海鐘的齒輪：現代的滑輪組通常有鋁製或鋼製滑車，本身也由金屬打造。若想讓船隻呈現復古感，才會使用木製滑輪，倘若如此，還會搭配許多華麗的銅製物件與塗上清漆的橡木。

在十九世紀初期，英國皇家海軍憂心忡忡。拿破崙在僅有二十哩之遙的英吉利海峽對岸蠢蠢欲動，海事問題也層出不窮，英國必須隨時派戰艦巡航處理：艦隊司令關切的，並非要建造足夠的船隻，而是得供應重要的滑輪組，讓帆船戰艦（坦率而言）得以出航。海軍部（Admiralty）[18]每年需要十三萬個滑輪組，尺寸主要分成三種。滑輪構造複雜，先前只能靠工匠以手工製作。英格蘭南部及其周邊地區的大批木匠都在努力製造滑輪，但這種供應鏈根本不可靠。

海上戰鬥益發頻繁，戰艦也愈造愈多，呼籲更高效率滑輪供應體系的聲浪日益高漲。時任海務總監的薩繆爾．邊沁爵士（Sir Samuel Bentham）決心解決滑輪供應吃緊的問題。一八〇一年，馬克．布魯內爾爵士（Sir Marc Brunel）拜訪薩繆爾，說他有一勞永逸的具體

[18]譯注：一九六四年以前，海軍部指揮英國皇家海軍與皇家海軍陸戰隊。

計畫。[19]

當時，法國局勢不穩，[20]英國海軍部高層相當憂心。布魯內爾是法國保皇派難民，首先移居美國，成為紐約的首席工程師，爾後再前往英格蘭結婚。他早已評估製造滑輪組的問題，深知完成一個滑輪組得歷經多道工序（至少十六道）；滑輪看似簡單，製程其實很複雜，猶如其要執行繁雜的勞務。布魯內爾已粗略設計出能製造滑輪的機器。[21]他提出申請，於一八〇一年獲得以下專利：「一種有用的新型機器，可以切割一個或多個用來組成滑輪組側面的榫眼、切割滑輪組外殼的針孔、轉動和鑽鑿鬆緊片，以及組配和修理滑輪內部的襯套」（A New and Useful Machine for Cutting One or More Mortices Forming the Sides of and Cutting the Pin-Hole of the Shells of Blocks, and for Turning and Boring the Shivers, and Fitting and Fixing the Coak Therein）。

從許多層面來看，布魯內爾的設計別出心裁。他讓一台機器執行兩項獨立的功能：例如，用圓鋸執行榫眼切割機的功能。他也讓一台機器多做運動來驅動隔壁機具，以此維持某種機械同步（mechanical lockstep）。機器之間若要達成必要的協調合作，每台機器都得以最高的精密度完成工作。某台機器若設定錯誤，將錯的因子導入系統，便如同病毒侵襲電腦，勢必逐漸擴散，使情勢惡化，最終癱瘓整個系統。蒸汽驅動的鐵製龐大機器有擺動的臂狀物、旋轉帶和轟然作響的飛輪，若要重新啟動這種龐然怪物，不是（跟電腦開機一樣）按下按鈕並等待半分鐘便可辦到。

布魯內爾設計的機器前所未見、複雜萬分。若要讓海軍買單，得先找到願意且能夠打造這套系統的工程師，同時確保這些機器能以高精密度不斷製造成千上萬個木製滑輪組，滿足海軍的迫切需求。

莫茲利遇到了千載難逢的機會。布魯內爾待在法國時有位老友，名叫貝康庫爾（M. de

---

⑲ 薩繆爾和布魯內爾的親友都比他們更出名。薩繆爾的兄長傑瑞米·邊沁（Jeremy Bentham）是傑出的英國哲學家、法學家與獄政改革者。傑瑞米衣著完整的遺體（「自我—偶像」〔auto-icon〕）至今仍端坐於倫敦大學學院（University College London）的椅子上。布魯內爾的兒子是受人景仰的工程師伊桑巴德·金德姆·布魯內爾（Isambard Kingdom Brunel），建造過許多至今仍矗立於英國的維多利亞時代建物。他廣受英國民眾歡迎，與前海軍司令納爾遜（Nelson，譯注：曾率領英國戰艦擊敗法國與西班牙的聯合艦隊）、邱吉爾和牛頓齊名。

⑳ 譯注：作者指一七八九年爆發的法國大革命。

㉑ 滑輪組分成四個基本部分：木殼（wooden shell）、硬木滑輪（hardwood sheave）、將滑輪固定於殼體的銷（pin），以及避免銷磨損的襯套（bushing，亦即專利提到的coak）。水手經常使用滑輪組，無論理由為何，繩索只要通過滑輪，都會狠狠磨過這四個構件。光是製造木殼，就得歷經七個獨立工序：從榆木圓木切下木片；木片必須切成矩形；必須鑽孔供銷使用；必須切割榫眼，以便插入滑輪；必須切除滑輪組的邊角，將邊緣削角；必須弄彎、形塑和整平滑輪組表面；最後，必須在滑輪組表面刻出溝槽，以便安置繩索來固定每個滑輪組。完成殼體之後，必須在硬木滑輪執行六種迥異的工序，再針對銷執行四種工序，以及進行兩道工序來製作襯套。最後必須組裝這一整套精緻構件，將其弄平整之後送去存放。

Bacquancourt），他也移民到英國。貝康庫爾某天碰巧經過瑪格麗特街的莫茲利工作室，瞧見了圓肚窗展示的物件，亦即莫茲利用車床製造的著名五呎長黃銅螺絲。店內有八十名員工，這位法國人走進裡頭，與某些人員攀談，最後才跟莫茲利閒聊。他離去時非常篤定，確信全英國若只有一人能夠滿足布魯內爾的要求，那人便是莫茲利。

貝康庫爾告知布魯內爾此事。布魯內爾便與莫茲利約在伍爾威治的某處見面。布魯內爾向這位年輕的工程師出示一張機器設計圖。莫茲利看得懂設計圖，如同音樂家能讀樂譜、常人能看書一樣。他一看便知這是製造滑輪組的方法。布魯內爾設計的機械已被製成模型，讓海軍部知道他的構想。然後，莫茲利接受正式的政府委託，著手打造機械。

他要按照布魯內爾的設計圖，打造全球首架專門製造物件的精密機械，當時是要製造滑輪組，但也可用來生產槍枝或時鐘，日後這些機器甚至可以「集體」製造軋棉機（cotton gin）或汽車。

這個計畫花了他六年時間。海軍在朴茨茅斯的造船廠建了一棟巨大的磚造建物，以便容納即將到來的一大批機械。莫茲利的劃時代機械接二連三抵達，最先來自於莫茲利位於倫敦瑪格麗特街的工作室，後來該公司擴大營運，搬遷到泰晤士河（River Thames）南邊蘭貝斯（Lambeth）的工廠，機械便改由該處出廠。

總共有四十三台機械，每台可執行十六項獨立工序的其中一項，將一棵砍下的榆木製成一個滑輪組，送到海軍倉庫存放。每台機器皆由鐵製成，堅固結實，能夠準確執行分配的程序，符合海軍合約的規定。這些機器分別用來切割木材、夾緊木材、挖出榫眼、鑽鑿孔洞、替鐵銷鍍錫、抛光表面、挖出溝槽、削切邊角、刻出凹槽、形塑和平整物件，將木材一路打造成滑輪。一組全新的詞彙於焉誕生：有棘輪（ratchet）、凸輪（cam）、軸（shaft）、刨製機（shaper）、斜面（bevel）、蝸輪（worm gear）、繞線模（former）、冠狀輪（crown wheel）、同軸鑽（coaxial drill）和抛光機（burnishing engine）。

一八〇八年，新工廠被命名為「滑輪製造廠」（Block Mills），前述機械都安置於那裡，馬上便要轟隆轟隆運轉。不斷旋轉和擺動的皮帶帶動莫茲利的每台機器，這些皮帶連接到安置於天花板的長鐵軸。鐵軸能夠不停旋轉，乃是因為它們依靠廠房外頭的巨型三十二匹馬力「博爾頓與瓦特」蒸汽機來驅動。蒸汽機高達三層樓，冒出騰騰蒸汽，巍巍顫顫，轟隆震耳。

「滑輪製造廠」見證了諸多成就，最著名的是廠內每部手打鐵製機器能夠完美運轉。它們製作精良（現代工程師無不認為，這些機器是工藝傑作），許多機械在一個半世紀之後依舊運轉順暢。一九六五年，皇家海軍製造了最後一個滑輪組。許多元件（譬如鐵銷）都是由莫茲利本人及其工人製造，尺寸完全相同，所以彼此可互換，進而從更廣的層面影響了日後的製造業。我們即將看到，某位未來的美國總統將認可「互換性」

（interchangeability）的概念。

然而，「滑輪製造廠」名聞遐邇，乃是因為另一個深切影響社會的原因。它是全世界第一家仰賴蒸汽機運轉的工廠。早期機器是靠水力驅動，「機械化」（mechanization）並非全新的概念，這點確實沒錯。然而，朴茨茅斯海軍工廠的規模與產能截然不同，其動力來源不受季節或天氣影響，更非源自於外頭（用馬匹拉）的絞繩滾筒。只要有煤和水，加上按照最高精密度規格製造的蒸汽機，這間工廠便可順暢運轉。

鋸子、挖榫眼裝置和鑽頭都仰賴蒸汽機來提供動力。這些蒸汽機（包括朴茨茅斯工廠內的機器，以及馬上將在各處工廠設置的上千台機器，這些蒸汽機會用別種方式製造其他物件）將不再由人來開啟、驅動和控制。原本在各地的木工廠，許多木匠會替海軍切割木材並將其組裝成滑輪組。導入冷冰冰的機器之後，這些人成了第一批受害者。一百多名技術精湛的工匠曾辛勤工作，填滿海軍無法滿足的欲望。如今，轟隆作響的工廠不流半點汗水便能輕鬆達標：「滑輪製造廠」每年可量產海軍所需的十三萬個滑輪組，在每個工作日能夠每分鐘造好一個滑輪組，但只需十人便可確保整間工廠順利運轉。

精密度首度造成傷害。工廠員工不需要特殊技能。他們幹的活，只是將圓木加到切割機的進料斗、取出完成的滑輪組，然後堆在倉庫內；或者他們會拿起油罐或一堆廢棉（cotton waste），開始上油、潤滑和拋光，仔細監視黃銅鑲邊的黑綠相間龐然巨獸，聽其在混亂場域中叮噹作響、咔噠發聲。這些機器不停嘲笑工人，不僅轉動、旋轉、噴氣和晃動，也會提起、分裂和鋸切物件，甚至會鑽孔打洞，猶如巨型機械管弦樂隊，擠進這棟新建物敲鑼打鼓。

機器對社會的影響立即顯現。從正面來看，機器精密無比，機器做工準確。海軍部高層非常滿意。布魯內爾收到一張支票，面額等於一年節省的經費：一萬七千零九十三英鎊。莫茲利則獲得一萬兩千英鎊，同時廣受民眾和工程界讚譽，成為精密工程界早期的標竿人物，更是工業革命的重要推手之一。皇家海軍的造船計畫可如期推展，而英國人認為自己能夠迅速建立新的海軍中隊、小型艦隊與大型艦隊，他們與法國人的戰爭已經結束，勝利是屬於英國的。

拿破崙[22]最終慘遭擊敗，被流放到聖赫勒拿島（Saint Helena，又譯聖海倫娜島）。[23]他搭乘配置七十四門火砲的三級艦「英國皇家海軍諾森伯蘭號」（HMS Northumberland），隨行護航的是較小的二十門火砲六級艦「英國皇家海軍彌洱米頓號」（HMS Myrmidon）。

[22] 莫茲利將拿破崙視為「英雄」，蒐集了所有描繪這位皇帝的藝術作品。著名工程師詹姆斯．內史密斯（James Nasmyth）是莫茲利的同事。根據他的說法，莫茲利特別欽佩拿破崙，因為拿破崙推動了許多偉大的公共工程（包括道路、運河、宏偉建築、銀行，以及法國證券交易所）。

[23] 譯注：英國在南大西洋的海外領土。

這兩艘戰艦的索具和繩索大約用一千六百個木製滑輪組固定，幾乎全由「滑輪製造廠」生產，以及使用莫茲利的鐵製機器鋸切和鑽孔，而且只由十位毫無技能的海軍約聘人員監督全部製程。

既然有好處，當然就有壞處。從負面來看，一百名熟練的朴茨茅斯工匠丟了工作。我們可以想像，這些工人拿到最後薪資並捲鋪蓋走人之後，他們和家人在後續幾天或幾個禮拜都不知為何會發生這種事情：既然製造滑輪的需求明顯增加，人力需求為何迅速萎縮？對這批工匠和仰賴他們過活的男女老少而言（失業人數太少，政府不會考量救濟方案），精確度降臨並非全然是好事。受益的似乎是有權力的人；沒權力的人，只會飽受苦楚且惶恐不安。

這種情況引發社會動盪。約在朴茨茅斯北部數百哩之處，民眾不時動用暴力抗爭，引起了外界關切，但這項抗爭卻是涉及另一種行業。我們如今將其稱為「破壞機械運動」（Luddism）。這是不滿民眾的反撲，最早在一八一一年出現於英格蘭中部地區的北邊，但為期甚短。暴動分子抗議紡織業推動機械化，搗毀了針織機（stocking frame），蒙面暴徒甚至闖進工廠，阻止機器生產蕾絲花邊和別種精緻織物。當時的政府[24]飽受驚嚇，曾經短暫頒布嚴刑峻法，宣稱任何人只要破壞針織機，便會被處以極刑。約有七十名「盧德分子」（Luddite）被絞死，但原因通常是違反其他防止騷亂和惡意破壞的法律。

到了一八一六年，暴徒已經「氣力」（steam）[25]放盡，破壞機械運動全面消退。然而，它永遠不會結束，而Luddite（源自該運動被人推斷的領袖內德・盧德〔Ned Lud〕）仍然收錄於今日的英語詞彙。這是個貶義詞，泛指任何抵制誘人技術的顢頇之輩。這個字也能提醒我們，精密工程主導的領域從一開始便會影響社會，並非人人都會立即接受或熱烈擁抱技術變革。有人會大肆抨擊，有人則會預告不祥禍害。昔日這般，現今亦復如此。後續將會探討這點。

莫茲利絕不是只會發明。一旦他的四十三台滑輪製造機在朴茨茅斯運轉，一旦他落實海軍的合同，一旦他奠定聲譽（工業時代的創造者），他又對複雜（intricacy）與完美

㉔引入這項做法的首相斯賓塞・珀西瓦爾（Spencer Perceval）在法律頒布八週後被暗殺，但這純屬巧合。此外，這條法律是以國王喬治三世（King George III）名義通過，但湊巧的是，醫師宣稱喬治三世發瘋，因此他暫時不攝理朝政。當時，精密製造的機器被廣為採用，某些工人便成為冗員，因此英國全境約在同一時期短暫發生暴動，令十九世紀初期顯得動盪不安。這種動盪極不尋常，不可完全怪罪於新技術。例如，暗殺首相的人宣稱自己被俄羅斯軟禁，但向政府索債不成，憤而心生殺機，最終被絞死，而珀西瓦爾則是英國史上唯一被暗殺的首相。

㉕直到十年之後，亦即二十三歲的班傑明・迪斯雷利（Benjamin Disraeli）在其首部小說《維維安・格雷》（*Vivian Grey*）使用steam（蒸汽）來比喻，這種用法才被納入英語。當時的文學創作運用這種比喻法，表示工業革命剛興起不久，人們還在使用這個單字的字面意思。據說迪斯雷利曾經受益於工業革命，但後來改當作家賺錢，最終又因為投資南美洲鐵路失利而敗光積蓄。

（perfection）領域做出兩項貢獻。其一是概念，其二是機具，兩者都很關鍵。即便事隔兩個世紀，他提出的概念尤其重要，此乃「平整度」（flatness）的概念，亦即如《牛津英文字典》的定義，一個表面可以「沒有彎曲、凹痕或隆凸」（without curvature, indentation or protuberance）。這種概念奠定了基礎，從中衍生出精密的測量和製造。正如莫茲利所知，若想用工具機製造精確的機器，唯有安置工具機的平面完全平坦、完全平面和確實水平，其幾何形狀也得完全精確。

工程師要求標準的平坦表面，正如領航員需要精確的時計（比如哈里森製作的航海鐘），或者測量員需要精確的子午線（例如一七八六年在俄亥俄州繪製的經線）來正確繪製美國中部的地圖。創造完美平坦的表面（此乃機器製造領域的關鍵）比較平淡無奇，只需聰明才智，外加靈光一閃——十八世紀末期的莫茲利融合了這兩項天賦。

整個過程非常簡單，背後的邏輯完美無缺。《牛津英文字典》解釋得極為清楚，內容引述詹姆斯．史密斯（James Smith）首度在一八一五年出版的經典作品《科學與藝術綜覽》（*Panorama of Science and Art*）：「要將一個表面完全研磨平坦，必須同時研磨三個表面。」這個基本原理先前已經存在了數個世紀，但人們普遍認為，莫茲利是首度運用這項原理的人，因此能創造迄今為止依舊被奉行的工程圭臬。

三是至關重要的數字。可以取兩片鋼板，研磨打滑它們，使其呈現所謂的完美平整度，然後用彩色糊狀物分別塗抹這兩片鋼板，再將鋼板互相摩擦，看看哪裡掉色，哪裡沒掉色。此時，工程師可以跟牙醫一樣，比較這兩片鋼板的平整度。然而，這種比較不甚實用，無法保證這兩片板子都能完全平坦，某片板的誤差可能會因為另一片板子的誤差而被抵消。舉例而言，一塊板子略微凸起，中間凸出一公釐左右，而另一塊板子可能在同一處凹陷，因此這兩塊板子可以密合，讓人誤解第一塊板子的平整度等於另一塊板子的平整度。唯有根據第三塊板子來測試這兩塊板子，以及多加磨削、拋光和整平去移除所有的高點（high spot），方能確實獲致絕對的平整度（如同我父親向我展示的塊規，具備近乎神奇的屬性）。

　現在來討論莫茲利發明的測量機具，亦即分釐卡（micrometer）。他是首度打造這種機具的人，而他的機具看起來和摸起來很像現代裝置。其實，十七世紀的英國天文學家威廉．加斯喬格（William Gascoigne）早已打造了一台模樣迥異的儀器，其功用幾乎等同於分釐卡。他在望遠鏡的鏡片上鑲嵌了一對卡鉗（caliper，又譯測徑器）。若使用細螺紋螺絲，便能在天體（通常是月球）出現於鏡片上時，將細針靠近天體（通常是月球）圖像的兩側。快速計算之後（要知道以吋為單位的螺距、卡鉗完全包圍物體所需的轉圈數，以及望遠鏡鏡頭的精確焦距〔focal length〕），觀測者便可推算出月亮的「尺寸」（size），單位是弧秒（seconds of arc）。[24]

檯式分釐卡可測量物體的實際尺寸，這正是莫茲利和同事需要不斷重複的事情。他們得確保機器的元件可以全部妥善組裝、以精確的公差製造、對每台機器都很精密，以及精確到符合設計標準。

檯式分釐卡如同加斯喬格在一個世紀之前發明的儀器，測量時得使用狹長且製作巧妙的螺絲。它採用車床的基本原理，但沒有安置切削或鑽鑿工具的滑動台架，而是有兩個極為平整的塊體（block），一個連接到頭架，另一個連接到尾架，只要轉動導螺桿，便可擴大或縮小這兩個塊體的間隙。

可以測量間隙（或被兩個平整塊體夾緊物體）的寬度。如果導螺桿的縱長都能維持一致，便能更精密地測量；假使導螺桿被精細地切割而能夠使這兩個塊體緩慢朝著彼此前進，亦即測量時以最微小的增量來移動塊體，便能更準確地測量。

莫茲利用他的新分釐卡測量自己打造的五呎黃銅螺絲，發現仍有不盡完善之處：在某些位置，一吋有五十個螺紋；在其他位置，一吋有五十一個或四十九個螺紋。總體而言，各種變異相互抵消，因此他的黃銅螺絲是有用的導螺桿，但是莫茲利是個完美主義者，深深迷戀精密度。他重複切割，試了許多次，螺絲最終才達到分毫不差的水準，整個縱長的螺紋都完美一致。

這台分釐卡極為準確一致，有人（可能是莫茲利本人，或者他少數員工的其中一位）

便給這台機具一個暱稱：大法官（the Lord Chancellor）。這純粹是十九世紀的詼諧用語，因為當時沒人膽敢與大法官爭辯或挑戰其權威。這是用有趣的方式去暗示莫茲利發明了最精密之物：他的儀器可以測量到千分之一吋，但有人說可以測量到萬分之一吋：公差達到〇・〇〇〇一。

其實，這台儀器的新導螺桿準確一致，每吋有一百個螺紋。在此之前，沒有人想過能做到這般精密。工程師詹姆斯・內史密斯（James Nasmyth）是莫茲利的同事，他滿腔熱忱，非常崇拜莫茲利。他替莫茲利撰寫傳記時言詞溢美，指出這台傳說中的分釐卡能夠測量到百萬分之一吋的準確度，但這稍嫌誇大其辭。爾後，倫敦的科學博物館以更冷靜的態度檢測這台儀器，指出它頂多只有萬分之一吋的準確度。

這只是一八〇五年的事情。日後製造與測量的物件將愈來愈精密，精密到連莫茲利和同事都想像不到的程度（莫茲利最偉大的發明或許是抽象的概念，亦即追求精密度的理想）。然而，期間仍然有些阻礙。人們曾短暫對機器懷有敵意（破壞機械運動或多或少是如此，那些暴民對機器心存疑慮），迫使某些工程師及其客戶停下腳步。

爾後從中阻撓的，還有我們熟悉的人性缺點，亦即貪婪。十九世紀初期，在大西洋的

㉖譯注：度量角度的單位，為弧分的六十分之一。

對岸，精密度剛剛起步，正斷斷續續發展，但貪婪卻從中破壞。後續的故事要改由美國說起。

Chapter III

第三章

（公差：0.00001）

家家有槍枝，戶戶有鐘錶

槍械與時鐘

今日，我們替（來福槍）零件命名。昨日，我們清潔打掃。明日早晨，我們將收拾開槍後的殘局。然而，今日，就在今日，我們替零件命名。

——英國詩人亨利．里德（Henry Reed），〈命名零件〉（Naming of Parts）（1942年）

這位年輕人上過戰場，卻不為人知或遭人遺忘。他自願參加約瑟夫・斯特雷特（Joseph Sterrett）中校率領的巴爾的摩第五軍團（Fifth Baltimore Regiment），擔任低階士兵。當時為一八一四年八月二十四日。夏日炎炎，他身穿二手毛線制服，衣服既破舊，也不合身。我猜想，他可能大汗淋漓。

小夥子正準備加入戰局、開槍殺敵。他躲在玉米田外一面斑駁石牆後方，不確定身在何處。不過，中士告訴他，當地是個小港口城市，名叫布拉登斯堡（Bladensburg）。波多馬克河（Potomac）支流流經此處，河水先通往乞沙比克灣（Chesapeake Bay），最終注入大西洋。傳聞英軍已經搭船登陸，正從東方迅速挺進。美國剛獨立不到四十載，華盛頓僅位於他身後往西八哩之處。六千名戰士被派遣至此保衛首府，這位年輕士兵便是其中之一。耳語傳遍這條防線，說詹姆斯・麥迪遜（James Madison）總統已親臨布拉登斯堡戰場，決心擊垮英軍，要打得敵人落花流水，死命逃回戰艦。

這位年輕戰士懷疑自己能有多大用處，因為他沒有槍，應該說他的槍不管用。他手握滑膛槍（musket），那是一支夠新的春田一七九五型（Springfield 1795）火槍，但扳機壞了。他先前戰鬥時痛擊英國禁衛軍，結果折斷槍枝，把扳機弄壞了。美方將那場小型衝突稱為一八一二年戰爭（War of 1812）。❶

小夥子損壞了槍枝，卻仍有足夠的火力。他攜帶許多黑色彈藥粉，還有裝滿圓球彈的袋子。然而，軍團的軍械士先前告訴他，至少得花三天，才能替他打造好新的扳機，他最好先用刺刀殺敵自衛。因此，他趁著黑夜磨利了刺刀。軍械士笑著說，刺刀要是沒磨利，就拿橡木槍托猛打敵人，至少賞對方一個黑眼圈。

這壓根不是鬧著玩的。英國人逼近到波多馬克河東方支流的左岸，當天早上稍晚便開砲，先是康格里夫火箭（Congreve rocket）❷齊發，響聲震耳欲聾。英軍是從昔日的印度戰事中得知這種令人喪膽的武器。❸泥土被炸起，石塊紛飛，四下一片混亂。年輕人當下認為，別想戰勝敵人，保命比較重要。既然軍隊懶得替他修槍，他只好逃跑，於是轉身躲進高聳的玉米田，逃回巴爾的摩。

他很快發現，逃命的不是只有他。他透過玉米稈縫隙，看到至少五個到十幾個人也在死命狂奔，試圖逃離戰場。他認識某些人，那些小夥子來自安納波利斯（Annapolis）、

❶譯注：又稱第二次獨立戰爭。

❷譯注：英國發明家暨火箭炮先驅康格里夫爵士發明的軍用鐵製火箭。

❸譯注：宋朝人早已使用火藥推進火箭，而火箭約在明代傳入印度。十八世紀時，印度的火箭技術突飛猛進。當英法等國入侵印度時，印度人民頑強抵抗，利用火箭抵禦外侮。在一七九二年和一七九九年的抗英戰鬥中，印度的火箭部隊發射大量火箭，造成英軍傷亡慘重。

華盛頓海軍工廠（Washington Navy Yard）或輕騎兵團（Light Dragoons）。這些陣前開溜的士兵顯然認為，布拉登斯堡根本守不住。年輕人拚命狂跑，跑了又跑，其他人也在跑。他們越過標示哥倫比亞特區（District of Columbia）的界線時，依舊不停下腳步。他們繼續跑著，邁開腳步，跑得氣喘吁吁。半小時之後，年輕人看到首都的宏偉建築矗立於眼前。美國政府官員正待在這些華麗的建物內治理廣袤無垠、浩瀚千里的疆土。

他放慢腳步，改為走路。他覺得安全了。不過。這個城市卻陷入險境。黑夜結束之前，追擊的英軍已四處掠劫。年輕人後來得知：英國人告訴某些市民，他們之所以如此殘酷，乃是美軍在幾週之前魯莽輕率，大肆破壞上加拿大（Upper Canada）[4]約克市（York）的建築。因此，他們要毀城，以洩心頭之恨。英軍燒毀了半完工的國會大廈（Capitol），衝進國會圖書館（Library of Congress），搜刮館內的三千本藏書，甚至破壞眾議院（House of Representatives）。當天晚上，英國軍官吃掉了麥迪遜總統原本打算在總統府（Presidential Mansion）享用的餐點。英軍幹下這等無禮之事，隨即放火焚燒府邸。烈焰沖天，直到下了一場暴雨（有人說是龍捲風），火焰才被澆熄。

當天是一八一四年八月二十四日。未來幾個世紀，人們會牢記這個日子。布拉登斯堡之戰（Battle of Bladensburg）是美軍最後一輪的抵抗，但他們潰不成軍，華盛頓和白宮慘遭焚毀，大火瀰漫，怵目驚心。這是美國歷史的一段插曲，可恥丟臉，令人痛心。這段士兵逃跑的想像畫面，反映出當日的典型狀況。敵人進犯，攻破戰線，守軍潰敗，倉促逃亡。

戰敗理由眾多。老兵若群聚一堂，會爭得沒完沒了，抱怨什麼領導無能、準備不周或兵源不足。多年以來，人們常提出這些理由，解釋美軍為何慘敗。然而，美軍有個最致命的缺點（畢竟自獨立戰爭以來，他們鮮少戰鬥）：眾所周知，美國步兵配備的火槍很不可靠。槍枝一旦損壞，便很難修復。

槍枝零件損壞時，軍隊鐵匠就必須手工打造新的零件。他們鐵定會積壓工作，往往得花上好幾天才能造好零件，士兵便被迫拿著故障的槍上戰場，或者苦等有人戰死，然後拿他的槍去打仗，甚至得裝上刺刀，衝鋒陷陣，與敵人近身肉搏。要不然，只能像斯特雷特軍團的那名小夥子，一開戰便拔腿逃命。

槍枝供應問題分成兩方面。當時，美國陸軍標準長槍是一種滑膛燧發槍／明火槍（smooth-bored flintlock musket），[5]這種槍是根據最初在法國設計的查爾維爾滑膛槍（Charleville）[6]為模型打造。第一批鳥銃是直接從法國進口到剛獨立的美國；然後，新

❹譯注：在一七九一至一八四一年間的英國殖民地，管轄區域包括五大湖北岸，是安大略省的前身。

❺譯注：槍管內壁沒有膛線且採用火石作為發火的槍枝。

成立的美國政府軍械製造廠根據合約，在麻薩諸塞州的春田（Springfield）製造這類燧發槍。這兩種形式的火器差強人意，但是明火槍都有無法擊發的問題，而且與其他手造武器一樣，只要連續使用，便會出現物理缺陷：槍枝過熱；槍管被火藥粉末殘渣堵塞；金屬零件斷裂、折斷、彎曲、螺絲鬆開或掉落。

這會導致第二個問題：一旦槍枝的某些零件損壞，整支槍就得送回製造商或有能力的槍砲匠，請他們重製或替換零件。當時無法找出損壞零件之後，便可從軍械製造廠倉庫找到雷同的替換零件。事隔兩百五十年，從今日來看，這種情況簡直不可思議。以前從來沒人想過可精密製造槍枝零件，使其長得一模一樣。只要採取這種措施，便可隨意更換損壞的零件，或者互相交換零件，因為零件是精密製造，替換不成問題。假使步兵作戰時弄壞了扳機，只要往後撤退，找到軍械士，請他在標著「扳機」的錫盒拿出另一個扳機，然後將扳機緩緩裝上並鎖定。不到幾分鐘，他又能全副武裝，上場作戰。

然而，沒有人想過要這樣做。老實說，美國人確實想過這點。他們兵敗布拉登斯堡之前約三十年，亦即在一八一四年時，有人已經提出現新的槍枝製造程序。如果美軍落實這種程序，就不會讓士兵的槍枝頻頻故障而吞下敗仗。假使落實這種製造槍械的新思維，華盛頓或許就不至於遭到焚毀。這種新觀念並非出自於華盛頓，也不是出自於北邊春田和南邊維吉尼亞州哈珀斯．費里（Harpers Ferry）的聯邦兵工廠，更不是美國革命戰爭（Revolutionary War，又譯美國獨立戰爭）之後如雨後春筍般出現的新槍製造廠。其實，這個新觀念誕生於三千哩之外的巴黎。

早在十八世紀末期，沒有人會談論「黑暗界」（the dark side）。這個詞過於新穎，連《牛津英文字典》都尚未收錄。在本書的訪談中，只要談論高精密度儀器、裝置和實驗，其衍生的精密度將何去何從，受訪工程師和科學家經常會拐彎抹角，暗指「黑暗界」的做法。我偶爾會碰到參與機密計畫的人，照理說應該能詳細討論這類實驗的結果、如何建構這種裝置，以及這類裝置的未來前景，但他們總是笑著說：不行，他不能洩漏「黑暗界」的機密。

「黑暗界」指的是美國軍方。若從研發新武器或研究難以想像精密度的領域，往往是指美國空軍。「51區」（Area 51）是「黑暗界」。國防高級研究計畫局（DARPA）❼是「黑暗界」。國家安全局（NSA）❽也是「黑暗界」。在本書的故事中，「黑暗界」扮

❻譯注：法蘭西王國於一七六三年之後換發的制式火槍，名稱來自於法國兵工廠所在地查爾維爾—梅濟耶爾（Charleville-Mézières）。

❼譯注：全名為Defense Advanced Research Project Agency。

❽譯注：全名為National Security Agency。

演關鍵角色，但時至今日，人們通常只會影射這類機構。

美國歷史學家兼科技哲學家劉易斯・芒福德（Lewis Mumford）最早預測軍隊會主導科技發展，同時傳播基於精密度的標準化（standardization），甚至製造無數相同且致命的物件（武器），所有迭代產品都得一模一樣，精密到最小的尺度，達到奈米（nanometer）[9]或更小等級。在後續的故事中，大西洋兩岸各國的軍隊皆雄心勃勃，戮力追求標準化和精密製造，不僅證明芒福德有先見之明，也強調軍隊在推進精密度時扮演了關鍵角色。早期的科學案例並非祕密；然而，現今的案例卻是極機密的研究主題，永遠隱藏於陰暗處，符合「黑暗界」給外界的印象。倘若能將其全然公諸於世，將可證明眼下的世界已更為精密，也更加著迷於精密度。

一七八五年，法國首都率先妥善落實生產可互換槍枝零件的構想，允許用精密製造程序量產武器。話雖如此，我們仍有一個疑問：如果一七八五年便出現這種生產過程，為何二十九年之後，亦即一八一四年，美國還沒將其用來製造燧發槍？美軍節節敗退，屢戰屢敗，大城市也兵燹連連，而敗戰原因是美軍槍枝不夠精良。我們心知肚明，但揭露實情卻令人氣結。

兩名遭人遺忘的法國人率先引進這種生產體系。假使美國及時採納且落實這項體系，老早便能製造優質槍枝。第一位是讓—巴蒂斯特·瓦科特·德·格利包佛爾（Jean-Baptiste Vaquette de Gribeauval）。他有較長的全名，卻比較不出名。格利包佛爾出身名門，社交關係良好，善於替法國砲兵設計火砲。據說他在一七七六年時提出一項計畫，使用幾乎與威爾金森先前在英國發明的相同技術去替火砲鑽孔，亦即使用旋轉鑽機替跟大砲同等尺寸和形狀的鐵塊鑽孔。兩年之前，即一七七四年，威爾金森替類似的系統申請到專利；然而，法國採用的這種系統（後續三十年被稱為格利包佛爾系統〔système Gribeauval〕）卻長期成為生產法國大砲的製程。如此一來，法軍便擁有一系列輕型高效、但顯然並非全然原創的野戰砲。[10]（格利包佛爾使用了所謂的「驗適度規／通過—不通過量規」〔go and no-go gauge〕，以此確保砲彈可妥善置於砲管內，但這並非革命性的工藝，箇中原則在當年早已流傳了五個世紀。）

---

[9] 譯注：十億分之一公尺。

[10] 數個世紀以來，英法相互競爭，雙方不時開戰，更在美食烹飪和汽車製造領域互別苗頭。英軍痛恨格利包佛爾剽竊威爾金森的創意，法國人也不爽「榴霰彈」（shrapnel）竟然源自於亨利·施拉普爾爵士（Sir Henry Shrapnel）。榴霰彈是殺傷力強大的武器，爆炸時會四散金屬碎片奪人性命，但發明者不是英國的施拉普爾爵士，法國人伯納德·佛瑞·德·貝利多（Bernard Forest de Bélidor）在格利包佛爾的協助下發明了這種武器。

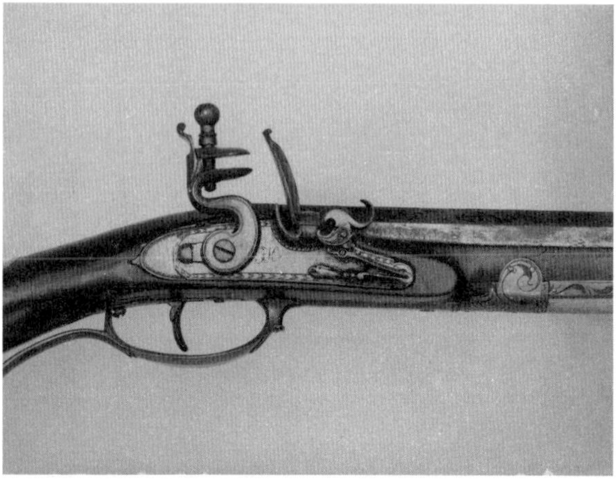

這是18世紀末期的燧發槍。許多零件都靠手工製作，必須個別加工，方能彼此契合。

第二位叫奧諾雷・勃朗（Honoré Blanc）。他耗費最多的精力去引進生產可互換槍枝零件的系統。此外，他跟格利包佛爾不同，有高超的技術能力，這點不容置疑。勃朗並非士兵，而是製槍匠。他擔任學徒時，嫻熟格利包佛爾體系，很早便想引進類似的燧發槍標準化生產流程，以造福前線作戰的士兵。

然而，製槍枝與造火砲有所不同。火砲粗大笨重且製造粗劣。砲手只要拿桿端連著點著火繩[11]的火繩桿（linstock），輕輕碰觸砲眼（vent，又譯火門），便能開火，所以很容易調整火砲，使其標準化。然而，燧發槍不同，其槍機（lock，一種槍械零件，可激起火花，讓備妥的火藥爆炸，進而點燃主炸藥，推動彈丸衝出槍管）是相當精緻和複雜的工件，由奇形怪狀的各類零件組成，極為容易故障。燧發槍的零件繁多，有大有小，名稱五花八門，常搞得外行人暈頭轉向：槍機內含各種元件，譬如限動器（bridle）、擊針（sear）、活動蓋板（frizzle）、[12]火藥池（pan），[13]以及許多彈簧、螺絲、螺栓和鐵板，當然還包括可擦出火花的燧石（flint）（當前述的金屬活動蓋板與其碰撞時）。若想把槍機的全部元件打造得一模一樣，使其變成標準化的軍事裝置，便得要求極高的製作工藝。

標準化的主要動機是降低成本，而非造福步兵或有利於戰鬥。一七八〇年代中期，法國政府宣稱國內的製槍匠收費過高，要求他們改善製程或降價。這項建議非常無禮，但製槍匠毫不猶豫，立即盤算將槍枝賣給大西洋對岸的美國兵工廠和槍械製造商。法國政府對此大為震驚，深怕將買不到武器。

就在此時，勃朗挺身而出，以平民身分替軍隊檢查槍枝來控管品質。勃朗的製槍界朋友感到沮喪，因為這位夥伴叛逃到敵對陣營，原本是盜獵者（poacher），如今卻成了

⓫譯注：點燃火藥的引信。
⓬譯注：亦即frizzen，與火藥池連接的元件。
⓭譯注：槍膛內的火藥坑。

獵物看守人（gamekeeper）。勃朗不顧製槍匠的指控，執意要繼續擔任軍隊職務。他要造福作戰的士兵，而非讓政府降低成本。他深受格利包佛爾先生的影響，認為可以仿效他的標準化體系，確保量產的燧發槍元件都與「完美打造的母件（master）一模一樣」。

他親自精心且精密打造母件，盡量精確制定所有的規格（使用晦澀難懂的舊制度〔Ancien Régime〕，內含諸如腳尖〔pointe〕、線〔ligne〕和拇指〔pouce〕等測量尺寸），我們如今認定其公差精細到〇・〇二公釐。然後，他製作了一系列夾具（jig）[14]和量規（gauge），以確保後續謹慎使用銼刀或可用車床之後，能夠製造出與母件完全一致的槍機。勃朗聘請工匠造件（依舊靠手工），製造出的槍機，每個都與母件相同。假設這些工匠確實做好工作，所有零件將可完美組裝，組好的槍機也能順利置入完工的槍枝內。

然而，只有少數的製槍匠願意遵循這種嚴格的新規定。多數工匠猶豫不決，認為若只有複製元件，製槍工藝將被貶到一無是處。毫無手藝的懶人也能幹他們的活。這些法國製槍匠跟英國盧德分子抱怨同樣的事情：精密度正在貶抑他們的工藝價值。隨著精密工程在歐洲、美洲和全球穩健發展，這種抱怨聲浪將不斷湧現。精密度逐漸成為一種國際現象，其影響力猶如漣漪一樣向外擴散：半個世紀以前，英格蘭中部地區湧現不滿情緒，如今法國北部也醞釀這類反抗低語。

工匠敵視勃朗，法國政府不得不保護他，將他和一小群忠實的精密製槍匠送往巴黎東方文森城堡（Château de Vincennes）的地牢，使其與外界隔離。當時，這棟宏偉的建築（多數結構體至今依舊存在，參訪人數眾多）被當作監獄：法國啟蒙哲學家德尼·狄德羅（Denis Diderot）曾被囚禁在那，法國貴族兼情色書刊作家薩德侯爵（Marquis de Sade）也曾被監禁於此。後續三十年，這處地牢會成為法國在法國大革命之後最大的兵工廠之一。在那段相對和平的時期，勃朗及其團隊努力打造照理說完全相同的槍機。勃朗獨力製造所有必要的工具和夾具——根據某項消息來源，他將金屬工件埋在城堡馬廄的大量糞便中使其更為強硬。

到了一七八五年七月，勃朗已經做好準備。他向巴黎政要富豪、海軍將官（flag officer）⑮和對他仍充滿敵意的製槍匠發出請帖，打算向外界展示成果。許多軍官到場，但製槍匠仍在生悶氣，幾乎無人與會。然而，某位重量級人士現身於城堡主塔的厚實大門：他是美利堅合眾國駐法使節湯瑪斯·傑佛遜。⑯

⑭譯注：加工時用來維持工件與工具之間的正確對位。
⑮譯注：有資格在艦上懸旗表示職銜的軍官。
⑯譯注：他於一七八五至一七八九年之間出使法國。

傑佛遜在前一年抵達法國，擔任新美國政府的公使，與班傑明・富蘭克林（Benjamin Franklin）和約翰・亞當斯（John Adams）一起到法國赴任。巧合的是，後兩位開國元勳接連在七月離開巴黎（亞當斯前往倫敦，富蘭克林返回華盛頓），只剩聰慧好奇、博學多聞的傑佛遜留在爆發革命前動盪不安的法國。展演是在星期五下午，天氣炎熱，但能觀摩科學展演，依舊頗為值得，況且汪洋對岸的祖國，軍火工業剛起步，說不定可以加以借鏡。此外，文森城堡的地牢涼爽宜人，而在一七八五年七月八日的巴黎，地面上卻悶熱不堪。

湯瑪斯・傑佛遜擔任美國駐法使節之際，見識到可互換燧發槍元件的初期製造成果，因此轉告華盛頓當局，美國造槍工應該要遵循法國的做法。

勃朗在傑佛遜面前擺了五十個槍機。陽光透過狹窄的弦月窗（slit window）[17]灑入地牢，照得每個槍機閃閃發亮。眾人在看台坐定之後，無不聚精會神觀看。勃朗迅速拆卸一半的槍機，隨便將這二十五個槍機的零件全部扔進托盤：這個托盤有二十五個活動蓋板彈簧，那個托盤則有二十五個面板和二十五個限動器，另一個托盤還有二十五個火藥池。他搖晃每個托盤，盡量讓零件混在一起。然後，勃朗信心滿滿、泰然自若，迅速將這些混雜的零件重新組合成二十五個全新的槍機。

每個新槍機的零件都從未彼此組合過，但這不成問題。零件之間相互契合。原因很簡單，因為它們製造精密，與槍機母件的尺寸完全相同，每個零件都一模一樣。換句話說，零件皆能互換。

法國軍官印象非常深刻。法國軍方贊助勃朗設立工作室，請他生產廉價的燧發槍零件，而勃朗便從中賺取大把鈔票。爾後四年，一切運作良好。然而，一七八九年降臨，陸續出現三件噩耗：法國大革命爆發、[18]格利包佛爾辭世，[19]以及恐怖統治（the Terror）。[20]暴徒闖入文森城堡，掠劫了勃朗的工作室。勃朗的贊助者突然躲藏起來，沒有人保護他。無褲黨（sansculotte）[21]快速累積怒火，極力反對機械化、反對有利於中產階

[17] 譯注：亦即lunette。
[18] 譯注：一七八九年。
[19] 譯注：一七八九年五月九日。
[20] 譯注：一七九三至一七九四年的雅各賓專政，此乃法國大革命血腥暴力的時期。
[21] 譯注：法國大革命期間的激進共和黨員，這些人不穿貴族式的短馬褲，故名。

級的提升效能方法，以及反對讓藝匠和工匠技能處於不利地位的技術。到了世紀之交，可互換零件的構想在法國漸趨沉寂。有人指出，法國保存了古老工藝，不願意全盤接受現代化，方能洋溢羅曼蒂克的風情，成為「舊習俗／舊體制」（Old Ways）的避風港。

然而，美國的反應截然不同，這一切都得歸功於傑佛遜的先見之明。他在八月三十日給時任外交部長（secretary of foreign affairs）[22]的約翰・傑伊（John Jay）寫了一封長信，信中首度提到他目睹的機械展示情況。傑佛遜劈頭便依照慣例，以華麗辭藻解釋前一封信如何輾轉抵達傑伊手上。如今，郵政服務普及，實難想像昔日魚雁往返竟如此不便。

> 余有幸能於本月十四日給閣下寫信，爾後委託康乃狄克州之坎農先生（Mr. Cannon）遠渡重洋遞交。當時閣下之日期為七月十三日。送信時程頗為紊亂，余乃尋求「方便」（conveiance，原文如此，恐為筆誤），轉而委請維吉尼亞州之菲茨赫斯先生（Mr. Fitzhughs）代為遞信，因其打算於費城上岸……
>
> ……此處改良了火槍造法。國會倘若有意添購鳥銃，或許會對此深感興趣。由於零件製程皆同，便可隨意替換軍火庫之槍枝零件。本地政府早已審查且批准該製法，眼下正興建大型廠房量產機件。迄今為止，發明者（勃朗）僅完成該計畫之槍機。他將即刻著手，以雷同製法打造槍管、槍托與其餘零件。吾自忖美國可善用此法，乃向其

取經。彼向余展示五十個槍機拆卸之零件，分別置於托盤。余隨意自取，將其組成數個槍機，零件皆能完美搭配。如須修復槍枝，此種製法顯然頗具優勢。發明者自行設計工具打造零件，藉此縮減工序，且認為能以低於普通售價兩枚里夫來（livre）㉓之價格生產燧發槍。彼仍需兩至三年方能量產。余如今提及此事，實乃此製法足以影響吾國補充軍火庫鳥銃之計畫。

傑佛遜確實對勃朗的系統印象深刻，曾多次向華盛頓和維吉尼亞州友人與同袍寫信，一再強調要鼓勵美國製槍匠採納新的製槍體系。美國造槍工適時獲得這項訊息，新英格蘭地區尤其如此，該區有最多的製槍匠。㉔若說歐洲瀰漫懷疑主義，美國政府便是採

㉒譯注：這項職務終止於一七八九年九月十五日，美國的外交事務爾後由國務卿負責。

㉓譯注：法國的舊貨幣單位。

㉔新英格蘭地區聚集眾多製槍匠，主要因為多數（歐洲）人率先移居此地，也因為此地水源充沛、瀑布眾多，足以提供動力來驅動機器（蒸汽機），以便操作原始的車床與旋轉機具。新英格蘭工匠會以歐洲槍枝為藍本打造武器，但是他們會製比較長的槍管，此乃他們與印第安人貿易時養成的習慣：印第安人主要提供海狸皮，新殖民的商人會拿火槍去交換堆疊起來與槍管等高的海狸皮。（最古老的私人製槍公司是佛蒙特州溫莎市〔Windsor〕的羅賓斯和勞倫斯公司〔Robbins and Lawrence Company〕，該公司的建築保存完好，最近改為美國普利斯峻博物館〔American Precision Museum，譯注：普利斯峻為音譯，意思為「精密」〕。）

納新世界的思維，迅速消弭反改革聲浪，針對新製燧發槍訂定諸多規定，讓槍枝零件符合傑佛遜的構想，亦即能夠彼此互換。

兩家私人槍械製造商參與美國政府生產第一批火槍的合約競標：第一個購置帳目為一萬支槍械，其餘帳目合計一萬五千支槍械。獲得合約的商人是麻薩諸塞州的伊萊．惠特尼（Eli Whitney），他立即獲得五千美元現金，這是筆金額不低的貨款。

事隔兩個世紀，惠特尼至今仍頗具聲望，不少美國人知其大名。郵票印著他的肖像。教育課程仍會提到他。他與發明家和著名商人（愛迪生、福特和洛克菲勒）並駕齊驅。小學生若聽到他的名字，會聯想到一樣物品，亦即軋棉機（cotton gin）。這位新英格蘭人在二十九歲時發明了替棉鈴（cotton boll）去除種子的設備，從而讓南方各州可靠棉花獲取高額利潤——此處得聲明一點，必須叫奴隸去幹這種活。

然而，有見地的工程師只要耳聞惠特尼，腦中會湧現截然不同的畫面：他假冒內行，欺瞞詐騙。說他冒充內行，全然因為他參與槍械貿易，打著精密製造的口號，謊稱能提供由可互換零件組裝的武器。為了能替美國政府製造槍枝，惠特尼慷慨激昂，舌粲蓮花說道：「我確信能夠替不同的槍枝製造同樣的零件，好比製造模樣相同的槍機，猶如用銅版雕刻（copperplate engraving）連續印刷副本。」

他根本在扯謊。惠特尼在一七九八年獲得委託並與政府簽下合約，但他當時對火槍一無所知，更不了解槍械的組成零件：他能簽下合約，主因是他利用自己在耶魯的人脈與舊校友的網絡，這些故舊當時在華盛頓特區掌握大權。惠特尼一拿到合約，立即在紐哈芬（New Haven）郊外設立一間小工廠，宣稱要根據法國查爾維爾滑膛槍的設計（美國當時的滑膛槍皆仿製這款槍械）來製造燧發槍。然而，他拖了許久才打造出槍械。合約明確規定，到了一八〇〇年時，他至少必須交付少量的燧發槍，但他只造好一些槍枝。惠特尼在截止日時，只能展示他的新工廠正在打造高質量的槍械。

惠特尼在一八〇一年一月進行了遺臭萬年的展演（如今看來，他想藉此建立自信），與會貴賓包括時任總統的亞當斯及其副手傑佛遜。傑佛遜在十五年前推動這項工程，不久後又會繼任為美國總統。另有數十名國會議員、軍官將士和高級幕僚在場，人人都想知道，投入的公帑是否值回票價。他們被告知，惠特尼將只用一把螺絲起子來展示，告訴大家他的槍機零件如何能妥善互換。

惠特尼曾因製造軋棉機而聲名大噪，在場人士都很信任他。然而，這場展示毫無亮點，惠特尼根本懶得拆卸展示的槍機，只是拿了一些完成的火槍，用螺絲起子從木製槍托上拆下槍機，然後將整個槍機推入其他槍托的插槽，藉此矇騙到場的無知觀眾，使人誤以為他信守承諾，打造了可以互換的火槍零件。

惠特尼一邊拆卸，一邊解釋。傑佛遜曾於一七八五年在文森城堡目睹勃朗展示槍機，應該會氣急敗壞，跳出來打斷惠特尼，說道：「等一下！」藉此表達一丁點疑慮。然而，連他都默不吭聲，而且情況恰好相反：剛當選總統的傑佛遜完全聽信惠特尼的謊話，熱切地給當時的維吉尼亞州長寫了一封信，說惠特尼「發明了模具和機器，能夠製造完全相同的槍機零件。他拆掉一百個槍機，然後將零件混合，只要隨手取出零件，便可再拼湊好一百個槍機」。

傑佛遜跟當天到場的人士一樣，被惠特尼矇騙了。既沒有模具，也沒有機器，能夠用來製造「完全相同」的零件。惠特尼的新工廠靠水力驅動，並非仰賴蒸汽提供動力（蒸汽機已經問世）。廠內沒有工具，根本無法打造精密工件。惠特尼心知肚明，於是聘請一批工匠，請他們拿銼刀、鋸子和拋光器製造火槍零件。零件是逐一手工打造，並非長得完全一樣。惠特尼展示機件時，根本不讓觀眾檢查槍機，只是向眾人示範如何把槍機塞入槍托。

因此，沒有新技術誕生。一切零件皆以舊法製造。然而，惠特尼八面玲瓏，善於作秀，給參觀者猛灌迷湯，使其誤以為一場非凡的革命性製造工藝就在眼前活生生上演。展示過程全部造假：沒有拆開槍機，連槍托都事先挑好，每個槍托的插槽都夠大，隨便從十個槍機選出任何一個，都能順利推進槍托，讓人誤以為槍機可相互替換。

惠特尼打造的整套槍機流傳至今，在在揭露令人遺憾的史實：他信誓旦旦，承諾要打造精密器械，實則趁機賺取鈔票，上演了一齣狡猾腐敗的荒謬劇。這些傳世的槍機全都製工粗糙，根本談不上有雷同一致的零件。槍機可以被塞進槍托，但零件卻無法彼此契合。

話雖如此，這次的展示確實奏效，現場觀眾被耍得團團轉。惠特尼賣弄玄虛，說服了美國政府，使其再度挹注他亟需的資金。惠特尼是個騙子，他又得再花八年才能交付槍枝，但是那些給錢的人，最終還是獲得了應得的武器。

真正把勃朗的法國系統轉化成美國精密製造體系的，其實是三位比較不為人熟知的人物，亦即西門昂・諾斯（Simeon North）、製槍匠約翰・霍爾（John Hall）和湯瑪斯・布蘭查德（Thomas Blanchard）。布蘭查德能夠用木頭精確複製物件。惠特尼的工廠位於康乃狄克州的密德鎮（Middletown），而諾斯的鐵匠鋪離那工廠不到二十五哩。霍爾來自較遠的緬因州南部，他先開了一家製革廠（tannery），然後經營連鎖店，販售製造櫥櫃和船舶的木材，從中發了財。他閒暇時熱愛打造槍枝，將其當作一項副業，不過他在一八一一年時申請了一項全新武器的專利：他發明了單發（single-shot）來福槍，[25]可從槍管後

[25] 譯注：無彈匣，每射擊一次，就得重裝一發子彈。

這是位於麻薩諸塞州的春田兵工廠（Springfield Armory）。燧發槍並排於所謂的「火槍架」（musket organ）。法國製造可互換零件的體系在此徹底改變了槍械製造業。

膛（breech）裝填子彈，不像使用普通火槍時得從前方把子彈塞進槍管。

諾斯和霍爾最終搶到了生產槍枝的政府合約：諾斯在康乃狄克州製造馬槍（horse pistol）；[26]霍爾先在北邊的波特蘭生產新的後膛填充火槍。美國政府爾後設立兩間聯邦兵工廠，霍爾又在維吉尼亞哈普斯渡口（Harpers Ferry）的其中一間兵工廠製造槍枝。（另一間兵工廠在麻薩諸塞州的春田。）這兩位聯手做出了相當重大的突破（其實應該有三位，但布蘭查德屬於玩票性質，扮演次要的角色），他們首度使用機器製造槍枝零件，此乃重大的變革。他們總算能夠確保（而非單純希望）每回生產的零件都近乎完美、準確精密。

起初計畫推動零件可互換性的人士（包括法國的勃朗和格利包佛爾，以及懇求惠特尼落實承諾的美國政府官員），只是僱用工匠以手工打造各式零件，使其與每樣零件的母件一模一樣。他們製作夾具、量規與母件模型，取得了良好的成果。他們僱用的工匠會做各種活，卻不斷抱怨他們淬鍊的技術將淪為無用武之地。這些工匠必須使用夾具製造新零件，然後用量規測量零件，最後將零件與母件比對尺寸，以便確認他們是精準打造的副件，進而獲致零件的可互換性。

工匠無論技術如何精湛，依舊可能會犯錯。塑造零件的巧手、平整零件的雙眼、宣稱絕對正確的信心，在在暗示工匠僅依賴本能判定「正確與否」。然而，他們都可能（也必然）會誤判、犯錯，以及受疲勞影響。相較之下，機器只要正確設置且尚未磨損，便幾乎不會出錯，足以取代高技術工匠，執行艱困的任務（莫茲利曾在朴茨茅斯工廠設置眾多機器，專門替海軍製造滑輪組），幾乎能夠量產完美一致的工件。機器提供了某位歷史學家所謂的「確定性工藝（workmanship of certainty）……。一旦開始生產，便可推估結果，而結果也絕不會改變」。

㉖譯注：騎兵用手槍。

諾斯和霍爾獨立製造工具機，用來提供前述的確定性。諾斯在北邊的密德鎮製造出美國第一台金屬銑削機，立即取代不斷銼磨檢查的繁瑣工作。改用皮帶驅動的切割工具可銑削多餘金屬，同時在工件逐漸被銑削、磨平與重塑之際，使用油水混合物讓切割工具與工件保持冷卻。

霍爾在南方五百哩之處工作，於哈普斯渡口兵工廠旁邊政府資助的金屬店上班。他後來改良了這種銑削機，[27]並且打造了一系列當時所謂的落錘鍛造器（drop-forge），將其置於工作室銑削機所謂的「上游」（upstream）。柔韌的炙熱長形鐵塊於淬硬（hard-tempered）的金屬壓模之間被鍛造。一個模具靜止不動，另一個模具被反覆抬起後重重落下，直到中間的工件（現在被稱為落錘鍛造〔drop-forged〕）被粗略塑形（好比塑造成槍管）。成形工件接著被交給操作銑削機的工匠。

這些工匠使用被安裝於銑削機機頭的各種迥異的切削工具，磨掉鍛造桿上多餘的鐵，以便形塑和修整桿子，將其轉變成鐵管，然後於管內鑿製來福線（rifled），使鐵管成為槍械的核心元件。在每項操作階段（從鍛造槍管、調整膛線到形塑槍管），霍爾的量規都得派上用場：他至少使用六十三個量規，早先的工匠都沒他用得多。霍爾努力確保每支槍械的每個零件都與其他對等零件完全相同，而且符合當時為止最嚴格的公差：如果槍機要能運作，公差可能得小至五分之一公釐；假使槍機不僅要能運作，也要能隨意互換，加工零件時，公差得精密至五十分之一公釐。嚴格遵守規則，一板一眼造好槍管之後，接著得再三檢查成形的槍管。此時得接上槍機和槍管，然後將整個組件插入木製槍托。說到槍托，位列美國三位精密工程師鼻祖之一的布蘭查德就該粉墨登場了。

布蘭查德出生於麻薩諸塞州的春田。一八一七年，他在家鄉發明了一種製造鞋楦（last）[28]的車床。布蘭查德的想法很高明：他將一個鞋子的金屬型板（metal template）放入機器，接著使用連接至一系列刀片的縮放儀（pantograph，又譯比例繪圖儀），將型板連到一大塊不成形的梣木（ash），[29]這塊梣木固定於一系列鋒利的刀片要行經的路徑上，將其成為最終的加工物件。接著轉動型板，用縮放儀連桿追蹤其輪廓，讓縮放儀的其他連桿擠壓刀片，使其切割木材。成果立馬展現！不到九十秒，便可複製精密的木質型板，接著從機器取出型板，把它送給鞋匠處理。

---

[27] 依照當前的精密複雜度來看，許久之前的改良看似平凡無奇且微不足道，但在精密工程的演變過程中，這些改良至關重要。霍爾的改進之道如下：他稍微改良了從銑削機退出工件的方法，避免模具出現劇烈的溫度變化而不慎失溫。他還設計了所謂的型架（fixture），這種裝置可在銑削過程中穩穩夾緊工件，確保銑削切口會達到所需的精密度，這對製造的零件能否彼此契合至關重要。

[28] 譯注：狀似腳的模型，常以木材、鑄鐵或塑料製成。鞋匠可用鞋楦製鞋或修鞋。

[29] 譯注：一種硬木。

時至今日，這種機器遺留了一項功勞，亦即鞋子尺寸。布蘭查德可將不成形的楞木轉變成特定尺寸的鞋形實體，然後不斷重複這種工序。他可以向鞋匠提供不同尺寸但切割精準的鞋楦：一個七吋長，另一個九吋長，以此類推。此前，鞋子是隨便裝在木桶內。顧客得在桶子內翻找，挑出大致合腳的鞋子。如今我們買鞋時，只須說出七號、十一號或五號半的鞋子尺寸即可。

先是製造鞋子，後來便製造槍托。附近的大型春田兵工廠不斷擴展，很快便向布蘭查德委託工作。他們請布蘭查德調整鞋楦車床，以便製造木質槍托。槍托外型比腳型更複雜，但好處在於，槍托只有一種尺寸。因此，布蘭查德打造了槍托的金屬模型（形狀不規則，如同每隻腳在結構上均屬獨一無二），將其安置於車床頂端，並跟先前一樣，連接到一個縮放儀。然後，他會開啟旋轉的驅動器，這種機器當時被描述為「一種奇特的裝置……」。乍看之下，它不像車床，反而像一台原始的務農機具」。他開創了穩定製造槍托的工序。兵工廠超過半個世紀都一直採用這種程序。布蘭查德很聰明，早已替自己發明的車床原理申請了專利，附近契科匹鎮（Chicopee）的一家公司更獲得許可生產這種車床。他收取源源不絕的權利金，得以安穩過日，長壽而終。

哈珀斯．費里兵工廠的主管也亟欲試用這些新的奇特裝置。春田兵工廠比費里兵工廠更繁忙且規模更大，成立時間也更早，不僅布蘭查德在此工作，連諾斯都經常造訪。

然而，奇怪的是，費里兵工廠雖地處偏僻，卻更樂意接受創新。我們幾乎可以確定，它是美國全境、甚至全球第一間採用精密技術量產武器的兵工廠。費里兵工廠採納一系列的新技術與新構想，不僅使用布蘭查德的槍托製造機，也運用霍爾的銑削機、型架和落錘鍛造器，甚至納入勃朗發明、諾斯改良的工序來製造槍機。

從康乃狄克州冶煉的鐵材到散發亞麻籽油（linseed oil，替櫸木槍托上的油）和機油（machine oil，替槍管和槍機上的油）氣味的完工槍械，這些都是真正首度靠機器生產線量產的物件。這些也都是美國製造，而正如芒福德先前預言，它們都是槍枝。[30]此外，這些物件「完全」由機器製造，因此衍生出「槍機、槍托和槍管」（lock, stock, and barrel）的片語。[31]

新誕生的製造界還會鍛造別種鐵器，其中多數都不是武器。名叫奧利弗・埃文斯（Oliver Evans）的工匠製造了磨麵粉機（flour-milling machinery）；艾薩克・辛格

[30] 譯注：在前面的章節中，芒福德指出軍隊將主導科技發展，製造無數的武器。

[31] 譯注：這三樣物件是槍械的基本構件，能用來組裝一支槍。後世將其當作比喻，指「全部」或「整體」之意。蘇格蘭詩人華特・史考特爵士（Sir Walter Scott）於一八一七年率先使用這種比喻。

（Isaac Singer）採用精密觀念生產縫紉機（sewing machine）；賽勒斯・麥考密克（Cyrus McCormick）先發明了收割機（reaper）和割草機（mower），爾後將其合併為收穫機（harvester）；艾伯特・波普（Albert Pope）發明了自行車而造福了大眾。美國東北部素以製造槍枝而聞名（至今依舊如此），康乃狄克河（Connecticut River）流域廣闊，其低地一直被暱稱為「槍谷」（Gun Valley），因為槍枝製造商曾聚集於此（多數槍廠至今仍在此處），包括：科爾特（Colt）、溫徹斯特（Winchester）、史密斯威森（Smith and Wesson）和雷明登（Remington）。不久之後，此地便因為其他發明而揚名：另一種高精密度產業當時不約而同、紛紛遷移到山谷的各處城鎮。

這個地區有特製的機器，專門替當地兵工廠製造小型零件（扳機、面板和活動蓋板彈簧）。操作這些機器的工匠發現，只要稍微修改車床和銑削機，便可轉而製造小齒輪、心軸和主發條，此乃複雜鐘錶的必要構件。這個地區轉而因為生產鐘錶而名聞遐邇，歷經數個世代，精密製造（偶爾能準確製造）出甚為美麗的美國時計。

我接著想談論一架發出穩定滴答聲的塞思・湯瑪斯（Seth Thomas）三十日廚房掛鐘。[32]這架時計堅固耐用、美觀大方，一九二〇年代於康乃狄克的普利茅斯（Plymouth）出廠。震盪教徒（Shaker）[33]若想知道黎明前與黃昏後的時間，可能會想要這種鐘錶。這架掛鐘並不孤單：我的老舊農舍附近散落許多時鐘，多數是八日鐘，[34]其中五架需要每個星期天早晨上發條，其中一個時計的鐘擺有兩個裝滿液態汞的圓筒。門廳有一架在康乃狄克溫徹斯特製造的長匣鐘。我買這架時鐘，因為它叫溫徹斯特鐘，但它有點麻煩：這個時計已經一百多歲，內含木造齒輪，只要周圍的溫度和濕度改變，齒輪便會受到影響，用起來很不方便。其他時鐘還算可靠。只要我上發條時同步校正時間，它們都會穩定發出滴答聲與鐘響報時，但有一架例外。這架時鐘位於廚房，曾是英國鐵路車站的時鐘。它很有主見，偶爾需要在週間（midweek）[35]上發條，令我百思不解。

我特別喜歡老式鐘錶，因為它們可能是精密製造的（齒輪公差大約小到千分之一吋，彈簧可以用精確計算和特定的扭矩來扭緊，擺錘也會精確稱重，擺錘桿長度更是準確量過），但這些鐘錶通常都不精準。我星期天早上都得校正這些時鐘，將某根指針稍微往前推，把某根指針大約向後調一分鐘，還有將快到過頭的落地擺鐘（grandfather）往回調十分鐘左右。

---

[32] 譯注：一個月得上發條一次。
[33] 譯注：又譯震顫派教徒，這些人群居一處，禁慾獨身，崇尚簡樸。
[34] 譯注：一週必須上發條一次。
[35] 譯注：一星期的中段，通常從星期二到星期四。
[36] 譯注：蘇格蘭東部北海沿岸泰河入海口城市。

我兒時最愛的電影叫《墮落的偶像》（*The Fallen Idol*）。這是卡羅爾．里德（Carol Reed）執導的驚悚片，場景設定在上流社會的客廳，大部分的劇情發生在法國的駐倫敦大使館內。某個場景仍深烙於我的腦海：一群魁梧的警察推斷恐怖謀殺案的細節之際，每個禮拜日早晨替時鐘上發條的工匠突然現身。他替大使館的豪華鐘錶上發條（每座鐘錶皆為金銅色，裝飾金屬胎嵌琺瑯〔cloisonné〕），我收藏的鐘錶很樸實無華，但我也給它們上發條。來自丹地（Dundee）[36]的跑龍套演員海伊．佩特里（Hay Petrie）扮演這名工匠。他拿出懷錶檢查時鐘，那只懷錶可能是很準確的時計。我家的標準時計也是一只懷錶，那是波爾（Ball）鐵路錶，天天上發條，每週大約誤差十秒。[37]每隔一個月左右，我就會重置時間，打電話給美國海軍天文台（U.S. Naval Observatory），詢問主鐘記錄的時間。該主鐘在科羅拉多州波爾德（Boulder）的牢固大樓內有一系列的噴泉式銫原子鐘（cesium fountain atomic clock）來當作自身的計時標準。[38]

我在週日吃早餐時，所有的時鐘都跑得非常一致，但只要一天左右，它們就會有點跟不上腳步。在《俗麗之夜》（*Gaudy Night*）一書中，哈莉特．凡恩（Harriet Vane）聆聽各種牛津鐘錶的滴答聲。我跟她一樣，每到星期三便會躺在床上，抬頭聆聽半夜的各種鐘響聲，「鐘聲輕柔和睦，報時各自為政」（friendly disagreement）。《俗麗之夜》作者多蘿西．塞耶斯（Dorothy Sayers）撰寫這行文句時，乃是在頌揚一種溫和輕微且無傷大雅的不準確性。有人可能會對此感到滿足，卻又難以言詮（我就是如此）。有理智的人可能認為，不必過度追求或仰賴精密度，而新英格蘭的鐘錶製造商深切了解這點。他們知道，若使用可互換的零件，製造物件就比以前更容易，也能更快製造產品，而且讓售價更低廉（對顧客來說，這點最重要）。他們也知道，鐘錶最重要的並非精準無誤，即便這種觀念似乎跟打造鐘錶的目標相互牴觸。

製造槍枝要追求精密度和準確性。士兵要靠武器保命，需要穩定準確的槍枝。然而，在十九世紀初期，普通家庭擺上時鐘，主要當作裝飾，當時的人們用更傳統的方法判斷時間。他們會觀看各類日常活動，譬如：母牛從草地走到牛棚、孩童早晨鬧著要吃早餐、蒸汽機發出轟鳴聲，以及教堂響起鐘聲。美國當時製造的時鐘絕對迥異於哈里森在前一個世紀替英格蘭「經度委員會」打造的航海鐘。民眾購買時鐘，純粹象徵自己進身中產階級，如同他們也會購買大約同時在康乃狄克河谷區製造的縫紉機和洗衣機。

消費者當時要求時鐘要價格低廉、便於修理和適度準確。有了精密工程的協助，

---

37 譯注：一八九三年，美國「鐵路錶標準委員會」頒布標準，規定每週誤差要在三十秒以內。

38 能將我家的各種鐘錶根據提供美國標準時間的原子鐘校對時間，便是導入可追溯性（traceability）。這種概念是奠定精密度的基石，如今至關重要；然而，在十八世紀和十九世紀時，鐘錶匠、造槍工和滑輪組製造工完全沒有這種觀念。後記會講述全球的度量機構都得善用可追溯性。

廠商才能製造出這種時鐘。在十九世紀中葉，前往美國西部的遊客曾經驚訝地說道：「在肯塔基州、印第安納州、伊利諾州、密蘇里州，以及在阿肯色州的每處山谷，甚至在沒有椅子的小棚屋，鐵定會看到康乃狄克製造的時鐘。」我們如今似乎不該如此大驚小怪。這是某種製造方式促成的重大成就，令全球的工業化國家欽羨不已（英國也不例外，即便他們仍然可以宣稱自己是追求精密與完美的先驅）。當時，這種製造方式已經被稱為「美國體系」（the American system）。

Chapter IV

第四章

（公差：0.0000001）

接近更加完美的世界

爭奇鬥異的萬國工業博覽會

亮麗極妍，多樣廣泛，
本星球舉辦之璀璨博覽會，
源於繁星之下，
來自五湖四海，
展品交雜混合，猶如生命伴隨苦痛，
和平之作與戰爭之作並列展示。

——英國詩人艾佛瑞．丁尼生（Alfred, Lord Tennyson），〈世界博覽會開幕式高唱之頌歌〉（Ode Sung at the Opening of the International Exhibition）

一八六〇年七月二日星期一，天氣溫暖，陽光明媚，溫布敦（Wimbledon）當時仍林木蔥鬱。時值午後，維多利亞女王這個倫敦市郊村莊做了一件事，若英國臣民得知，普遍會認為女王降尊紆貴，有失矜持：她用火力強大的來福槍開了一槍，子彈飛越將近四分之一哩，幾乎命中靶心。

實情稍微複雜。女王陛下並非調整裙襯（crinoline），將面紗向後甩，然後仆倒在地，放鬆身體瞄準遠處標靶。這是英國全國步槍協會（National Rifle Association）舉辦的國際比賽開幕式。女王是贊助者，受邀以符合身分之道替賽事揭幕。主辦單位打算請貴賓射擊首發子彈，女王於是雀屏中選。令人驚訝的是，英國王室竟然應允，前提是必須符合某些條件：女王陛下玉體尊貴，絕不可俯臥射擊。

約瑟夫·惠特沃思的名字被納入螺紋標準測量「英國標準惠氏螺紋」（British Standard Whitworth，簡稱BSW，又譯「韋氏粗螺紋」）而名留青史。他還設計了邦聯（Confederate side）❶在美國南北戰爭（U.S. Civil War）中常用的來福槍。

女王從白金漢宮抵達會場時會步入一頂帳篷，帳篷附近搭建了一座披覆深紅絲綢的高台，上頭立著一把最先進的閃亮惠特沃思步槍（Whitworth rifle）。槍枝並非只是架著，而是牢牢固定於一具粗壯的鐵架上，槍口瞄準一排標靶最左端的靶子。這排標靶橫跨溫布敦公地（Wimbledon Common），❷靶子前方四百碼（yard）排著一列步槍。先前那把示範步槍是水平放置，與嬌小的女王齊高：在臣民眼中，女王可能威嚴雄武，但她只有四呎十一吋高。❸然而，如果採站姿射擊，這種高度還是頗高的。一條帶有流蘇的絲繩牢牢繫於扳機。保險栓（safety catch）已經開啟。

約瑟夫・惠特沃思（Joseph Whitworth）早在三年前便設計了這款六角形槍管的點四五口徑強力武器。這回射擊絕不能出半點差錯，因此他非常緊張。惠特沃思在那個下午與一群助手忙上忙下，悉心調整示範步槍，使其對準標靶。試射務必成功，惠特沃思方能博得美名（獲取卓著聲譽，但名望再大，也可能隨時垮台）。如果步槍卡彈，惠特沃思將永遠無法獲得民眾諒解。假使女王射偏，他也將遭到社會唾棄。萬一造化弄人，女王陛下失手射死了某位旁觀民眾……

數百名觀眾等待著女王蒞臨，這些民眾可不這麼想。他們見到惠特沃思試射的彈孔

❶譯注：在一八六〇至一八六一年之間脫離合眾國，從而引發美國內戰的南部十一州。
❷譯注：面積四百六十公頃的倫敦郊區溫布敦綠地，保有珍稀的原始生態景觀，也是市民出遊之地。
❸譯注：將近一百五十公分。

逐步接近標靶紅心，無不興高采烈。《泰晤士報》（*Times*）記者寫道：「帳篷試射者與標靶標記人員不停發旗語溝通。爾後調整一番，接著開了一槍。槍枝剛調整到位，女王陛下旋即蒞臨。」

惠特沃思確認了槍膛（chamber）內裝了一顆點四五口徑的子彈。他最後把保險栓設為關閉。

維多利亞女王按照既定行程，於臨近下午四點時抵達會場。隨行人員當然包括她心愛的夫婿阿爾伯特（Albert）、一群吵鬧的年輕王子和公主，以及一批頭戴高頂禮帽的王室人員和端莊賢淑的宮廷女侍。莊嚴的資深政府官員向女王致意，然後護送她和親王前往試射帳篷和絲綢披覆的高台。惠特沃思神情緊張，不斷調整領帶，於一旁站立等候。女王也在等待，身旁架著一支擦得發亮的來福槍。

公地四周響起報時的教堂鐘聲。此刻為下午四點整。女王陛下從未看過標靶，但部屬卻已詳實向她匯報該如何試射。她伸手抓住流蘇，輕輕拉動絲繩。但沒有任何動靜。或許是施力過輕，女王又試了一次。這次她感到輕微的阻力，便按照臣屬匯報時所言，又扯了第三次，但這次更加用力，結果奏效了。

爆裂聲頓時響起！爾後，槍管冒出一陣黑煙，但王室人員似乎沒有受驚。槍聲於田野之間迴盪，幾秒鐘過去了，眾人都沉默不語。有人在遠處高舉著一面紅白色旗幟，在標靶前興奮揮舞著。

民眾立即歡聲雷動，報以熱烈掌聲。女王毫不費力，信手便擊中目標，而且命中靶心。她露出一絲微笑，似乎感到些許得意。

女王射中了靶心。根據近距離的鑑定，她發射的子彈飛越了四百多碼，高度只偏離一又四分之三吋，也只從直線往旁偏離四分之五吋。她已經（或者被認為）精準射中目標，也確實獲得預期結果。

試射完畢，英國全國步槍協會一八六〇年「大型步槍比賽」（Grand Rifle Match）便正式登場。相關人員快樂無比，鬆了一口氣，惠特沃思尤其如釋重負。

此前九年，惠特沃思曾與維多利亞女王和阿爾伯特親王有一面之緣。（維多利亞與惠特沃思在九年之後又再度碰面。當時，女王授予惠特沃思可世襲的男爵品位，以此表彰他對工程界的卓越貢獻。女王當時身穿黑服，因為她崇敬的阿爾伯特親王已於一八六一年撒手人寰。）

在十九世紀中葉，英國人真實感受到西方世界正在變化，而且變化很快。先前瓦特及其蒸汽機推動了社會革命，而到了十九世紀中期，這項革命已經落地生根，無論是好是壞，工業化都在影響每個人的生活。城市逐漸擴張，村莊不斷萎縮，工廠陸續設立，

1851年的「萬國工業博覽會」於倫敦海德公園（Hyde Park）舉行。西方世界將工業革命的發明物齊聚於水晶宮的巨型屋頂下展覽，令參觀民眾深深著迷。

礦場不停開挖，鐵路從地貌蜿蜒而過，碼頭貿易熱絡，煙囪冒著黑煙，汙染乾淨的天空，人們賺取薪資，工會四處成立。民眾普遍對科學和技術深感興趣，開口閉口，皆在談論科技進步。機器締造驚人的成就，前景一片看好，既讓人敬畏，也令人憂慮。

到了十九世紀中葉，人類（尤其日漸工業化的西方世界）已經到了所謂的關鍵點，必須停下腳步反思與評估。當時的人們普遍認為，英國首都倫敦是西方世界的知識、精神和科學中心。各國（其實是英國王室主導）於是決定，應該細細品味當下，展示全球已獲取的成就，同時對未來發展提出意見。

人們提議舉辦一項宏偉壯觀的展覽，藉此歡慶各國成就，全名為一八五一年「萬國工業博覽會」（Great Exhibition of the Works of Industry of All Nations，簡稱Great Exhibition）。自十八世紀末期起，法國人便定期在巴黎舉辦類似行業的中型展覽；幾年之後，柏林也舉辦了一場小型的工業成就慶祝活動；甚至「皇家文藝學會」❹也曾在一八四五年於倫敦舉辦了一場頒發獎金的工業設計競賽。然而，計畫於一八五一年上場的是意在讓先前活動相形見絀的盛大展覽。惠特沃思出了本行之外鮮為人知，但他卻是受邀嘉賓之一。

民眾至今依舊認為，維多利亞女王的夫婿極富想像力，這場宏偉的展覽能夠順利舉辦，阿爾伯特親王厥功甚偉。他高瞻遠矚，兩個世紀之後，依舊令人景仰。❺親王深刻掌握時代精神，希望捕捉其獨特魅力，在燦爛的夏日❻舉辦盛大的展覽向民眾展示這種精神。他希望世界能夠高舉鏡子，看看忙碌開展的歷史多麼令人難忘。此外，他看到民眾

---

❹各位是否記得，布拉馬在六十年之前就曾在這個學會見識了複雜的鎖具，爾後打造了他認為無法開啟的鎖。然而，有人終於在一八五一年的博覽會上解開了這個鎖具。

著迷於吸引他的發明物，確信這次展覽遲早會回本。因此，他煞費苦心挑選計畫委員，並且精心策劃該邀請哪些嘉賓，以及應該展示何種發明，他當時便立了一個規定：展覽不靠公帑，應由私人出資舉辦。

阿爾伯特親王在發起募款的宴會上宣稱：「我們身處精彩萬分的過渡時期，即將達成所有歷史命定的宏偉目標，亦即促成全人類的大團結。各位先生，一八五一年的博覽會將展示整個人類在這項偉大的任務中的發展成果，也將提供各國嶄新的起點，替未來指出努力的方針！」

這次演講激勵人心。親王迅即募得所需資金，然後委託名叫約瑟夫．帕克斯頓（Joseph Paxton）的博學園藝家設計一座巨型建築。該建築矗立於海德公園南側，幾乎全以玻璃和鐵材建構，長一千八百五十一呎，藉此紀念展覽年分，而且建築最高點達到一百零八呎，以便容納公園內三棵備受喜愛的老榆樹，使其免遭砍伐。這座建築僅六個月便竣工，擁有近百萬平方呎的玻璃窗，猶如極致非凡的溫室，號稱水晶宮（Crystal Palace）。帕克斯頓曾替德文郡公爵（Duke of Devonshire）打造一座栽植各類品種百合花的溫室，水晶宮可謂該溫室的放大版。

只須支付些許入場費（展覽打出「只花一先令，飽覽全世界」〔The World for a Shilling〕的口號，吸引了成千上萬的訪客），便可遍覽各種奇異發明，包括一系列民眾競相參觀的新穎鐵件發明，這類機器至關重要，形體巨大沉重，令人印象深刻，而且現場運轉，散發騰騰熱氣，不時發出轟隆聲響。它們是偉大英國打造的鐵製機器；無論美國人多麼著迷於自己以聰明之道精密製造了可互換零件，也不管美國人如何滿意自己順勢開啟了大量生產的模式，更遑論美國人是否已經開創裝配線（assembly line）而稍微領先英國，這次博覽會將是英國史上的里程碑，證實英國人能夠展示和運用強大的機械力量。美國要日後方能展現這種實力，眼下是英國大展雄風之際，傾全國之力舉辦這項大規模展覽，以資記念光輝燦爛的時刻。

英國民眾熱愛這些英國製機器，無疑出自於愛國主義和無所不在的沙文主義（jingoism，又譯極端愛國主義）。想當然耳，那時的英國人會很中意博覽會上各類有趣

---

❺ 展覽構想其實出自於「老王」亨利・科爾（Henry “Old King” Cole）。這位英國公務員能力卓越，博學多聞，一生成就斐然，曾經設計全球首張（帶背膠）郵票「黑便士」（Penny Black）。科爾還帶動每年十二月發送聖誕賀卡的傳統（他會自行印刷卡片），並且以費利克斯・桑默利（Felix Summerly，譯注：Felix源自於拉丁語〔fēlix，felicis〕，表示「快樂」或「幸運」。Summerly則是「夏日的」意思）的化名，憑藉自己設計的一套陶瓷茶具，於藝術展覽協會（Society of Arts Exhibition）一八四五年舉辦的競賽中獲獎。科爾與阿爾伯特有深交，得以說服親王運用影響力，擺脫宮廷傳統勢力的掣肘，推動這項一八五一年的盛事。

❻ 譯注：萬國工業博覽會的展期是從五月一日至十月十五日。

的小物件；然而，即將臻於盛世頂峰的大英帝國創造和運用了這些巨型機械，方能維持繁榮與霸權於不墜。

英國至少仍持續昌盛了一段時日。即便有一股微弱的質疑聲浪，英國人也是充耳不聞。他們興高采烈，不斷建造龐然巨物，包括巨型船隻、巨大槍枝、高聳的鐵橋、廣闊的運河和輸水道。當時，蒸汽機仍屬新奇事物，最棒的蒸汽機會塗覆綠、紅、黑的瓷漆（enamel paint），還有拋光的亮眼黃銅裝飾，總能吸引民眾前往鐵路終點站圍觀。此外，大量興建的抽水站（water pumping station）和印刷機（printing press），連同驅動它們、轟隆搖擺的鐵桿蒸汽機（iron beam engine），絕對能投合民眾喜好。

美國和英國不經意地各自走上不同的道路，但英國民眾卻渾然不覺。沒有人預料到英國將走進技術的死胡同，而美國卻走向（至少在某段時間之內）促進發展和進步的康莊大道。在一八五一年時，不列顛群島似乎所向披靡。英國展示了各種偉大發明，人們普遍認為，在短期之內、甚至到千秋萬載，將無人能挑戰英國的霸權。

為了便於瀏覽，展覽物分成諸多類別——第一類：採礦機具和礦物產品；第二類：化學和醫藥產品；第三類：當作食品的各類物質；第四類：製成品中使用的蔬菜和動物肉質；第五類：可直接使用的機器，包括車廂、鐵路和船舶機件；第六類：用於製造的機器和工具；第七類：土木工程和建築機具；第八類：海軍機具、軍事工程、槍枝和武器等；第九類：農業和園藝機器和器具；另有其他類別，不勝枚舉——總共分成三十種類別，樣式繁多，展現各種技術成果。

如果深入探究任何一個類別，將證實阿爾伯特親王的觀點，亦即十九世紀中葉是「精彩萬分的過渡時期」。倘若細看第六類（用於製造的機器和工具）便是實際探索那段過渡時期的尖端科技（cutting edge，直譯為「切割刀刃」），❼特別是那些悉心打造的精密物件。

以下列出當年的新穎機器和製造它們的機械工程師：華德路父子公司（Messrs. Waterlow and Sons）發明了一種自動製造信封的機器，吸引了大批民眾圍觀。人們將一張紙送進機器，只需一眨眼的工夫，機器便會將紙張切割、折疊和塗膠完畢，馬上便可塞入信紙與貼上郵票。位於伊普斯威治（Ipswich）❽的一家公司打造了一種靠蒸汽推動的挖掘機，可用來切割低矮山丘來鋪設鐵道。人們從未見過這種鐵獸，甚至想都沒想過。位

❼辭典能充分說明：自一八二五年起，英語出現短語「用來切割的鋒利刀刃」（the sharp edge of a blade that performs the cutting）。在比喻用法中，「切割刀刃」表示「最新或最先進的發展階段」（the latest or most advanced stage in the development of something）。美國週刊《國家時代》（*The National Era*）於舉辦「萬國工業博覽會」的同年（一八五一年）七月率先使用這種比喻。

❽譯注：英國東部沙福郡的城鎮。

於蘭開夏奧丹（Oldham）的另一家公司運來了十五台棉紗機（cotton-spinning machine），每台機器都跟第六類可運轉的機具一樣，全都緊鄰水晶宮外獨立建築內的鍋爐。這些鍋爐不斷用管子輸送蒸汽，讓這些棉紗機持續運轉。

羅伯特·亨特（Robert Hunt）是維多利亞時代的科學作家。他不計報酬，撰寫兩冊共九百四十八頁的《亨特的官方目錄手冊》（*Hunt's Hand-Book to the Official Catalogues*），描述並評論水晶宮的每項展示品。亨特對那家奧丹公司的展示機器印象特別深刻。他寫道：「棉紗機的棘爪……藉由典型機具的協助，國內紡車（spinning wheel）」最終將被這台機器所取代。該棉紗機有「數千個紡錘（spindle）……置於一個房間，以不可思議的速度旋轉，無須手工操作或指引，便可抽出、纏繞和收捲數千條棉線，運作精準且耐心有力，全然不知疲倦為何物。未經歷此等場景之人，見此必將驚訝萬分。這台機器成效卓著，足以積累財富，促進人口增長」。

然而，亨特有些焦慮。他描述一架新型動力梭織機（loom），結尾時用抒情的筆調寫道：「精彩的機械工藝成果！然而，這會引發何種道德問題呢？」他在手冊中不斷重複他的擔憂。話雖如此，沒有訪客或評論家認同他的觀點，或者擔心機器對社會造成的負面影響。反正英國人不會擔憂。或許，最能旁觀者清的，就是法國人。他們深知「精確無誤」也許有缺點：曾被授爵的法國數學家兼政治家夏爾·迪潘（Charles Dupin）如此警告：「取代勞動人口之後，國家的人口將減少，而且機器將四處林立。」日後的政治家將要決定，這樣是否就是進步。這位優秀的男爵顯然認為，這根本不是進步。大約二十年後，他的同胞版畫家古斯塔夫·多雷（Gustave Doré）呼應了這種觀點。多雷出版了版畫冊，冊中描繪倫敦的貧民窟。許多人認為，這是對新世界遲來的控訴，足以提醒世人：不知為何，精密製造阻礙了社會進步。

成千上萬的參觀民眾目睹這麼多蒸汽驅動的完美機械，無不喜出望外。對他們而言，這些機器很神奇，有梭織機、印刷機、火車頭、電車、船用引擎／輪機（marine engine）（最令人印象深刻的是由「莫茲利·兒子們·菲爾德」公司製造的輪機。該公司早在四十年前便替皇家海軍設計和生產滑輪製造機，當時業務仍然蒸蒸日上），以及早期和更精緻的瓦特蒸汽機。博覽會也展出其他提供動力的機具，特別是水車（waterwheel）和風車（windmill），還有早期的馬匹拖拉的公共汽車，其中一架為雙層車尾安裝螺旋樓梯，此乃倫敦雙層巴士的雛形。然而，讓訪客嘆為觀止且留下不可磨滅印象的，依舊是蒸汽機。它們發出眩目火光，如雷鳴般轟隆作響，散發熱油氣味，展現強大無比的力量，震懾了圍觀民眾。蒸汽機非常危險，拋光鐵條高速猛轉，兩噸重的齒輪在空中旋轉，彷彿輕易便能擊碎頭骨，或者攫住人體四肢，甚至將孩童掃進肚腹。人們喜歡這些機器，卻又對其甚感恐懼，並且與其保持距離。

活力十足的機器營造出混亂的場域，但第六類的展覽仍有較為安靜的一面，那是一台較為靜態的英國製機器。雖然旋轉運作的機器令人印象深刻，能夠吸引大批民眾駐足圍觀，但從長期來看，這台靜態機具卻比活躍運轉的機器更為重要。在較為冷僻的二〇一號攤位上，展出商是一間總部位於曼徹斯特（Manchester）的公司。該公司由當時名聞遐邇、至今依舊廣受尊敬的人士所創立。他或許是全球最偉大的機械工程師，九年之後會緊張地齧咬指甲，看著維多利亞女王發射他打造的來福槍。展覽目錄寫著：「約瑟夫．惠特沃思公司（Whitworth, J & Co.）。自動車床，刨削、鑽鑿、擰牢、切割和分離、打孔和剪切機器。專利針織機（knitting machine）。專利螺絲料，有丸駒（die）和螺絲攻（tap）。量度器和標準碼尺等等。」

不可諱言，這種描述很不起眼。惠特沃思偶爾會從曼徹斯特南下露面，現身時依舊無法營造人氣。著名蘇格蘭社會評論家湯瑪斯．卡萊爾（Thomas Carlyle）的妻子珍．卡萊爾（Jane Carlyle）指出：惠特沃思人高馬大，滿臉鬍鬚，眼睛瞪得跟龍眼一樣大，模樣十分恐怖，長得「有點像狒狒」。除了外表恐怖駭人，惠特沃思也脾氣暴躁，無法忍受笨蛋，而且專斷獨行且經常不忠貞（僅止於個人層面）。[9]在六個月的倫敦展期中，惠特沃思展示了二十三種儀器和工具。這些展示品或許缺乏光環，不像轟隆作響的大型蒸汽機和有上千個紡錘的梭織機，但它們卻指出了藍圖，預示機械工程日後將如何發展（同時讓惠特沃思比水晶宮的其他展商贏得更多獎牌）。惠特沃思努力追求準確性，而且毫不妥協，時刻奉行精密概念，打造當時前所未見的設備，足以測量到難以想像的百萬分之一吋的精密度。在他之前，精密度已經存在；在他之後，惠特沃思標準精密度於焉誕生。他在「萬國工業博覽會」上聲名鵲起。

在十九世紀之交，大名鼎鼎的工程師似乎彼此認識，相互切磋，互為學習。惠特沃思浸淫於這種環境。他非常年輕時（他母親過世，父親又離家當牧師，他基本上就成了孤兒），便對打造完美的機械興趣濃厚，於是當了莫茲利的學徒。惠特沃思跟隨莫茲利學習時，開始著迷於平板（surface plate）平整度的特殊概念。

正如莫茲利所證實，完美的平整度至關重要，也非常簡單，可謂精密概念的核心。完美的平板難以從其他東西獲致完美——無法根據其他物件來量測它。它的尺寸不重要。它的形狀不打緊。它既可以是平坦的，也可以不是。平板完全平整之後，便可讓根據它來量測的其他物件獲取精密度。無論是直尺、方塊或塊規，所有物件皆可根據平板來量測，然後確認為「準確」（true）或「不準確」，或者「精密製造」或「非精密製

❾譯注：作者指他喜愛拈花惹草，卻不會賣國求榮。

造」。

對這兩位工程師而言，這種概念至高無上，因此兩人曾爆發一段小衝突，彼此爭執誰率先提出獲致完美平整度的方法，想來這也無可厚非。有一段時間，兩人的爭吵愈發激烈，但隨著時間的遞嬗，這項爭議便畫下句點。莫茲利被認為開創了這種概念，他發現這項原則：惠特沃思所做的，乃是改良與闡述了這種概念，然後專注於落實它：他毫不謙虛，讓全世界的人都知道，約瑟夫・惠特沃思打造的金屬工具和儀器便是所有測量的基礎，也是獲致精密的起點。莫茲利製造了第一批偉大的機器，然後惠特沃思打造了工具和儀器，讓人們精密測量來陸續打造偉大機器。完美的平板便是其中之一，誠為不可或缺的工具。

惠特沃思後來又發明了兩種工具，成為他的傳世瑰寶。其一是標準化螺絲（standardized screw），其二是量度器（measuring machine）。這兩種機械發明彼此牽連（也的確實體相連），兩者都牽涉突然興起的風潮（不只遍及英國和美國，也延燒至全球），亦即新命名的「度量衡學」（metrology），這是一種準確測量的學科。在惠特沃思提出發明之後數年，全球都花費大量資金（至今仍是如此），努力鑽研這項新領域，以便正式確認我們周圍的所有物件都是測量到某個精準值，同時按照各方同意的標準來加以量測。

當年，惠特沃思的量度器小巧優雅、美麗至極，簡直非凡無比。這台量度器極其美妙，即便不是機械師，也會對其愛不釋手，希望擁有這種機具，偶爾能拿出來賞玩怡情。曼徹斯特的惠特沃思藝術館（Whitworth Art Gallery）高掛惠特沃思的肖像。他站立著，身穿正式的燕尾服，表情莊嚴肅穆，略帶驕傲和些許驚喜。惠特沃思的左手手指在擦拭黃銅調整輪（adjusting wheel），彷彿要謙恭展示這個物件。畫家在底下捕捉到黑曜石般光滑鐵件（沉重的儀器底座）散發的光芒；其他的黃銅機輪也在煤氣燈的照耀下熠熠生輝。

惠特沃思儀器的基本原理非常簡單。多數早期的量度器使用的是刻度，好比直尺或標尺／規板（straightedge）的刻度：測量物件的長度時，將其緊靠直尺，根據物件從刻度的何處開始和結束來判定其長度。然而，使用這類工具需要靠眼力來判斷，這樣就會衍生問題：物件底端到底位於刻度左邊或右邊的何處？刻度本身有多粗？要用多少倍數的放大鏡才能回答前述問題？即便使用游標尺（vernier scale，法國數學家皮埃爾．維爾尼爾〔Pierre Vernier〕在十七世紀發明了這種標尺，讓使用者進一步窺視主尺〔main scale〕的刻度，從而更精準地量出物件尺寸），測量結果依舊非常主觀，測量者必須視力絕佳且判斷良好。

惠特沃思認為，直線測量有很多問題，不僅笨拙且容易出錯。因此，他喜歡所謂的「端點測量」（end measurement）。這種測量法不靠視力，而是依賴將測量儀器向待測物兩個平坦端面鎖緊的感覺。他發明的測量工具其實只有兩片平坦鋼板，旋轉一根長黃銅螺釘，可讓這兩片鋼板彼此靠近或遠離。在這兩片鋼板之間放置測量物，然後旋緊鋼板，直到鋼板穩固夾緊物件為止。然後慢慢讓兩片鋼板彼此遠離，直到物件鬆脫到能受重力而落下（這是關鍵時刻！）。此時，兩片鋼板之間的距離，便是測量物的尺寸。

如此測量尺寸時，必須仰賴螺絲、推動螺絲的轉輪和簡單的算術。假設使用的螺絲，每一吋長有二十個螺紋，而且螺絲是靠一個轉輪來移動，該轉輪的圓周標記了五百個分隔。將轉輪完整轉動一圈，螺絲和與其相連的平面會前進二十分之一吋。如果只轉動轉輪的一個分隔，螺絲會前進二十分之一吋的五百分之一，亦即一萬分之一吋。

以上就是基本原則。惠特沃思憑藉其出色的機械技術，於一八五九年發明了符合這種概念的測微器／分釐卡（micrometer），但是其轉輪完整轉動一圈時，螺絲不會前進二十分之一吋，而是前進四千分之一吋，這是極短的距離。然後，惠特沃斯在轉輪圓周劃了兩百五十個分隔，表示轉動一個分隔時，螺絲及其連接的平板將會前進或後退四千分之一吋的兩百五十分之一。換句話說，就是移動一百萬分之一吋。假設受測物的兩端與測微器鋼板同樣平坦，將間隙打開一百萬分之一吋，「原本被夾緊的受測物就會因重力影響而掉落」。幾年之後，惠特沃思在一篇名為〈鐵〉（Iron）的論文中描述了這種測量法，文章發表於紐約，許多工程界的讀者為之著迷。

這番技術宣揚，配上能如此精準測量的美麗小儀器，震驚了工程界。不到八十年之前，約翰．威爾金森打造了一台機器，用來鑽鑿公差為十分之一吋的孔洞，精密的概念於焉誕生，此時卻能製造金屬物件，並將物件的尺寸測量到百萬分之一吋的公差。變化速度之快，快到難以置信。即便當時仍未公布具體細節，精密的極限似乎毫無止境。

這些工作都是在英格蘭所進行，而且多數發生於曼徹斯特。一旦美國工具機製造商汲取惠特沃斯的所有構想、原則和標準，美國的工程師便可能切入最有利的位置，促使美國奪取世界霸主的地位。惠特沃斯曾在一八五三年前往美國調查實況，他對此心知肚明。他返國後寫道：「（美國的）勞動階層的數量相對較少，但是他們有所渴望，幾乎每個工業部門都引進機器協助，這種全美的主要訴求，足以彌補勞動力不足的窘境。美國人只要發現能用機器取代勞力，通常都會願意採用機器……。美國人有這種勞動力市場，同時渴望運用機械，又有優越的教育和聰明智慧，方能享受這般繁榮盛景。」

我們還得提到螺絲：不僅是用於推進或拉回測量工具、顯微鏡或望遠鏡的螺絲，甚至用來升起海軍火砲的螺絲，還有那些可將當時製成品零件鎖緊的螺絲。

在惠特沃思降世之前，每顆螺絲、螺帽和螺栓都是獨一無二的。隨便拿起一顆十分之一吋的螺絲，若要將其塞進隨便挑選的十分之一吋的螺帽，成功的機率非常渺茫。惠特沃斯宣揚將所有螺絲標準化的概念：螺釘的螺紋應有相同的角度（五十五度），螺距也要與螺絲半徑與螺紋深度維持固定的比例。個別的螺絲製造商花了一段時間才統一步調，但是到了十九世紀中葉，大英帝國全境都接受了這項標準。用螺絲測量的概念BSW，亦即「英國標準惠氏螺紋」，讓惠特沃思名留千載，如今從英格蘭西北部的卡萊爾（Carlisle）到印度西孟加拉邦首府加爾各答（Calcutta）的機械加工車間（engineering workshop），這種概念依舊是重要的標準。

然而，在後續幾年，惠特沃思依然將心思從追求高精密的金屬工藝轉到了野蠻的武器世界。在某個夏季的星期一，維多利亞女王曾於溫布敦用六角形槍管的惠特沃思步槍試射，但英國陸軍從未採用這款武器，令惠特沃思頗為惱火。他的點四五步槍起初被認為口徑太小。話雖如此，這款來福槍在美國號稱「惠特沃思神射手」（Whitworth Sharpshooter），在美國內戰期間深受南方的邦聯軍隊喜愛，惠特沃思耳聞此事，略感寬慰。（這款步槍槍速極高，北方的合眾國〔Union〕部隊認為很好用，卻嫌造價太高。）據說在一八六四年的史波特斯凡尼亞之役（Battle of Spotsylvania），[10]惠特沃思的步槍展現了強大的殺傷力。傳聞合眾國將軍約翰・塞吉威克（John Sedgwick）發現遠方的叛軍，便騎馬衝鋒陷陣，在部下前面高喊：「距離這樣遠，他們連一頭大象都殺不死。」說時遲，那時快。南軍狙擊手用惠特沃思斯步槍開了一槍，槍響劃過天際，子彈不偏不倚命中塞吉威克頭部，當場將他擊斃。

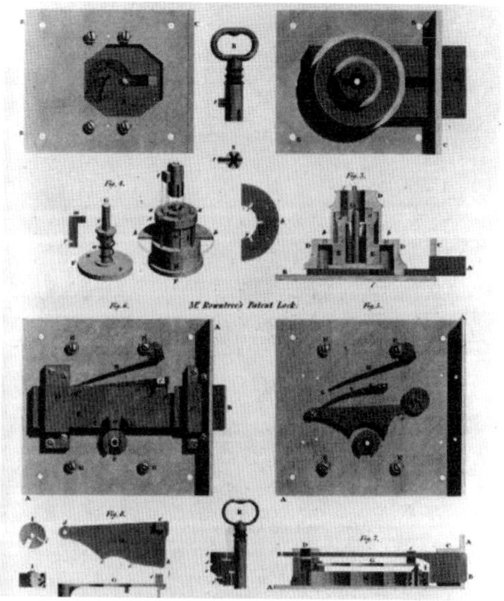

布拉馬曾在倫敦皮卡迪利街公司的櫥窗內展示一個「無法解開的鎖具」，直到六十一年之後才被人解開。名叫阿爾弗雷德．霍伯斯的美國人花了五十一個小時終於開鎖成功，讓布拉馬公司得以宣布其鎖具足以防盜。

惠特沃思可能不喜歡踏入軍事領域，但這樣卻非常有利可圖。他設計了裝甲鋼板和爆炸砲彈，並且研發各種他認為適合用來製造槍枝的可延展鋼合金（steel alloy）。這種鋼合金被稱為「惠特沃思鋼」（Whitworth steel），頗受美國武器鑄造廠的喜愛。惠特沃思步入老年時，名下有多間精美房舍，同時規劃了獎學金和捐贈計畫，這些都讓人們至今仍然懷念他的大名和遺澤。在日薄西山之際，他設計了一張撞球檯，於曼徹斯特郊外的豪宅自娛。這張撞球檯由堅固的鐵材打造，但沒有文獻詳述惠特沃斯的撞球技巧是否高超。時至今日，這張桌子的表面極為平坦而素負盛名；確實

❿ 譯注：Spotsylvania是維吉尼亞州中部的小城鎮。

是如此。如果有人至今仍在抱怨我們需要「平坦的遊樂場地」，別忘了惠特沃思極可能是第一位替我們提供這種服務的工程師。

在水晶宮「萬國工業博覽會」的最後幾週，專門展示美國製品的大廳裡出現了一件令人意想不到的新物件：安全玻璃櫃底上擺著一塊黑色的天鵝絨布，上頭有一列新鑄造的「一幾尼」純金金幣，總共有兩百枚，排得整整齊齊。這些錢幣意外揭露精密工程於十九世紀中葉的最後一個故事，乃是關於有人如何解決將近六十年之前提出的難題。

有個人順利解開布拉馬的鎖。自一七九〇年起，那個鎖便耐心躺在布拉馬公司在皮卡迪利街一百二十四號展廳的前窗。這個開鎖人是「萬國工業博覽會」的參展商，也是鎖匠和布拉馬公司的競爭者，而且他是美國人。他遠渡大西洋而來，只要哪位英國工程師敢將自認為開不了的鎖擺在他面前，他就要破解。他叫阿爾弗雷德·查爾斯·霍伯斯（Alfred C. Hobbs），一八一二年生於波士頓，雙親皆是英國人。或許因為如此，霍伯斯充滿熱情，亟欲證明美國製造的鎖遠遠優於英國打造的鎖。

當他抵達「萬國工業博覽會」之後，便駐鎮於大廳東側的第二百九十八號攤位，擔任紐約「戴伊與紐厄爾公司」（Day and Newell）[11]的代表。這家公司製造「派拉優多比克排列鎖」（parautoptic permutating lock），而霍伯斯認為，這種鎖永遠解不開。

布拉馬的鎖並非解不開。霍伯斯在水晶宮設好攤位之後，便給布拉馬公司寫了一封正式信函，要求「根據貴公司窗前告示的開鎖獎賞」，於皮卡迪利街向布拉馬公司挑戰。布拉馬已經在四十年前去世，離世時應該沾沾自喜，心想應該沒人能打開他設計的鎖。他的兒子們現在經營這家公司，收到這封重要的信件時，感到些許惶恐，因為霍伯斯比他們更為出名。他們別無選擇，只能同意見面。布拉馬公司迅速成立一個專家委員會，以確保霍伯斯採用恰當的手法解開鎖具（這是英格蘭在十八世紀時所能打造的最精密機械），不會破壞鎖具內部的機制。

霍伯斯解開了鎖。他花了五十一個小時，分十六天進行，最終提起了鎖具搭扣（hasp），宣布成功開鎖，破解了這道難題。霍伯斯使用各種微小精製的工具來應付鎖具的內部機制，其中之一是一個微小的螺絲。他將螺絲連接到老布拉馬安裝鎖具的木製底座。（如果鎖具被安裝於無法穿透的鐵製基座，這個工具便毫無用處。螺絲擰進木頭之後，讓霍伯斯用工具壓住鎖具內十八個滑件（slider）的同時，得以雙手並用，在兩吋長的圓筒鎖具內開鎖。）霍伯斯還使用放大鏡，放大鏡會發出亮光，通過特殊的鏡子讓細小的光線於鎖具內部反射。他也使用微小的黃銅量尺來查看每個滑件被下壓的程度。霍

⓫譯注：由Jacob Day和Robert Newell創立。

伯斯用微小的鉤子拉回被壓得過頭的滑件。他的旁邊放了一堆工具，猶如外科醫生動手術時的工具托盤，只是沒有解剖刀而已。他這樣做純粹是要解開布拉馬設計的鎖，也想展示美國人追求更高超的精密度。

布拉馬公司支付了獎金，但他們說霍伯斯用了一整箱的工具，還花了五十一個小時才解鎖，認為這位美國人贏得「並不光彩」，沒有遵守隱含的開鎖規則。霍伯斯耗費許多時間和精力去解鎖，竊賊若有點自尊心，絕對不會花這番功夫去開鎖。

仲裁專家同意這種看法。他們認為霍伯斯有欠光明正大，大聲指出：「霍伯斯的所作所為壓根不會影響布拉馬先生鎖具的聲譽。相反地，霍伯斯耗費了一番精力，這便大大證明了一點，就是在實際情況下，布拉馬鎖是堅不可摧的。」（然而，這些仲裁者很清楚，布拉馬公司願賭服輸，已經給了兩百幾尼的金幣。）

霍伯斯沉浸於勝利的喜悅，要求金幣原封不動擺著，以此彰顯個人的非凡成就。因此，這兩百枚幾尼便在水晶宮的燈光照耀下，閃閃發光了數個禮拜，顯得無禮不遜。霍伯斯果真沒有風光多久，最終的結果要看事態發展。正如仲裁專家所言，布拉馬鎖被解開之後，該公司的聲譽絲毫不受影響，因為顧客大排長龍，搶著購買專家花十六天才能解開的鎖具。布拉馬公司至今仍在營業，並將產品銷售到全球各地，而且鎖具全部根據約瑟夫·布拉馬在一七九七年的原本設計來製造。

然而，「萬國工業博覽會」結束之後，紐約的「戴伊與紐厄爾公司」不久便關門大吉。該公司的「派拉優多比克排列鎖」也很快遭到破解。據說解鎖非常容易，只要用一根木棍便可辦到。開鎖者是一家精密鎖匠新創公司的後代，也自行創立了一家公司，[12]該公司如今已是全球最大製鎖商[13]的子公司。他名叫萊納斯・耶魯（Linus Yale）。

[12] 譯注：耶魯（Yale）鎖具公司，生產名為耶魯鎖的彈子鎖而享譽盛名。
[13] 譯注：亞薩合萊（ASSA ABLOY）跨國集團，生產鎖具與提供門戶安全解決方案。

Chapter V

第五章

（公差：0.0000000001）

不可抗拒的高速公路誘惑

勞斯萊斯與福特汽車

福特T型車（Ford Model T）深切影響美國，改變這個國家的本質，包括……藝術、音樂、社會結構……人民健康、財富，以及保守卻傲慢的偏狹思想。亨利．福特（Henry Ford）主導了這一切，乃是最能推動變革的人……。

——賴納德．約翰．肯塞．塞萊特（L. J. K. Setright），《駕車驅馳！》（*Drive On!*）（2003年）

一九九八年初某個隆冬之日，我關上一輛借來的勞斯萊斯（Rolls-Royce）「銀天使」（Silver Seraph）的行李廂時，突然感覺右手食指劇痛。我低頭一看，一滴鮮血正從一處小傷口滲出來，裂口很小，並無大礙，或許連繃帶都不用貼。這輛全新勞斯萊斯的某些部位鋒利到能割傷人，似乎得留意，尤其因為「銀天使」被專門設計來強調（甚至重新塑造）一個觀念：勞斯萊斯即便在一九九八年面臨強烈競爭，依舊能打造全球最棒的汽車。

副駕駛和我一起檢查車子，我們用雙手輕輕滑過車後鏡面般光滑的表面。毫無疑問，這台車十分漂亮：車身為深藍色，行李廂底板覆蓋厚實羊毛毯，有專用的置傘櫃。鉻件皆厚而堅固且拋光明亮。尾燈巨大，內嵌穩固，連車牌支架都堅固防水，似乎專為軍艦打造。

一切完美無瑕，但有美中不足之處。我順著車牌支架底部摸去，發現了兩顆小螺絲，右邊的那顆似乎以某個角度傾斜，鋒利的鋼緣便凸出，也許比鏡面般光滑的鉻件表面高出幾分之一公釐。我用拇指摸摸螺絲。毫無疑問，劃傷我的就是它：某個車廠學徒曾將這顆螺絲鑽進孔洞，但孔洞卻以某個角度鑽鑿，因此位置不正，稍微偏斜。

勞斯萊斯自視甚高，宣稱「銀天使」是汽車界精密工藝的極致典範，因此售價高昂，許多人即便望穿秋水，也無法一親芳澤。竟然會有這種瑕疵，簡直難以置信，而且不可饒恕，要好好記上一筆。有人也跟我有同感。幾週之後，某位替倫敦報紙撰寫汽車評論的作家指出，他曾試駕「銀天使」，停車之後不僅無法拉起手煞車，手煞車還被他拔起，內部的連接電線從車內某處斷得乾乾淨淨。車廠技工顯然怠忽職守。

非常巧合的是，不到幾個月的時間，長期備受尊崇的勞斯萊斯便徹底瓦解，出售給德國的福斯汽車（Volkswagen）。這項重大消息震驚世人，英國人幾乎沮喪萬分，但我卻根本不感到意外。

世人依然記得勞斯萊斯的英文名稱為Rolls-Royce，中間以連字符連接（然而，該公司爆發多次財務危機，於是運用企業手段搞把戲，讓公司全名出現多種版本）。這間汽車公司於一九〇四年五月於曼徹斯特盛大成立。在將近一年以前，亦即一九〇三年六月，福特汽車公司（Ford Motor Company）也在密西根州（Michigan）底特律（Detroit）正式開業，但鮮少人記得那次的成立儀式。這兩家公司都由專心致志、迷戀機械且滿手油漬的工程師創立。兩位創辦者都名為亨利，也同樣在一八六三年出生於簡樸的家庭。

兩人懷抱雄心壯志，卻追求南轅北轍的目標。亨利・萊斯（Henry Royce）不顧艱難險阻，也不計成本代價，專門替眼光獨到的少數客戶打造頂級房車。相較之下，亨利・福特打算盡量降低成本，讓多數人買得起私家轎車。為了實現理想，萊斯籌組了一支工匠團隊，靠手工打造豪華汽車，福特則盤算量產汽車，適時引進機器協助生產。

然而，對於這兩位創辦人及其擘劃的理想而言，極致的機械精密度是關鍵：一位是自詡為藝術家的工程師，做事有條不紊且悉心周到，時刻追求精密度；另一位則是自認為能顛覆現狀的工程師，抱持堅定的信仰，孜孜不倦追求精密度。精密度是現代文明必要的關鍵元素，只要比較勞斯萊斯汽車和福特汽車，便知這兩家公司從迥異的角度運用精密度，最終導致天南地北的結果。

我根本負擔不起勞斯萊斯，其實我不曾買過這種頂級房車。不過，我一直很讚賞勞斯萊斯。回想大學時期，我和一小群夥伴共同擁有一輛一九三三年的勞斯萊斯，那是經典的二〇／二五車款，它先前曾被匆促改裝成靈車，根本不吸引人。這輛車很好開，跑起來也很順暢，但難以預測油耗，也無法顯示用油量。我們這群大學生付不起油錢，除了偶爾開出去兜風，很少使用這台車。我的朋友有一架大鍵琴（harpsichord），他把琴裝在車後。我們一邊開車，他會一邊彈琴，娛樂路旁的行人。我們有一次前往科茲窩（Cotswolds），❶車子在路上拋錨（或者「無法繼續行進」（failed to proceed），勞斯萊斯當年比較屬意這種委婉說法），趕來修車的技工拿了一面黑色毛氈遮蓋車體，免得洩底，讓公司蒙羞。但是這樣做毫無意義，根本騙不了人：路人會看到標示ＲＲ

轂蓋（hubcap）上的氈墊，然後會窺探稍微蓋住引擎罩裝飾物「歡慶女神」（Spirit of Ecstasy）且猶如黑色茶壺蓋（tea cosy）的覆蓋物，接著會看到頂端立著女神雕像的希臘式水箱（Grecian-style radiator），❷隨即便知哪家車廠的轎車故障了。

幾年之後，我更熱愛這款汽車。在一九八四年初期，我接到倫敦報社的委託，要寫點探討歐陸的文章（一位玩世不恭的編輯曾說：英國人普遍對歐陸知之甚少，也希望了解愈少愈好）。我必須用各種方式穿梭於不同的歐洲城市，然後報導行旅經驗。因此，我從瑞典斯德哥爾摩（Stockholm）乘船到芬蘭赫爾辛基（Helsinki）；從西班牙南端的加的斯（Cádiz）走到直布羅陀（Gibraltar）；從倫敦的維多利亞火車站（Victoria Station）搭乘火車前往布里格（Brig）的維多利亞旅館（Hotel Victoria），那裡鄰近義大利與瑞士的邊境；此外，我還得開車（這趟行程要當作封面故事），從歐洲最西端橫跨到最東端，從西班牙的加里西亞（Galicia）開往當時仍屬蘇聯的阿斯特拉汗（Astrakhan），窩瓦河（Volga，又譯伏爾加河）在這個城市注入裏海（Caspian Sea）。

---

❶ 譯注：位於英格蘭西南方，離倫敦約兩小時車程的古老小鎮。

❷ 譯注：勞斯萊斯的水箱護罩極致典雅，方正規矩，分毫不差。外框和格柵上部微收，稍有弧度，藉此營造飽滿柔和的視覺效果。這種原理由希臘人率先發明，被稱為「圓柱收分曲線」（entasis，又譯卷殺）。帕德嫩神廟前方的宏偉石柱也運用相同的原理。

我先乘船、步行和搭火車，最後開車完成這段壯舉。我起初打算開老派的富豪家用房車，踏上這段幾千英里的遠征路途。然而，我曾在倫敦市中心和即將與我探險的攝影師派崔克（Patrick）共進午餐。即將吃完時鼓起勇氣，大聲向他提議：為何不開勞斯萊斯？話雖如此，這般招搖可能會在蘇聯引起轟動。

沒想到事情太順利了。我們給報社公關部打電話，不到半小時便搞定一切：隔天早晨，勞斯萊斯的生產線將造好一輛海藍色的「銀靈」（Silver Spirit），但買家取消了訂單。如果我願意搭火車北上克魯（Crewe），[3]便可在後續的兩個月開這輛車奔馳歐陸。第二天早上，公關人員把鑰匙遞給我，說道：「別把車弄壞了。」我倆握手告別，攝影師派崔克和我隨即駕車揚長而去。

我們經歷了一段驚險之旅，但我不會在此多加著墨。這輛勞斯萊斯精工細作，講究細節，無可挑剔。我們開了上萬哩，一路行車安穩，舒適暢快，還曾高速行駛（在巴伐利亞〔Bavaria〕以時速一百四十哩飆車。這輛豪華房車重達三噸，能如此飆速非常驚人），路上未曾發生機械故障，只有在維也納（Vienna）拜訪經銷商（當年，勞斯萊斯最東邊的前哨站是維也納）讓技工檢查過一次車子。技工稍微調整了引擎，因為進入鐵幕（Iron Curtain）[4]之後，有可能添加到劣質油品。那位經銷商拍著溫暖的汽缸蓋，說道：「說句實話，這部引擎很耐操，餵它吃花生醬，它都能跑得很順暢。」

我的報導文章刊登於報紙，而正如我所預期，駕駛勞斯萊斯的旅程被選為封面故事，主因是我隨附一張極具代表性的照片。從那張照片看來，我在基輔（Kiev）城門外演得太過火。海藍色的勞斯萊斯碩大無比，車體拋光不久，跟展銷廳的車輛一樣閃閃發光，展現資本主義財大氣粗的庸俗模樣。我坐在引擎蓋上，用手指著不遠處或遠方。這張照片能登上封面故事，純粹是因為派崔克把勞斯萊斯直接擺在一大幅列寧同志的宣傳畫前方。只見列寧挺起胸膛，雙腳分開，雄糾糾、氣昂昂站著，食指向上指，抬起的仰角與我手臂的角度一樣。他也指向不遠處，遙指一個神祕終點，想必是替基輔人民指出蘇聯嶄新和榮耀的未來。這種對比諷刺意味十足，再也找不到更棒的畫面。當期報紙在倫敦暢銷；我想基輔大概會禁售這份刊物。這篇報導在倫敦短暫掀起一陣風潮，而出乎我意料的是，在後續十年，勞斯萊斯的全球公關人員很感激我，也對我非常禮遇。

報社接著請我撰寫討論東洛杉磯幫派的文章。一九八四年的奧運會即將開幕，據說洛杉磯當局對黑幫甚感頭痛。我和另一位攝影師飛往加州。我在威爾希爾大道（Wilshire

❸譯注：勞斯萊斯的大本營，位於倫敦西北部，靠近利物浦。
❹譯注：指原東歐共產主義國家與歐洲其他國家的分界線。
❺譯注：洛杉磯主要的東西幹道之一。

Boulevard）[5]的大使飯店（Ambassador Hotel）辦理入住手續時，櫃檯人員遞給我一個小的棕色信封，讓我有點吃驚。信封裝著勞斯萊斯比佛利山莊（Beverly Hills）分公司的來信和一串鑰匙。信上寫著：「敝公司招待，請盡情享受。」

「這輛車」是嶄新的龐然巨獸，乃是黑白相間的勞斯萊斯卡馬格（Rolls-Royce Camargue），當時是全球最昂貴的量產車，但也是最不迷人的車款。有個義大利人設計了這隻雙門怪物，他當天應該心情很糟。這輛車非常笨重。跑得很慢，若要說哪款汽車最像徐娘半老的女人，它就是經典代表，開車上路時會引起不少人側目。在某個炎熱的下午，一對年輕女孩開著敞篷車，緩緩停靠在我的旁邊。開車的小妞問道：「你開的是勞斯萊斯？」我回答：「沒錯。」她笑道：「媽的，這是我看過最醜的車子。」

卡馬格的故事充分說明了精密度和準確性的差異。工程師精心打造在各方面皆極為精密的房車，但是接受委託、設計、行銷和販售車子的人絲毫不知自己的決策是否準確。因此，卡馬格完全砸鍋，可謂「克魯的艾德索」（Edsel of Crewe）。[6]卡馬格量產十年，只賣出五百多輛，勞斯萊斯便在那時走下坡，大概十多年之後，我的手指就被它的車劃傷，有人也發現它車子的煞車線斷了，最後勞斯萊斯就被轉手賣給德國車廠。我借用這輛卡馬格兩個禮拜（我後來得知，這部車放在勞斯萊斯比佛利山莊露天車廠，既沒賣出去，也賣不出去），隔年（亦即一九八五年），勞斯萊斯壯士斷腕，關閉卡馬格的生產線。

如果這個世界講求正義，這家汽車公司應該命名為「萊斯勞斯」（Royce-Rolls），因為亨利・萊斯才是製造汽車的人，查爾斯・勞斯（Charles Rolls）只是（舌粲蓮花）販賣汽車。然而，多年以來，勞斯萊斯一直是民眾最熟悉的品牌（比它更廣為人知的，據說只有可口可樂），即便想微幅調整這個名稱，都會被視為褻瀆之舉。例如，這兩個英文字中間的連字符神聖不可侵犯。據說將Rolls小寫，也會被視為粗俗無禮。如果強迫在機械加工車間作業的技工講出他們熟悉的簡稱，他們會說自己將量產的汽車稱為「萊斯們」（Royces）。

亨利・萊斯有幸在一八六三年出生於彼得波羅（Peterborough）附近。❼他出生之後不久，大北方鐵路公司（Great Northern Railway）恰好在彼得波羅設立機車頭維修廠。萊斯

---

❻譯注：克魯是勞斯萊斯的生產線大本營，艾德索則是福特汽車在一九五七年推出的車款，賣得奇慘無比，被諷刺為行銷史上的大災難。

❼此處地靈人傑，出過其他名人。萊斯誕生於阿爾瓦爾頓（Alwalton），而二十六年之後，柴油引擎製造品牌「柏金斯引擎」（Perkins Engines）的創立者法蘭克・柏金斯（Frank Perkins）也出生於這個劍橋郡（Cambridgeshire）的村莊。然而，當地教堂只掛牌匾紀念萊斯。

幼年時非常貧窮（他從小便得幹各種活，比如趕鳥、賣報紙、遞送電報），生活也十分艱辛（父親去世時，萊斯只有九歲，而且住在濟貧院）。然而，他的姑母有遠見，認為這個小孩只要學會製造引擎，將來必成大器，於是替萊斯繳了三年學徒費，讓他在大北方鐵路廠房實習。這間廠房不久便要建造和維修英國最好且最快速的蒸汽機車頭。正如她所冀望，這位姪子果然逐漸了解如何製造引擎。萊斯接受訓練，學會如何替包鐵燒煤的火車巨獸製造引擎，也協助彼得波羅的修車廠順利製造出幾部火車引擎。當然，他將會製造享有極高聲譽的汽車引擎，而且汽車比火車更為精緻。

其實，還得再過二十多年，萊斯才自行製造引擎和可裝引擎的汽車。他首度創業時是從事電力行業，在曼徹斯特庫克街（Cooke Street）的廠房製造和販售奇特的裝置和設備，比如電燈開關、保險絲、門鈴和發電機（dynamo）。他很快就弄得有聲有色，然後步入婚姻，在郊區買了一間大別墅，忙著栽植玫瑰和種植果樹，此後熱愛蒔花弄草，終此一生。

然而，他真正的興趣不是電機工程，而是機械工程。他在十年之內結合這兩者，創立了「萊斯有限公司」（Royce Limited），生產一系列大型工業電動起重機。這間公司隨後贏得良好的聲譽：在維多利亞時代，工人興建高樓時意外頻傳，而萊斯的起重機製造精良，採用萊斯設計的專利安全功能，能盡量避免致命事故。數年之後，他的公司蓬勃

查爾斯·勞斯只是敲鑼打鼓的推銷員。如果世間還講求公平正義，亨利·萊斯於1904年打造的汽車應該被命名為「萊斯勞斯」。在機械加工車間（machine shop）工作的技工毫不屈服，將生產的汽車稱為「萊斯們」。

發展，甚至將電動起重機賣給日本帝國的海軍。然而，日本工程師不守道德規範，從頭到腳仿冒起重機，只差沒有抄襲「萊斯有限公司」的名牌。

約莫在二十世紀之交，一些德國和美國公司突然介入起重機市場，以低於萊斯的價格搶奪市場，幾乎讓他的公司倒閉。即便如此，萊斯仍然抱持信念，堅持無論承受何種壓力，都要製造高品質機具，堅持不削減製造成本，也不降低生產標準。隨著時間的推移，這家新創公司日漸站穩腳步，因追求高品質的工藝與不顧成本打造精密機械而享有卓著的聲譽。

萊斯現在已經安頓下來，生活穩定，喜歡居家生活，銀行裡也有存款，便將個人興趣轉向汽車。他放縱自己享樂，先在一九〇二年買了一輛「德·迪翁四輪車」（De Dion quadricycle），[8]這種車基本上是兩輛並排的腳踏車，以螺栓固定，中間懸掛一具小型內燃機（combustion engine）。法國當時幾乎壟斷了剛萌芽的汽車製造業，德·迪翁—布通（De Dion-Bouton）、德拉哈耶（Delahaye）、德科維爾（Decauville）、霍奇凱斯公司（Hotchkiss et Cie）、潘哈德（Panhard）和洛林—迪特里希（Lorraine-Dietrich）等汽車紛紛少量生產車輛，滿足愈來愈多的愛好者。與汽車相關的英文單字反映出其高盧／法國起源（Gallic origin）：garage（車庫）、chauffeur（司機）、sedan（轎車）和coupe（〔斜背〕雙門小汽車），連automobile（汽車）都在在提醒我們這點。

當時，歐洲的道路上逐漸出現美國汽車的身影，但萊斯認為，法國汽車由藝匠打造，外觀漂亮且做工精良，遠優於粗製的美國車。他很快便對生產汽車產生了濃厚的興趣，並於一九〇三年初買了生平第一輛真正的汽車，那是一台二手的十馬力雙缸德科維爾汽車。它被火車運抵曼徹斯特，萊斯的工人必須從火車站把車推到庫克街的廠房。在一九〇三年，這種「十馬力標準」（10 Horse Standard）是最先進的汽車。一位倫敦經銷商極力宣傳這款車的最新功能：「從愛丁堡（Edinburgh）直奔倫敦，中途不必停車！車輛滿載乘客時，能以平均二十哩的時速奔馳！」、「在英國維爾貝克（Welbeck），每小時可跑五十一哩！」、「在法國多維勒（Deauville），每小時可跑七十五哩！」。他宣稱這輛車通常能以三十五哩的時速行駛，而且可以載四個人，乘坐極為舒適（遮蓋可伸展，能替後座乘客遮風蔽雨，但司機沒有遮蓋可用，也沒有擋風玻璃），一加侖汽油只要價一先令，經銷商的庫房「隨時備有油料」。

萊斯買車之後不到幾週，便做出一項關鍵的決定。他很喜歡這輛車，幾乎每天開車兜風。他認為，車體設計雅緻時髦，但內部構造不精良。車子很吵，加速很慢，而且容易過熱。它根本不可靠。

他隨即向團隊宣布：他要拆掉這輛法國車，徹底重新設計，追求極致的機械工藝，打造各方面皆穩健可靠的車款。他會抽空進行初期設計。假使設計很理想，便會讓「萊斯有限公司」根據嶄新的設計量產汽車，然後將其稱為「萊斯」（Royce）。「萊斯十馬力」（Royce 10 horsepower）。「萊斯十」（The Royce Ten）。

萊斯運用靈巧的雙手和專注的眼神，煞費苦心設計車款，終於讓新車成形。「萊斯」跟德科維爾汽車一樣，配備兩門汽缸，各有九十五公釐的口徑（bore）和一百二十七公釐的衝程（stroke）。❾燃料入口（fuel inlet）位於汽缸頂部，排氣閥（exhaust valve）則位於側邊。引擎前方有一個水冷套管，可避免機具過熱。萊斯設計並手工打造了一種新型化油器（carburetor）；他還製造木箱包覆的全新電鈴線圈（trembler coil），具備手製的純白金（platinum）點，完全不需要調整或清潔，便可連續激發高壓火花點燃油料。對

❽ 譯注：法國德·迪翁—布通公司生產的汽車。
❾ 譯注：前後往復運動的距離。

一九〇四年出廠的車子而言，最常出問題的是線圈；萊斯設計的車子至少不會在這點出錯。此外，他還設計了極為精確的配電器（distributor）。讓內燃機運轉的油料和空氣混合物瞬間震動汽缸時，這種配電器可確保汽缸會被立即點燃。

萊斯放棄鏈條傳動（chain drive），改用傳動軸（driveshaft）。他讓每個齒輪都妥善齧合，並且添加足夠的潤滑油。他還改善了懸吊系統（suspension），⑩因為他知道這輛車是供人乘坐，必須讓乘客感覺舒適安全。他將自己工作裙的皮革削成汽缸頂部的墊圈（gasket）。他也設計了錐形螺栓（tapering bolt），用來取代法製鉚釘（rivet）。他替排氣系統打造了巨型消音器（silencer），消音器非常寬闊且有數個隔板，堅持要將轟隆作響的排氣聲壓低為沉悶的聲響。他的齒輪箱（gearbox）提供三種前進速度，離合器（clutch）則以皮革做襯裡。他更換了轉向系統（steering system）的蝸輪（worm gear）和煞車系統（braking system）的煞車塊（shoe）。他進行無數次的測試，分析每次的故障情況。這樣得付出極高的成本，但他要確保「萊斯十」比那輛被大卸八塊的德科維爾汽車更可靠。萊斯麾下更為出名的工程師史丹利．胡克爵士（Sir Stanley Hooker）日後指出：「只要出現磨損、磨蝕或故障跡象，萊斯不會認為那是小事，會努力修正問題。」

第一輛「萊斯十」在一九〇四年三月三十一日於庫克街的廠房問世。不久之後，兩輛新車又陸續問世，一輛比一輛好，也更為精工細作，而且上路測試。萊斯公司有一位新的董事會成員，名叫亨利・埃德蒙茲（Henry Edmunds），他給其中一輛閃閃發光的新車拍了一張照片，將照片送給一位倫敦的朋友瞧瞧。這位朋友就是查爾斯・勞斯閣下（Honorable）。[11]勞斯是半個貴族，鎮日賦閒，為人大膽，喜歡出風頭，同時熱愛汽車（他是自走行動協會〔Self-Propelled Traffic Association〕的成員）。他當時正在倫敦的梅費爾（Mayfair）、騎士橋（Knightsbridge，又譯奈特斯—布里奇）和貝爾格萊維亞（Belgravia）等寧靜的上流街區流連，試圖向有錢的顧客兜售法國的寶獅（Peugeot）和潘哈德汽車。

勞斯收到黑白照片，一看便著迷，而且興奮不已。他讀了埃德蒙茲的描述並參詳照片，知道英國終於出了一款品質等於或優於歐陸汽車的車子，只要洽詢，便可購得。他寫信給萊斯，先是探詢，爾後邀請，最終乞求這位傑出技工前往倫敦與他會面。他寫了一封又一封的信，但每次都遭到回絕。

我喜歡幻想那年四月下旬庫克街的情景。又有一封信放在萊斯的桌上，但這位技工太忙，沒時間回信。這封信來自倫敦，如今送抵曼徹斯特。萊斯知道，這位大都會的時

---

[10] 譯注：由車身與輪胎間的彈簧和避震器組成整體支援系統，用來支援車身和改善乘坐的感覺。

[11] 譯注：Honorable是冠於英國貴族（伯爵以下）子女的頭銜。

髦之士又來信懇求他了。這位「老伊頓人」（Old Etonian）[12]與劍橋大學畢業生懇求萊斯南下倫敦與他會面。

然而，萊斯並不打算讓步。他實在沒空，起床後就得在狹窄的機械廠忙裡忙外。

我在想，在初春的前一個禮拜，萊斯必定整週忙於完成一件自行規定的不可能任務：他要將一根鍛造的鋼製曲柄軸（crankshaft）打造得完美無瑕，軸的兩側必須等重，一旦旋轉起來，便永遠不會停止。如果一側比另一側重，便會逐漸減慢旋轉速度。勞斯的信寄到的那一天，萊斯正不斷擺弄測微器，試著替這根奇形怪狀的曲柄軸測量公差，不時拋光並銼去曲柄軸的凸出部分，直到儀表顯示它們的差別不超過十萬分之一吋，亦即凸出部分幾乎完全相同，盡可能相互平衡。

萊斯全心打造汽車。他告訴旗下工人，每輛車只要經過測試和檢驗，歷經耐力訓練和重新建構，最終將成為與眾不同的汽車。每個零件都如此精雕細刻，加工精密度如此之高，出廠的汽車將安全可靠、沉穩安靜且強而有力。對於投入心血的工程師而言，這些車輛是臻於完美的機械作品，雖然民眾可能不這麼想。

如今，曲柄軸已經造好且測試完畢（製工完美，一旦用手高速旋轉，完全不會停止）。最新（第三）版本的「萊斯十」已經造好。這款車可以載客，完全機動且全由英國人打造，已經準備接受路試。完成的引擎用螺栓固定於底盤（chassis）。傳動系統

（drive train，以手工組裝，組件以麂皮革〔chamois leather〕打磨，會在午後陽光的照耀下閃閃發光）也連結好。充氣的車輪以螺栓固定於車軸。油料也被謹慎倒入油箱。

然後，萊斯將鎳鋼手搖曲柄（hand crank）插入水箱下方的插槽。水箱的希臘神廟式格柵讓這款全新汽車展現雍容高貴的氣度。他把曲柄轉了一次、兩次、三次。

起初，什麼都沒發生。萊斯調整了某個搖桿，轉動了一個滾花黃銅輪，再稍微打開一個閥門。引擎隨後發出一連串低沉的咕嚕聲，先是冒出一陣驚人的黑煙，嚇得工人倉皇失措，急忙向後躲避。引擎點燃之後隨即穩定下來，一邊運轉，一邊低吼。

這具引擎非常安靜。它不像德科維爾汽車的引擎會發出刺耳的聲聲。這個東西不一樣。排氣管只會輕聲低吟。推桿（tappet）會咔噠一聲推上，幾近安靜無聲。凸輪軸（camshaft）提起和降低閥門時，好像潤滑充足的金屬件，只會發出柔和的聲音。一旦關上且鎖定引擎罩（bonnet，一年之前發明的新詞，專指汽車的引擎蓋），使其包覆顫動引擎之後，整台車便十分安靜。驚嘆的工程師只能憑藉散發的熱氣和震動的觸感，方能感覺引擎「仍在運轉」（still firing），稍後出現的短語「開足馬力」（firing on all cylinders）便在描述這種畫面。

⓬譯注：伊頓公學（Eton College）是英國最頂尖的貴族中學。老伊頓人指的是該校校友。

試駕員爬上了車，調整了阻風門（choke）、帽子和磁電機（magneto），[13]然後戴上護目鏡。有人推開了廠房的雙扇木門，到庫克街上前後瞥了一眼，確保沒有馬匹和行人經過。試駕員將變速器打入一檔，放下手煞車，握緊方向盤，鬆開離合器。萊斯的第三輛手造汽車便無聲無息地溜進街道，滑下了低丘，巡遊於現實世界。

就在那時，萊斯打開了信封。

那確實是勞斯的來信，但是他沒要萊斯南下倫敦，反而寫道：倘若方便，我將親自前往庫克街，看看是否有機會製造和銷售全球最棒的汽車。萊斯會屈服嗎？這封信說道，雙方都尊重以下原則：無論成本如何，都要基於絕對精密的原則去製造優質的機動乘客運輸工具。萊斯是否曾想過，有朝一日，自己會與來信者共同創業，甚至結合雙方的姓來稱呼新公司？

經過兩小時的試駕，黑色小汽車終於返回庫克街。仍然隱隱低吟的引擎沉浸於溫暖的油料中，試駕員對它的性能感到驚訝和高興。整段路試的報告都非常良好。這輛車超乎所有人的預期。萊斯看到自己的發明非常成功，感到更有自信，當晚便給勞斯回了信。他寫道，請務必前來曼徹斯特，可約在五月四日碰面，離今日還有兩週。我們或許可以共同創業。

曼徹斯特彼得街（Peter Street）的米德蘭飯店（Midland Hotel）外頭掛著一塊黃銅牌匾，紀念勞斯與萊斯如期在一九〇四年五月四日的正式會面。萊斯希望從這次會面取得資金，讓他繼續製造日益要求精密的汽車。勞斯當天早晨從倫敦搭火車北上時，向埃德蒙茲透露他想要的東西：他要讓自己的名字與偉大的發明結合，日後成為家喻戶曉的名人。埃德蒙茲寫道：「就像『布洛伍德』（Broadwood）或『史坦威』（Steinway）[14]與鋼琴劃上等號」或者「查布兄弟（Chubbs）[15]成為保險箱的代名詞。」

勞斯看到嶄新的「萊斯十」，也看到萊斯對他的發明甚感驕傲，因此深受影響。當然，他也試乘了這輛汽車，稍微逛了曼徹斯特，一路平穩順暢，毫無瑕疵，連馬匹都沒受到驚嚇。（其他轟隆作響的汽車會嚇到馬匹。）勞斯當晚搭乘火車返回倫敦。他應該在餐車上飽食了一頓，因為他在午夜還外出，在貝爾格萊維亞上流住宅區四處宣稱：「我找到了世界上最偉大的工程師！世界上最偉大的工程師！」

律師們第二天便開始作業，在聖誕節前兩天達成正式協議，雙方的合夥關係正式

---

[13] 譯注：使用磁鐵的一種小裝置，可產生電火，點燃引擎的燃油。

[14] 譯注：指鋼琴製造商約翰．布洛伍德（John Broadwood）和亨利．史坦威（Henry E. Steinway）。

[15] 譯注：指創立英國Chubbsafes保險箱製造公司的查爾斯．查布（Charles Chubb）和耶利米．查布（Jeremiah Chubb）。

成立。敲定他倆在新公司的名稱順序時，沒有出現任何爭議。萊斯對自己汽車的品質非常驕傲，不管是否有人對如何命名新公司發牢騷。因此，雙方很快便同意，Rolls在前，Royce在後，中間用連字符連接，新公司就叫Rolls-Royce（勞斯萊斯）。全名是Rolls-Royce Limited（勞斯萊斯股份有限公司）。

一九〇五年，萊斯打造的汽車在愛爾蘭曼島（Isle of Man）的賽車比賽拔得頭籌，賽後舉辦了慶功晚宴（沒錯，新公司一成立，隨即量產汽車，效率高得嚇人），勞斯便趁機宣傳他如何與萊斯首度碰面。勞斯以前老想把法國車賣給倫敦的上流社會，但是他後來表示：

> 我發現客戶愈來愈想購買英國製汽車，但我不願意開工廠自行生產車子，因為我能力不足，也欠缺經驗，而且開工廠得冒極大的風險，我也找不到喜歡的英國製汽車……。不過，我很幸運，能夠認識萊斯先生。他就是我多年來到處尋找的人。

起初誕生於庫克街的汽車之所以出名，不是因為外觀時髦、行駛飛快、誇飾賣弄或神氣拉風，而是因為它安靜可靠。第一輛「萊斯十」出廠後十年，各地紛紛傳出這款車十分耐用的風聲。例如，蘇格蘭東部有一位農民，他在高地四處開「萊斯十」，開了十萬哩，車子都沒發生過故障。他買的那輛車並不貴：一台「萊斯十」只要價三百九十五英鎊。當時，一輛六十匹馬力的德國奔馳（賓士）（Mercedes）售價高達兩千五百英鎊，一台六缸英國納皮爾（Napier）[16]汽車也要價一千多英鎊（值十萬現時英鎊，如果以二〇一七年的幣值來計算，則是十二萬八千英鎊）。

然而，並非全盤一帆風順，偶爾也會出錯。勞斯曾駕著「萊斯十」橫越曼島，途中做了不明智的決定：他打空檔，讓車子順沿長丘下滑。然後，他又做了更蠢的事，打算讓齒輪齧合，但沒有讓引擎轉速配合下滑的車速，結果變速箱（齒輪箱）支解分離，齒輪被磨光，變成一堆廢鐵。萊斯氣得咬牙切齒，但沒有暴跳如雷，勞斯閣下畢竟是公司的「第一把交椅」（Number One）。

我們很容易認為，愈現代的勞斯萊斯車款（好比君主和皇帝搭乘的龐大「幻影」〔Phantom〕及其「銀」〔Silver〕開頭的姊妹車款；曜影〔Dawn〕跑車；魅影（Wraith）轎跑車；銀雲〔Cloud〕；銀影〔Shadow〕；銀靈〔Spirit〕；銀刺〔Spur〕；「銀天使〔Seraph〕；甚至並非以「銀」開頭的險路〔Corniche〕和卡馬格〔Camargue〕），愈是精心打造的作品。我們也很容易設想，這些車款會有各種改進和運用嶄新的科技，外

[16]譯注：英國汽車製造商D. Napier & Son Limited生產的車子。

型也會更加豪華亮麗，並且提供更舒適的乘駕體驗，而這些改良會忠實反映萊斯追求永恆完美的夢想。然而，許多改進根本毫無意義，例如：採用的真皮來自於在無帶刺鐵絲網牧場飼養的公牛，以確保真皮毫無瑕疵；後置油箱的油料逐漸減少之際，懸吊系統會自動調整以保持車身水平；採用英國豪華的阿克明斯特（Axminster）地毯，地毯極為厚實，倘若掉落耳環，可能萬難尋回；儀表板鑲嵌精緻，最高級的市區豪宅客廳才見得到這種精工細作；切割古樹後製成車門的原木飾板，飾板相互匹配，猶如鏡射一般。

但事實並非如此。工程師幾乎不注重車輛外觀豪華或庸俗，也不管鋪設的毯子是否深及腳踝，或者裝飾皮革是否如奶油般滑順。他們寧可善用本身技能去突破機械限制，從製造汽車的角度而言，就是使用更好的材料，讓汽車更加輕盈與更有效率，同時獲致更小的加工公差，以及讓零件更加光滑亮麗和更能彼此「契合」。

在一九〇六年之前（勞斯萊斯當時仍屬草創階段，進展卻非常迅速），他們的每輛車是根據法國的德科維爾十馬力汽車製造。萊斯依此生產了許多車款，包括：「萊斯十」、「勞斯萊斯二十」、「勞斯萊斯重型二十」和「勞斯萊斯六缸三十」。這些車子廣受汽車報章雜誌的好評，也非常暢銷；然而，從工藝角度來看，公司技工已被逼到極限，顯得有點江郎才盡。勞斯萊斯需要打造全新車款，必須完全根據萊斯的想像去製造，不能再仿效稍嫌過時的法國進口車。該公司有一小批藝匠，身穿沾滿油漬的沙棕色工作服，手拿一捆捆的廢棉，手指沾滿油汙，眼睛半開半閉，眉頭深鎖，吊帶上掛著放大鏡（loupe），使用計算尺（slide rule）、測微器／分釐卡、卡鉗／測徑器、游標尺和壓力計（pressure gauge），而且他們嘴巴緊緊叼著菸斗，因吸菸而牙齒泛黃。在一九〇六年時，這些人日日忙到深夜，仔細閱讀藍圖和工作日誌，鑽研各種新合金的列表和圖表，這些圖表會指出可能的白蠟木底盤框架的密度和彈性指數。他們也會研究螺紋、推桿間隙和可能的汽缸直徑……。

這般醞釀之後，勞斯萊斯「銀魂」（Silver Ghost）原型車便問世。這款車最初於一九〇六年製造，一直量產到一九二五年，出廠了將近八千輛，其中多數至今仍可上路。這款車碩大無比，配備巨大的六缸側氣門引擎來提供動力，排量超過七升（一九一〇年型號的排量為七．五升）。每個引擎構件都巨大堅實，而且非常「沉重」（heft）。汽缸分成兩排，每排三個，架於鑄鐵架，圍繞於引擎頂部，以黃銅製成。有單一的凸輪軸，推桿外露；有導入油料的銅管、雙噴射化油器，化油器有調節器，可透過方向盤的控制裝置來設定；另有巨大的銅管，可將廢氣輸送到排氣管（tailpipe）。曲柄軸以拋光鋼製成，具有七個軸承（bearing）。[17]時至今日，「銀魂」的引擎依舊顯得巨碩複雜，猶如安置於車體內的船用渦輪機（marine turbine），提供遠超過汽車所需的動力和續航力。

如今，「銀魂」仍被視為無與倫比，可謂車中典範，展現最高的工藝標準與精密度。這款車與眾不同，續航力十足且非常可靠，高速奔馳時極為安靜，而且沒有過度華麗的裝飾。萊斯最著名的格言如此開頭：「完美展現於細節（Perfection lies in small things）。」然而，追求完美絕非易事（no small thing），「銀魂」從水箱到輪胎，從化油器到煞車，無不充分反映這點。

這款車起初被稱為勞斯萊斯四〇／五〇（Rolls-Royce 40/50）。這個首先中選的名稱體現一種極不浪漫的觀念，這牽涉到法規，亦即駕車樂趣的死敵汽車稅（vehicle taxation）。二十世紀初期，汽車是根據馬力課稅。所謂馬力，是倫敦國內稅務局（Inland Revenue）官員裁定的數字，計算方法是「引擎汽缸直徑（以吋計算）的平方乘以汽缸數目，再乘以五分之二」。「銀魂」有六個汽缸，汽缸直徑（孔徑）約為四吋。四乘四為十六，六乘十六為九十六。這個數字的五分之二大約是四十左右，因此這款車要被課稅的馬力數為四十。

第一個數字就是這樣定的。第二個數字（亦即五十）是汽車製造商相信或宣稱汽車能夠產生的實際馬力（偶爾會灌水，但通常不會）。因此，這兩個數字串在一起，表示應稅馬力和實際馬力，這輛一九〇六年的汽車便在名稱內加上了四〇／五〇的數字。這種自命不凡的房車竟然配上如此乏味的名稱，簡直難以想像。

然後，有人無意之間靈機一閃，發揮了行銷才能。庫克街勞斯萊斯公司的總經理是外號ＣＪ的克勞德．強生（Claude "CJ" Johnson）。[18]在公司替新系列車款製造第十一個底盤之後，強生要求將第十二輛車（編號六〇五五一）以銀色琺瑯塗裝，後續也要塗覆純銀色清漆，打算將這輛車當作示範車。強生隨後將這輛特定的車型稱為「銀魂」，因為它外表為純銀色。他說道：「（這輛車）行動詭祕，來無影，去無蹤。」[19]這個稱號被敲入名牌，呈現垂壓凸紋字樣（repoussé-style），最後安裝於隔板後頭。

事情原本可能就此打住，只有一輛示範車會被安上這個酷炫名稱，但影響力十足的雜誌《汽車》（*Autocar*）認為，整個車款都該如此命名。雖然勞斯萊斯車廠（不到一年，庫克街的廠房就被棄置，員工全都轉移到在德比〔Derby〕新建的專用工廠）依舊以手工打造四〇／五〇，買家和讚賞民眾都用「銀魂」的稱號，這種名稱便正式寫入汽車的歷史。

---

[17] 譯注：承托轉軸或直線運動軸的零件，用來支撐旋轉體或直線來回運動體以及減少摩擦，增加機件壽命。

[18] 強生自詡為Rolls-Royce的那根「連字符」，認為他是「銀魂」的創始人，堅持公司只打造一種車款，使其臻於完美。強生率先提出這個稱謂，而他也創辦了皇家汽車俱樂部，更率先讓汽車在英國流行起來（有人如此宣稱）。因此，他有崇高的地位，不只象徵那根「連字符」。

[19] 譯注：指車子行進時像鬼魅般安靜無聲。

示範車表現奇佳。它在一九〇七年四月十三日從生產線出廠，由勞斯萊斯首席測試員駕駛了八十哩。爾後，這輛車被整理得乾乾淨淨、妥妥當當，以陸運送往倫敦，交由強生保管。強生安排這輛車去進行一連串更艱辛的測試，讓更為嚴格且隨時打算挑毛病的皇家汽車俱樂部（Royal Automobile Club，簡稱ＲＡＣ）成員檢視。除了每走幾哩，輪胎便會被扎破，車子基本上沒有出任何毛病。當時的汽車駕駛認為，輪胎破了只比停車加油稍微不方便而已。

這輛車有一次從倫敦跑五百哩到蘇格蘭的格拉斯哥（Glasgow），沿路只維持在三檔或四檔。這有兩個原因。首先，要測試引擎能否讓車子爬上高丘，尤其是攀爬威斯特莫蘭（Westmorland）粉紅色花崗岩的高聳沙普山峰（Shap Summit），當時Ａ６依舊是通往蘇格蘭的主要道路，這段山路惡名昭彰，特別難以攀登。車子後來還穿越通往北部內地的狹窄道路。「銀魂」輕輕鬆鬆便翻山越嶺，然後跟跑車一樣，迅速滑下北坡。其次，讓車子維持在同一個檔次，乃是要向愛德華七世時代（Edwardian）的民眾證明，「銀魂」非常容易操控，因為當時一大批購車者不會換檔，很怕開排檔車。（勞斯萊斯的手冊一直假設車子是由〔富人〕司機在開，這種情況直到最近才改變。「如果爆胎，請叫僕人將車停在路邊。」我們幾乎可以肯定，〔你的僕人〕知道如何換檔和換輪胎。）

經過這段測試，「銀魂」讓閱報民眾留下深刻的印象，也讓勞斯萊斯在英國全境聲名大噪。「銀魂」後續要進行的，只剩耐力測試，看看它到底能夠連續開多遠。一九〇七年六月開始耐力測試。在此之前，強生駕駛「銀魂」，載著兩名乘客和一位RAC觀察員，在傾盆大雨中開了八百哩，車子一路顛簸，穿越人煙罕見、風景如畫的蘇格蘭高地（Scottish Highlands）。[20]耐力測試便從這段行程的結束之處開始。測試期間出了一點小問題：第一天是從格拉斯哥前往伯斯（Perth），這輛車順利穿越惡名昭彰的「歇恩山口」（Rest and Be Thankful Pass），但第二天打算越過「惡魔之肘」（Devil's Elbow）時，黃銅汽油小旋塞因為劇烈搖晃而自行關閉，立即阻斷通往引擎的油料，車子便熄火。起初大夥搞不清狀況，查明原因之後，立即轉開旋塞，一切又恢復正常。出了這種愚蠢差錯是有點尷尬，卻不至於讓人失望。

此外，一切都完美無瑕。這輛車在蘇格蘭跑了五天之後，獲頒各類獎項和獎章，而強生盤算著透過報紙引起轟動，於是說服那位倒楣的RAC觀察員留下來，一起繼續往南開，前往格拉斯哥，最終返回倫敦。他們途經愛丁堡、紐卡斯爾（Newcastle）、大令頓（Darlington）、里茲（Leeds）、曼徹斯特和科芬特里（Coventry），最後回到皮卡迪利

[20] 譯注：指蘇格蘭高地邊界斷層以北和以西的山地，此處號稱歐洲風景最美之區。與其相對的是蘇格蘭低地。

街的RAC俱樂部。然後，他們又調頭，再度往北行駛，最終這樣跑了不下二十七次。示範車似乎樂在其中，不願打退堂鼓。RAC觀察員和各類汽車報刊的人員都前來查看，而這輛汽車在英格蘭和蘇格蘭全境南北奔馳，猶如梭子在羊毛脂潤滑的梭織機上來回穿梭、往復不已。

當時也首度出現現今常見的宣傳噱頭：將一便士錢幣直立於水箱頂部邊緣，然後發動引擎，使其全速運轉，只見硬幣不受干擾，維持原位，穩穩立著，旁觀者無不驚嘆連連。人們還將一杯斟滿葡萄酒的酒杯，連同一杯新調製的馬丁尼（酒汁幾乎滿溢，弧面抵著結霜酒杯的邊緣），一起擺在水箱的三角形楣飾。司機將油門踩到底，讓六缸引擎猛獸激烈運轉，但酒杯內不見漣漪，酒杯也沒嘩嘩作響，酒汁更沒有溢出。雖然引擎在暴怒，但馬丁尼酒杯既沒被搖動，也沒受到攪擾。據說有人事後暢飲這杯雞尾酒，還直誇味道不錯。

《汽車》的採訪記者指出，勞斯萊斯四〇／五〇的引擎非常安靜，引擎蓋下面隱藏的似乎是一台縫紉機。這具輪機引擎看似強而有力，但將油門踩到底時，它只會發出嘶嘶聲，彷彿車內潛伏的是將上蠟棉花塊塞入輕質絲綢連衣裙的裝置。這具引擎可推動一輛重達六千磅的汽車，車上還載著四位滿臉鬍鬚和雄壯魁梧的乘客，使車子在傾盆大雨夜晚以八十哩時速奔馳。然而，它發出的聲響輕微，根本不像巨型引擎該有的轟隆聲。

強生在八月八日結束試駕，當時已經連續開了四十天，跑了一萬四千三百七十一哩，中途不曾被迫停車。例外情況是在蘇格蘭時油料旋塞閉鎖以及爆胎，但爆胎很難避免，總是會發生。試駕者晚上睡覺時，技工必須連夜維修汽車。唯一耗工的是團隊出發前排定好的磨光閥門工序：需要耗費八個半小時，而且它如同多數勞斯萊斯汽車的製造工序，完全靠手工處理，必須一絲不苟慢慢進行，追求完美無瑕。

馬拉松式的測試終於結束。示範車停在倫敦，車體已經冷卻，顯得老朽破舊。強生要求將車子徹底拆卸，然後重建車體，使其煥然一新。每個面板、每片殼蓋和每個鑲嵌機件都被拆除，ＲＡＣ人員從底盤吊起巨大的引擎，從車輪和變速箱拆卸變速器連桿、拆卸煞車，以及拆除電器設備。然後，一小群人拿著測微器分散開來測量。每個測微器的卡鉗都精確設定於「銀魂」在四月十三日（大約一百一十七天前）交付時的零件尺寸。

引擎、變速箱和煞車幾乎沒有磨損。量測不出引擎在四月和八月時有何差異。即便示範車已經長途跋涉且被重度使用，最重要的構件在八月時也和全新出廠時沒有兩樣。若要將車子恢復到最初狀態，只需要「更換兩根前輪軸銷（pivot pin）、一根轉向桿連接銷、轉向槓桿的圓頭、磁電機的驅動接頭、風扇皮帶和油料濾網。轉向球接頭的套管也重新安裝，閥門重新磨光」。

ＲＡＣ報告明確指出：如果這是一輛私家轎車，根本不必這樣講究。然而，ＲＡＣ已經出了人力，必須送出帳單：「銀魂」奔波一萬五千哩之後，置換必要零件的費用和人工，總計只要二十八英鎊五先令。報紙如此下了標題：勞斯萊斯極為堅固耐用，可謂經濟實惠，買了就算是投資。雜誌也爭相報導，到處刊登照片與見證者的說法。

最初可以用九百八十英鎊單獨購買「銀魂」的底盤（包括車架、車輪和機械）。在「銀魂」量產的二十年之間，售價在一九二三年上漲到一千八百五十英鎊。總共出廠了七千八百七十六個「銀魂」底盤。這款車深受美國買家喜愛，勞斯萊斯便在麻薩諸塞州的春田（若回顧本篇故事開頭，便知這個城市率先大量生產槍枝，而非汽車）開設一間工廠，而且德比和春田的兩間工廠都使用幾乎雷同且歷史悠久的造車慣例。這種製車之道與福特的生產方式幾乎同時存在，兩者卻大相逕庭。

技工最先會用粉筆在工廠地板畫出設計圖，然後車架的鐵件和白蠟木構件會被焊接、鉚接或用螺栓固定於模板上。所有構件都用支柱撐著，直到車軸從上往下安置並且將車輪接上為止。然後，組裝好的車體可靠本身的四個輪子站立，輪下塞入木楔，以免車輪移動。

在同一間工廠的遠處，工人會用手工（幾乎）組裝好引擎。高架的移動式起重機接著會吊來組好的引擎。引擎非常沉重，起重機很難操控得當，但工人會小心將引擎降到定位，把它剛好置於前輪的後方。接著變速箱、齒輪箱、萬向節（universal joint）、傳動軸（propeller shaft）和後輪軸（rear axle）的接頭都安置於引擎的後面。工人會親手組裝轉向齒輪和接桿，用螺栓將其固定於前輪，使其透過蝸輪連接到方向盤。方向盤會置於引擎後方並位於大齒輪箱的側邊，旁有排檔桿（shift lever）以及三個（後來變四個）前進檔。煞車也會被吊到定位，然後會接上桿子與接桿，然後細長的液壓管（hydraulic pipe）會被連接、密封並灌滿液體。最後工人會裝上電池，隨即折疊纏繞的電線，將其沿著引擎與其他電燈、喇叭和各種指示器的所在位置配置。

最前端的水箱具備象徵性的希臘條柱，至今仍是勞斯萊斯最醒目的構件。某位工人會將水箱用銅焊接定位並將其拋光，而這位工人終其一生在勞斯萊斯只負責處理這道工序。水箱會被溫柔而親切地（其實是備受尊崇地）送到新車前面，然後用螺栓加以固定，接著再度拋光並連接到冷卻系統（cooling system），水箱還有風扇，可以導入空氣，使空氣通過銀葉片來避免引擎的水沸騰。各種類型和黏稠度不同的潤滑劑會先被泵送、倒入或注入會快速運轉機械的各個部位，最後才將油料倒入油箱。接著，技工會轉動曲柄，新的引擎便會發出聲響，開始震顫，然後啟動，最後安靜低鳴著。在草創時期，所有工人都會暫時放下手邊工作，聆聽引擎的咕嚕聲，將其視為新生兒。他們是身為父母的團隊，因此會自豪而激動。

然後，車身製造商（coach-building company，通常是帕克・瓦德〔Park Ward〕、莫林

樂〔HJ Mulliner〕、古尼·納丁〔J. Gurney Nutting〕、巴克〔Barker〕或弗里斯通&韋伯〔Freestone and Webb〕）的工人會帶走底盤，然後安裝精心雕刻的車身、飾板、地毯和玻璃窗。他們還會添加其他物件，這些物件不吸引技工，卻比讓汽車實際「動起來」的構件更吸引買家的目光。

剩下的就是工廠地板上的粉筆痕跡。在適當時機，另外一組空心鋼柱又將被放置於製車模板之上，然後跟以前一樣用螺栓和鉚釘結合。車軸接著會被插入，組裝好的車體會被置於車輪上，接著再安裝更多零件，最後組成一輛新車。整個過程又重複一遍，這跟造船廠的工序類似，緩慢而艱辛，而且工人皆抱持虔誠的態度做事。爾後，在適當時機，另一架勞斯萊斯底盤又會被推出工廠大門。這款車型總共量產了十八年，在四千多個工作日之中，勞斯萊斯製造了八千個底盤，平均一天生產兩個。一天只製造兩個底盤。

連續試駕順利落幕之後一年，掀起的關注和熱潮逐漸趨於寂靜，萊斯親自說明了這款車為何會廣受歡迎。有人問他：勞斯萊斯的工廠設備齊全且人力充足，為何不生產數千輛汽車？工廠明明一天可以量產兩百輛、甚至兩千輛汽車，為什麼一天只製造兩輛？萊斯如此回答：

> 首先，適合幹普通工程的工人可能不適合我們公司，也達不到我們的工作標準……。要打造最完美的汽車，必須擁有最棒的技工。聘請這些工人之後，我們的目標是教育他們，讓每個人比任何人更能做好分內工作……。我們始終認為，製造車輛時要處理各種必要的剛度（rigidity）和強度（strength），打造的車子要比類似的汽車更輕盈，而這通常都牽涉金屬的問題。去年的一萬五千哩路測足以證明，勞斯萊斯汽車非常耐用，保養成本極低。我們相信，這完全歸功於科學設計、有創意的研發，以及勞斯先生及其助理在本公司「物理實驗室」（Physical Laboratory）對金屬所做的詳細研究。這可能是我們生產車輛時最重要的環節。

儘管生產不到八千輛「銀魂」，勞斯萊斯已經打出名堂並站穩腳步。它很快便博得響亮的名聲。如今，勞斯萊斯已化身標準的一部分，而且被收入字典，代表汽車界的極致、榜樣、不可或缺之物（sine qua non）、鼎盛（ne plus ultra）與巔峰。《牛津英文字典》記錄「勞斯萊斯」在詞彙上的發展歷程。一九一六年，一架飛機被描述為「航空界的勞斯萊斯」（Rolls-Royce of the air）。一九二三年，媒體將一台嬰兒車稱為「嬰兒車產業的勞斯萊斯」（Rolls-Royce of the pram-world）。伊朗的伊斯法罕（Isfahan）編織的地毯曾在一九七四年被如此描述，史坦威鋼琴也在一九七七年被這般形容，而在二〇〇六年時，義大利家電公司迪朗奇（De'Longhi）附有麵包屑盛裝盤的四片式冷色系烤漆廚房器具被稱為「烤麵包機的勞斯萊斯」（Rolls-Royce of electric toasters）。一個多世紀以來，查爾斯爵士（Sir Charles）和亨利爵士（Sir Henry）商定的公司名稱已被普世認為代表超凡卓越，依舊獨占鰲頭，仍然享譽盛名。勞斯萊斯能名聞遐邇，實乃講究準確、製工嚴謹、追求完美，打造機件時近乎苛求，要求最小的公差。

大約在「銀魂」問世之際，遠在四千哩外的密西根州底特律有一間工廠，另一種車款正在此處成形。然而，它迥異於德比和春田以手工打造的經典勞斯萊斯汽車。這款車就是福特T型車。首輛「銀魂」橫跨英格蘭與蘇格蘭不久之後，福特T型車便在一九〇八年十月首度在美國上路。

亨利．萊斯將精密度獻給少數人。亨利．福特則想讓許多人享受精密度。他在一九〇七年說道：「我要替大眾打造一款汽車。它夠大，足以容納一家人，但也夠小，讓人能夠單獨操作和保養。我會根據現代工程所能提出的最簡單設計，使用最好的材料，以及聘請最棒的工人去生產汽車。這款車售價會很低，只要薪水夠好，一定買得起，然後攜家帶眷，遨遊在上帝創造的廣闊天地，享受天倫之樂。」

可以這樣說，福特想要打造新車，起初完全出於利他主義。福特是一名密西根州農夫的兒子，很早便對工程感興趣。福特的童年有點類似萊斯幼年時期。福特著迷於各種機械，年紀輕輕便會替鄰居修理懷錶。他求知若渴，於是找了一份學徒工作，但並非在大型的鐵路廠房上班（萊斯大約同時期在這種場所實習），而是在住家附近的一間公司見習。這家公司製造更為普通的物件，譬如水閥（water valve）、汽笛（steam whistle）、消防栓（fire hydrant）和號鑼（gong），而且運用許多車床和鑽床（drill press）製造產品。

福特的父親與附近的農夫偶爾會請人用西屋（Westinghouse）製造的脫穀機（threshing engine）來協助收成，他看到那些巨型的蒸汽動力脫穀機時會興高采烈，尤其喜愛特別設計成能自我推動的機型：脫穀機的傳動皮帶被拆下且繞成圈，用來驅動行走的輪子。這是福特發跡故事的核心：他擅長操作和修理鄰居的一架可移動式西屋蒸汽機，而在一八八二年夏天，他以一天三塊美元的工資，駕著這架耐用的蒸汽機奔波於各個農場，替玉米和苜蓿脫殼、鋸斷木頭和研磨飼料。他替蒸汽機添加柴火時，餵的是破舊柵欄柱和玉米殼，偶爾也會使用煤塊。這份工作艱苦繁重，但福特聲稱自己從未這麼愉快過。他年輕時駕著這架西屋蒸汽機，蜿蜒穿過密西根州塵土飛揚的鄉村小徑，不時利用簡單的機械動力來協助農民處理農務，使他們暫時心滿意足，而他也藉機存了一筆錢。[21]

不久之後，福特替當地的西屋蒸汽機經銷商展示和修理機具。又過了不久，他發現

從1908至1927年，福特T型車（俗稱「便宜小汽車」〔Tin Lizzies，譯注：Tin指鍍錫鐵皮製品，Lizzie是以前常見的黑人女傭名字，這些傭人每天辛勤工作，週日才會盛裝打扮出遊〕）賣了超過1600萬輛。由於製造技術愈來愈高超，這款車的售價從850美元一路下滑到260美元。

亨利·福特跟亨利·萊斯一樣，於1863年出生於簡樸之家。他讓汽車廣為民眾接受，並在底特律建造了第一條汽車生產線。

心愛的脫穀機受到一項限制，這種機具不使用電力！於是，福特離開了蒸汽的世界，前往電力充足的愛迪生電燈公司（Edison Illuminating Company）擔任機械工程師。當時，萊斯正在大西洋對岸的曼徹斯特學習福特正在底特律學習的事物：從一八七〇年代起，機械工程和電機工程彼此息息相關，便逐漸被整合到所謂的內燃機（internal combustion engine），藉此產生持續有效的動力。福特雖是倉促決定轉換跑道，但他倆渾然不知，此舉讓福特和萊斯走上雷同的人生道路。

真不可思議，這兩人還做了類似的事情：萊斯買了人生首輛汽車「德・迪翁四輪車」，然後對其修修補補；與此同時，福特藉由職務之便，向威斯汀豪斯（George Westinghouse）[22]和愛迪生（Thomas Alva Edison）請益，同時利用閒暇打造了一輛四輪車，

---

[21] 多年以後，福特請底下員工尋找他曾為這輛蒸汽機製造的滑閥（slide valve），而他記得標記的數字為三四五。眾人最終在賓州的一處田野間找到這個被棄置的滑閥，發現滑閥已經損壞。為了慶祝自己六十歲生日，福特叫人修理和打磨滑閥，然後啟動蒸汽機，再用它去替玉米去殼。到底三四五是福特念念不忘的「玫瑰花蕾」（Rosebud，譯注：著名電影《大國民》〔*Citizen Kane*〕講述美國大亨肯恩的一生故事。他在莊園城堡過世，臨終前只說了一句：「Rosebud（玫瑰花蕾）。」所指為何，如謎一般無人知曉。最終水落石出，原來肯恩至死不忘童年的傷心往事。他幼年玩雪橇時被迫與母親分開，雪橇上便刻著Rosebud。），或者他只是想提醒自己替蒸汽機滑閥所做的設計，福特公司並沒有清楚交代這段歷史。

[22] 譯注：美國實業家兼發明家，也是西屋電氣創辦人。

以及驅動車子的雙缸汽油引擎。一八九六年六月四日，福特首度試車（他們不得不拿斧頭砍斷廠房大門，車子才能開到路上去，因為福特打造的車架太寬），但車子很快就拋錨，幸好這個機械故障迅速便被排除。這次試駕是在午夜之後進行，卻吸引大批民眾圍觀，眾人看得目瞪口呆。

萊斯先開過德．迪翁和德科維爾製造的汽車，隨後才自行打造汽車。福特也一樣，他很快便著手自行設計汽車。他做了各種嘗試；粗略組裝賽車，製造雙缸、三缸和四缸引擎；有成功和失敗，有挫折和小成果，有爭端吵架和運轉艱難，甚至遭遇各種經營問題：不到兩年，福特最早開的兩間汽車公司紛紛倒閉，其中一家僅生產了二十輛汽車。然而，到了一九〇三年，這位年輕的農夫兒子稍微站穩了腳步。他經歷各種危機，仍然屹立不倒；他也深知該如何製造汽車；他對自己充滿信心，也有足夠的資金、足夠的才能、足夠的朋友和崇拜者去成立「福特汽車公司」（Ford Motor Company）（他初期出師不利，卻能奪取Ford〔福特〕這個名稱），然後開始運用精密工程大量製造汽車供大眾使用。

萊斯在曼徹斯特沉浸於完美工藝之際，福特卻在密西根州的迪爾伯恩（Dearborn）[23]被汽車量產所淹沒。他倆剛成立公司時，在許多方面都極為相似，起初都堅持打造最好且最合適的汽車。然而，這兩家公司從草創之初，便分頭追尋迴異的目標以及採取不同的做法。

萊斯最先製造「萊斯十」，福特則率先生產A型車（Model A）。跟福特早期製造的汽車一樣，A型車（只有紅色車款）被宣傳為「只由少量零件製成，每個零件各司其職」。口號簡練，沒有贅語冗詞，也沒有華麗辭藻，甚至不小題大作。消費者只要多花一點錢，便可增添配備（比如：後門、橡皮屋頂、車燈、喇叭、黃銅鑲邊裝飾），但是只要花七百五十美元，外加稅金，便可購得一輛無蓋雙座小汽車（軸距〔wheelbase〕[24]只有六呎），車體樸實無華，構造簡單，配置八馬力雙缸引擎，並且提供半自動變速箱，有兩個前進檔和一個倒退檔，僅後輪有煞車。這台紅色小車行駛時，引擎會發出軋軋聲，非常容易拋錨，而且時速不到三十哩。買主被慎重其事地警告：某項專利侵權案可能會讓他們無法盡情享受開車的樂趣，但這種事情從未發生，因為這項官司（涉及名叫塞爾登〔Selden〕的男子）[25]已在庭外和解。一位芝加哥牙醫購買了第一輛A型車，大約

---

[23] 譯注：福特的家鄉和福特汽車的全球總部所在地。

[24] 譯注：前後車軸間的距離。

[25] 譯注：塞爾登是紐約的專利律師，曾獲得自稱「馬路機器」〔Road Machine〕專利，他四處向汽車製造商收取專利授權費來大賺一筆。福特對此非常憤恨，將塞爾登一狀告上法院。後來，塞爾登的專利被取消，汽車製造商便可省下授權費，以較低的成本生產汽車。

有一千七百人隨後跟進：福特汽車賣出第一輛汽車時，營運資金只剩兩百二十三美元，因此在生產這款車的十二個月期間，福特汽車還算經營得宜，沒有慘遭滅頂。此後，該公司站穩腳步，陸續生產各種汽車，最終迎來真正的暢銷車款，亦即成就非凡、改變社會的T型車。

由於T是排在第二十位的字母，大家可能會認為A型車之後還出了十八種車型；其實，福特只出了五種車型：B型車（強而有力、高檔昂貴、引擎前置）；C型車（比A型車稍微豪華，但和A型車一樣，引擎位於座位下方）；F型車（A型車的豪華版本，僅有綠色車款）；K型車（B型車的豪華版本，但配有六缸引擎，也位於引擎蓋下）；最後是N型車（廉價輕盈，率先運用添加釩〔vanadium〕的鋼材，這是福特從一輛撞毀的法國賽車殘骸發現的合金，並且下令未來的車款要盡量使用這種合金，因為它可提升底盤的抗拉強度〔tensile strength〕，同時大幅減輕底盤重量）。福特N型車售價五百美元，配備四缸引擎，總共賣出七千輛。僅有紫褐色車款。福特認為這款車幾近完美，但實際卻不然。

確實有改進的空間，T型車便是改良成果。它被暱稱為「便宜小汽車」，福特靠著這款車大賺一筆。T型車於一九〇八年十月一日正式上市，最終大批上市：它是福特最暢銷的車款，最後一輛在一九二七年五月離開生產線。在這將近十九年期間，T型車總共賣了一千六百五十萬輛。

「生產線」（production line）是此處的關鍵詞。福特早期的車款跟大西洋對岸的「萊斯十」與勞斯萊斯「銀魂」一樣（後來，這款車曾短期在麻薩諸塞州生產），皆以同樣的方式製造：汽車的構件、部件和零件都被送到廠房的某個位置，一群人忙著熔接、錘擊、焊接、用螺栓連接、折斷、（用槓桿）撬動、旋轉螺絲和銼平。他們會不時銼平構件，使其彼此契合，直到所有部件都組合在一起。嘿嘿！一輛新車便從雜亂無序的構件中巍巍顫顫誕生，然後哼的一聲，被駛到外頭的世界。

福特藉由T型車改變了一切。他一開始便堅持，福特的汽車製造廠不需要銼平構件，因為所有構件、部件和零件進廠之前都應該精密製造，根據甚為嚴苛的標準來要求極小的公差，所有構件都要彼此契合，無須進行任何一丁點的調整。一旦確立製造系統的這個層面，福特便創造了一種將各種小零件組裝成汽車的全新方法。他要求部件的精密標準達到前人未曾想像或獲致的程度，然後將這種標準與前人未曾嘗試的新製造系統結合。如此一來，福特顛覆了諸多行業，包括他所處的行業和汽車製造業以外的產業。然後，隨著時間的推移，他改變了行業所屬的世界，衝擊無遠弗屆，無人不受其影響。雖然有其他較小規模的生產線也可能與其相提並論，[26]但我們可以說，福特製造T型車時，創造了大規模且至今依舊令人讚嘆的工業生產線。

一條生產線（猶如福特汽車在密西根州迪爾伯恩主廠房的這條裝配線）要求所有部件有絕對的精密度。昔日汽車的構件少於一百個，而現代汽車的零件則高達約三萬個。如果某個部件無法契合，整條生產線都可能會被迫停止；然而，在勞斯萊斯的手工製造廠中，技工會銼磨零件，使其得以契合。

T型車的構件不到一百個（現代汽車有三萬多個）。這些汽車雖然不比現代的洗衣機複雜，但福特在二十世紀最初的二十年間，不斷得想方設法如何將零件組裝成可正常運作的汽車。他嘗試過各種製造技術去生產早期的車款。例如，他叫十五人的工人小組去專心製造一輛汽車。然後，他命令一位工人單獨製造一輛汽車，亦即用一套工具去組裝汽車。其他人看到這位工人有需要時，會遞給他所需的零件和工具，如同護士替外科醫生服務一樣。如此一來，這位工人就不必離開被指派組裝汽車的工作站。如果廠房有十五個這種單人裝配站，而且所有正確的零件（全部都精密製造）都能準時到達，裝配零件的所需工具也都能隨手使用，一天之內便可同時生產十五輛汽車。

然後，在進一步的實驗中，工人被分派去執行單一的組裝汽車工序，一旦完成工序（例如：螺栓固定引擎蓋，或者安裝後保險桿），每個工人都會走到生產線的下一輛汽車，然後再做同樣的事情。零件（引擎蓋、保險桿、汽缸與車燈）都在三層工廠的上方樓層採用相同的方法製造。零件造好之後會存放於樓上，然後透過滑槽（chute）送到生產線的樓層，這就表示生產線樓層不會堆積零件，阻礙工人的行進路線，但總有新製造的零件可供使用。

這兩種系統各有優點；每一種都代表製造知識和智慧的累積。到了一九一三年，總

㉖春田和哈珀斯．費里聯邦兵工廠早已建立了大規模生產裝配線的雛形（這種現象普遍存在於美國，但歐洲和其他地區仍然排斥這種做法）。此時，新英格蘭的鐘錶製造商已經擁抱這種製造方式，同時逐步革新當時製造三種金屬消費品（縫紉機、自行車和打字機）的方式。對這些行業以及福特的新汽車製造業而言，關鍵在於使用可互換的零件。值得一提的是，福特製造早期車款（A型、B型、C型、F型、K型或N型）時，已經完全仰賴可互換的零件。然而，他製造T型車時不僅如此，還大量運用這種觀念。有人宣稱，汽車設計商蘭塞姆．奧茨（Ransom Olds）是首度使用裝配線生產汽車的實業家，但他並未使用可互換的零件，這讓工業歷史顯得撲朔迷離：奧茲莫比爾汽車公司（Oldsmobile）裝配線的工人依舊要銼磨金屬物件，使其彼此契合。

算出現了「驚天動地」的時刻。人們發現，工件可在工人面前移動。某位工人都能在某個工件出現時執行非常普通且要求不高的工序，然後不斷對後續一個接一個短暫現身的工件做同樣的事情；與此同時，其他工人則會在這個工件短暫出現時做不同的事情，直到全新的構件被製造完成。全新的生產線便如此誕生，各種零件是以各種方式組裝，而將要成形的車體逐步前進時，沿線的工人會一次執行一道工序，積累上百或上千次的單一工序之後，便可製造出一輛全新的汽車。這條生產線可謂汽車誕生的產道。

福特曾說，他在當地的豬隻屠宰場看到豬的屍體被嚴謹地拆卸，從中得到啟發而有了裝配線的想法：只需要反轉切塊、剔骨、放血、熬化豬油和解構豬隻的過程，改成焊接、用螺栓連結、包覆青銅、建構以及用油漆噴塗（快乾的黑漆，唯一的選擇）。屠宰場會生產豬肉塊、火腿肉、豬小腸和豬油，新的福特工廠則會將金屬、玻璃和橡膠零件組裝成一輛全新的汽車，然後以八百多塊美元售出。

這是嶄新的高速製造法！提供革命性的生產力！以這種裝配線製造的第一個機械就是T型車的磁電機。這個裝置很簡單，只有一個磁鐵和雙線圈，可以產生火花，點燃引擎的油料。在福特的廠房，長而直的生產線高度及腰，上頭有一條輸送帶（conveyor belt）。首先，輸送帶上會有造好的簡單鋼圈，可用汽車曲柄把手來轉動鋼圈。生產線上的第一個人會坐在輸送帶前面，鋼圈會穩穩通過他的眼前。這個人會用螺栓將一個小的電線圈固定於鋼圈，該線圈預先纏繞了大約兩百匝銅線。生產線上的下一個人會用螺栓固定一個更小的線圈，這個線圈大約纏繞兩千圈更細的銅線。第三個人會將內部有U形磁鐵的外殼套到鋼圈上，然後第四個人會用螺栓鎖緊外殼，並且將造好的磁電機送去檢查。

測試人員會旋轉線圈，使其穿過一個磁場：兩百匝的線圈會產生微弱的電流，然後兩千匝的線圈產生一個極高的電壓。如果一切都正常，而且零件都按規定精確製造並妥善安置到位，這個磁電機尖端部位的端子之間便會出現強大的火花：如果這個裝置是被安裝在引擎上，而不是在生產線上接受測試，它就會在汽缸被注入汽化油料和空氣的高度易燃混合物之際，瞬間對汽缸閃現火花，此時就會發生爆炸，將活塞向下推，使福特強大的汽車引擎開始運轉。

裝配線問世之前，工人需要花二十分鐘才能從頭組裝好一個磁電機。裝配線上線之後，大批工人分頭執行令人頭腦麻痺的單一工序，此時只要五分鐘便可組好一個磁電機。每個磁電機都一模一樣，不會因為工人心血來潮或禮拜五作業怠惰而讓品質良莠不齊。所有磁電機也都能裝進福特引擎的指定位置，而且安置得穩穩妥妥，不會有任何不順之處。

下一個在生產線上組裝的汽車零件就是車軸。大約在一九一五年，一條組裝車軸的生產線開始運轉。過去要兩個半小時才能組好一個車軸；有了新的裝配線之後，只需二十六分鐘便可完事。爾後，另一條生產線讓組裝變速器的時間縮短一半，其中三個前進檔和一個倒退檔的齒輪是透過福特的特殊行星式皮帶和滑動輪系統組裝。工人以前要花十個小時去組裝一具引擎，現在只需四個小時：福特設計了全新的汽缸，其頂部和底部被削掉，以便容納上頭的閥門和火星塞，以及安裝下方的曲柄軸和潤滑油箱。此外，如今也很容易用工具機來處理汽缸。工具機會極為準確地鑽鑿出固定深度與直徑的汽缸孔洞。逐漸改善工序之後，迪爾伯恩的工廠每四十秒便可生產出一輛全新的T型車。

在裝配線工作無需任何技能；然而，要工程師去測量公差、銼磨機件使其彼此契合、不斷測試再測試零件，以及使用「通過—不通過量規」，這些都得運用機械工藝，還要培訓工人，甚至額外花費。福特發現，他一下子就解決了這些問題。有了生產線，他可以製造無數的汽車；他能夠用低成本造車；他可以用日益低廉的價格賣車，使他的車輛更加實惠、逐漸受到歡迎，最終無處不在；他可以僱用技能逐漸低落的工人組裝汽車；此外，他可以放棄汽車工藝，追求極致就煩請勞斯萊斯代勞。

萊斯付出心血，過得相當富裕；相較之下，福特成為當時全球、甚至是歷史上最有錢的富豪之一。福特傳世的，不僅有目前仍屬汽車巨擘的公司，還有拿他大筆遺產在全球濟貧扶困的基金會。

精密度在這兩家公司扮演哪些不同的角色？在萊斯眼中，要能夠製造極其舒適、時髦高尚、迅捷快速且令人難忘的頂級汽車，崇拜精密度似乎是箇中關鍵。其實，福特的全球工廠能夠大量生產成本更低廉、構造更簡單且更不讓人驚豔的汽車，追求精密度更是至關重要。原因很簡單：生產線需要無限量供應的零件，而這些零件是完全可以互換的。如果某個零件不那麼精密，而且某位裝配線工人要將這個不準確和不精密的零件安裝到從他眼前經過的機件，結果發現這個零件不合，於是死命要將它塞入機件——此時，便會出現喜劇演員查理．卓別林（Charlie Chaplin）在《摩登時代》（*Modern Times*）[27]扮演生產線工人的逗趣場景，或者德國電影導演弗里茨．朗（Fritz Lang）在《大都會》（*Metropolis*）[28]呈現的陰冷畫面，整條生產線會變慢出錯，最終將停頓下來。周圍的工人會發現自己工作被打亂，進料零件堆積如山，供應鏈整個堵塞，全部生產過程因此變慢且出錯，甚至（發出摩擦聲響）而逐漸趨緩，最終被迫停止。

換句話說，生產線運轉起來霸道無情，精密度在其中扮演至關重要的角色。然而，對手工打造的汽車而言，初期可選擇追求或不追求精密度。在手工製作過程中，只須留

[27] 譯注：一九三六年的無聲喜劇電影，由卓別林執導和編寫，乃是他最著名的作品。

[28] 譯注：一九二七年的表現主義科幻默片。

心精密度，絕對不必要求每個零件從一開始便製造得精密無比（至少在打造勞斯萊斯「銀魂」的時期是如此）。

諷刺的是：勞斯萊斯高貴豪華、極其昂貴，長期享有盛名，被認為創新無與倫比，性能無可挑剔，但打造這款高級房車的各個階段卻不必嚴格要求精密度。然而，福特T型車（其實包括任何現代汽車。如今組裝汽車的是機器人，而非人類。這些機器如同卓別林扮演的角色，目光呆滯，瞪著零件川流不息而過）要求精密度，將其視為至關重要的元素。若缺乏精密度，車子便造不出來。

這段故事另有一個面向：福特運用了一項發明，使T型車在量產的十八年之間幾乎年年不斷降價，從一九〇八年的八百五十美元降到一九一六年的三百四十五美元，到了一九二五年，價格甚至跌到兩百六十美元，實在是太低廉了。

汽車不變，材料相同，但生產方式更有效率。福特運用某個構件（後來收購製造這個零件的公司）來實現這個目標。某位謙虛的瑞典人發明了這個構件，深切影響了精密度領域。這位瑞典人就是卡爾·愛德華·約翰遜（Carl Edvard Johansson）。只要有見識的瑞典人都知道，他是重量級的「測量大師」（Master of Measurement）。他發明了塊規，這組堅硬鋼件極為平整且製工精密，又稱為滑規（slip gauge）或者用來紀念他的暱稱「約翰遜塊規」（Johansson gauge），甚至簡稱為「約塊規」（Jo block）。在一九五〇年代中期，我的父親曾經把這種拋光鋼塊和小鋼錠帶回家讓我見識，告訴我什麼是精密度。

約翰遜是在搭火車時獲得靈感。當時是一八九六年，他在國營的槍械工廠擔任檢查員。這間工廠位於瑞典的鋼鐵重鎮艾斯基圖納（Eskilstuna），地位猶如美國的匹茲堡（Pittsburgh）或英國的雪菲爾（Sheffield），而該市的盾形紋章（coat of arms）上依舊有鋼鐵工人（手臂）的圖像。他的工廠一直在製造獲得許可的雷明頓步槍，（Remington rifle），但是逐漸改製一種德國毛瑟卡賓槍（Mauser carbine）[29]的變體槍枝，而在轉換過程逐漸改用一種全新的測量系統。約翰遜一直非常看重超精密測量，先前曾前往德國黑森林（Black Forest）的毛瑟製槍工廠，調查該公司的測量方法。然而，他因為某種因素，認為毛瑟的測量之道有欠周延。根據傳聞，約翰遜搭乘著火車，在漫長乏味的返家途中不斷思索該如何改進瑞典即將採用的測量方法。

他打算製造一組塊規。如果將其組合起來，理論上可以測量任何尺寸。他思索的是：最少需要多少個塊規？每個不同的塊規應該多大？他在艾斯基圖納火車站從叮噹作響的蒸汽火車下車時，已經解決了這個問題：根據他的說法，只要使用一百零三個尺寸

[29] 譯注：卡賓槍是一種輕短步槍。

精心定好的塊規，將其按照三個系列排列，只須將兩個或更多個塊規疊在一起，應該可以用每次千分之一公釐的增量來大約進行兩萬次的測量。

約翰遜花了很久才製成第一套原型塊規。他改裝妻子的縫紉機，增添了一個磨輪（grinding wheel），用來磨平塊規，使其獲致正確的尺寸。約翰遜的傳記作者後來回憶：這項工作非常適合他的個性。約翰遜溫和謙遜、話少靦腆、性好獨處、愛抽菸斗、蓄留鬍子、極有耐心、中規中矩、彎腰駝背，以及具備長者風範。他雖然出生於小農村，在瑞典中部的黑麥農場長大，長大後卻能改變世界。這位作者接著指出，他最終製好的一百零三個組合塊規，從此便「直接或間接地教導工程師、工頭和技工要仔細看待工具，同時讓他們熟悉千分之一和萬分之一公釐（的尺寸）」。

塊規最早在一九〇八年傳入美國。最初是由亨利・利蘭（Henry Leland）帶著一組塊規過海關，利蘭這位機械師對精密非常狂熱，其最著名的稱號是「發明凱迪拉克的人」（Man Who Invented the Cadillac）。[30]正如英國皇家海軍在十九世紀亟需木製「滑輪組」（pulley block），嶄新「約塊規」（Jo block）的銷售絕佳，因為當時愈來愈多行業興起，人人都要這種簡單易用的物件去測量各種產品（滑輪跟塊規其實八竿子打不著，這裡兜在一起講，只想開個玩笑）。約翰遜最後被人說服在美國開店。他首先在紐

亨利．福特收購卡爾．愛德華．約翰遜在美國製造塊規的公司。瑞典人約翰遜至今依舊被稱為「測量大師」。只要使用「約塊規」，便可立即追求極小的公差，進一步提高設計產品的效率和可靠性。

約營業，然後往北遷店一百哩，在波啟普夕（Poughkeepsie）哈德遜河（Hudson River）河畔的一間老舊三層樓鋼琴製造廠生產塊規。媒體熱烈歡迎約翰遜，一家媒體宣稱：「他是全世界最講究準確的人，可謂瑞典的愛迪生。」

福特的整個量產系統完全仰賴最極致的準確性，但他當時並沒有在工廠中使用塊規，是否有人堅決反對，或者還有其他因素，目前仍不清楚箇中原因。然而，一旦福特得知工廠經理曾與瑞典滾珠軸承製造商ＳＫＦ起過衝突之後，工廠內的反對聲浪或漫不經心的心態很快便煙消雲散。

製造商ＳＫＦ成立於一九〇七年，現在仍

㉚利蘭還創立林肯汽車（Lincoln）。他最好的朋友曾經出過意外，被一輛大型汽車的起動曲柄返頭倒擊，人被擊暈後竟然死亡，利蘭後來便發明了電動起動馬達（electric starter motor）。

然屹立不倒，首字母ＳＫＦ表示Svenska Kullagerfabriken AB（瑞典語，意指「瑞典滾珠軸承廠」）。這間公司在一九二〇年代不斷遭到福特汽車抱怨，但他們認為供貨的軸承尺寸無誤，宣稱福特「無的放矢」。福特的底特律生產線工人則反駁，說ＳＫＦ提供的軸承總是不圓，不斷導致工廠延誤或停工。ＳＫＦ經理強烈抗議，堅稱他們提供完美球形的軸承。只要使用「約塊規」測量，便可證明他們所言不虛。

「約塊規」足以證實軸承完美無瑕。ＳＫＦ人員指出，福特公司若要抱怨軸承，應該先抱怨使用軸承的機器與生產線。令福特驚訝的是，對方說的竟然沒錯。或許，福特曾對一起召開緊急會議的同事指出，他生產的車只對自己精密；每個製造的零件都能適切契合，或許是因為它們能夠彼此互換；然而，一旦別家公司供應經由塊規測量且無可挑剔的精密機件（比如ＳＫＦ的滾珠軸承），而這個絕對完美的機件被納入福特系統之後，超越了福特製造的機件，此時福特便是錯了。雖然只多錯一丁點，但錯了就是錯了。

福特財大氣粗，雄心勃勃，便做了別人不敢做的事情。他聯繫約翰遜，說服他把整個塊規製造程序從波啟普夕遷到底特律，然後在龐大的新福特廠房內開設車間。約翰遜按照福特的意思照辦，並且在適當時機，也在福特鋪天蓋地的說服之下，讓他老舊卻極為重要的小工廠成為福特汽車公司旗下的一個部門（換句話說，就是被併購了）。然後，在一九三六年，約翰遜離開福特，不再過問福特的業務，悄悄回到家鄉瑞典，四處接受人們頒發的金牌和榮譽學位，並且獲頒客座院士資格和皇室授予的各項榮譽。

約翰遜晚年時日漸耳背，因此使用助聽筒，他將其戲稱為「寧靜管」（pipe of peace）。他曾與愛迪生碰面。愛迪生也耳背，約翰遜喜歡說他們這兩位偉大的發明家真的曾經頭靠頭討論塊規。當時，第一次世界大戰已經結束，使用塊規已經能夠獲致百萬分之一吋的準確度。愛迪生問道：「可能比這做得更好嗎？」約翰遜回答：「可以辦到。現在能夠獲致千萬分之一吋的精密公差，但我不會告訴你具體的方法。」愛迪生脾氣暴躁，心胸狹窄，聽到這話之後，乾咳了一聲，表示不滿。談到發明物時，還是三緘其口為妙。

約翰遜在一九四三年去世，死後備受瑞典人尊敬和愛戴，但其他地區的人卻遺忘了他。他的發明無意中協助改善和擴展大規模生產的工業系統，而這個生產系統依賴當下可獲致的絕對精密度，一直沿續至今。無論在地表上或在更危險的高空，精密度萬一出現偏差，都可能導致難以想像的危險情況。

Chapter VI

第六章

（公差：0.000000000001）

六哩高處，危險重重，孜孜不倦，追求精密

飛機噴射引擎

如同一見鍾情：法蘭克・惠特爾（Frank Whittle）集各項天賦於一身，馳騁想像、才氣縱橫、為人熱情、意志堅定、重視科學且具備實務經驗，卻只全力落實一種極為簡單的構想：只用一個活動元件來產生兩千匹馬力。

——蘇格蘭哲學家蘭斯洛特・勞・懷特（Lancelot Law Whyte），《哈潑雜誌》（*Harper's Magazine*）（1954年1月刊）〈惠特爾及其噴射引擎冒險之旅〉（Whittle and the Jet Adventure）

三輪車（tricycle）、縫紉機、手錶或水泵／抽水機（water pump）的內部零件會穩定持續運轉。對這些機具追求完美，當然是一件好事，但沒有臻於完美，也不會危害人命或致人傷殘。然而，對於馬力強勁的跑車、電梯或機器人手術室（robotic operating theater），精密度至關重要：跑車若以時速一百哩奔馳、電梯若上升到摩天大樓的六十層，或者機器人若在動心臟手術，萬一此時發生機械故障，便可能致人於死。

此外，在高速結合高海拔的情況之下，付費乘客虛懸於堅硬地表上方數哩不適合人類生存的高空，此時載人前往該處的飛機就必須精密到無懈可擊。萬一稍有瑕疵，便可能發生極為嚴重的空難。二〇一〇年十一月四日星期四，新加坡早晨陽光明媚，十點過後僅數分鐘，一起飛航事故便在世人眼前上演。

澳洲航空三十二號班機（Qantas Flight 32）是雙層「巨無霸」（superjumbo）噴射客機，機齡只有兩年。這架A三八〇空中巴士（Airbus A380）當時正在飛例行航班，航程為七小時，準備前往雪梨（Sydney）。機上有四百四十名乘客和二十幾名機組人員。駕駛艙還有五位機師，人數略多於往常，包括：一名機長（captain）、一名副駕駛員（first officer）、一名二副機師（second officer）、一名檢定機長（check captain）和一名監督檢定機長（supervising check captain）。監督檢定機長負責督察檢定機長，檢定機長則要查驗其餘機組人員的表現。這五名機師累積了七萬兩千小時的飛行時間，經驗豐富，方能處理當日早晨的突發狀況。

樟宜機場（Changi Airport）有兩條朝南跑道。這架飛機在九點五十八分從其中一條二〇C跑道起飛。起落架迅速收回之後，四具「勞斯萊斯特倫特九〇〇系列引擎」（Rolls-Royce Trent 900-series engine）的推力設定便設為「爬升」（Climb）模式。這架客機連同運載貨物和人員，總重高達五百一十一噸，機身開始持續爬升。不一會兒，飛機便離開新加坡，進入印尼領空，在巴淡島（Batam Island）的紅樹林沼澤地和小漁村上方一哩半之處翱翔於萬里無雲的天際。突然之間，飛機接連發出兩聲巨響，機上所有人都非常驚愕和惶恐。

機長立即取消自動駕駛，停止繼續爬升，讓飛機維持在七千呎的高度並持續向南飛行。駕駛艙監控器率先指出：二號引擎的渦輪機過熱，這部引擎位於左翼，安置於內側，比較靠近機身。然而，在幾秒鐘之內，原本單一的通報聲，逐漸轉為成串聲響，最後警報聲大作，燈光閃爍不停，接二連三發出警示，飛機的整體系統似乎逐漸故障。二號引擎原本過熱，現在則燃起熊熊烈火。

機長用無線電向新加坡空中交通管制站發出「緊急求援」訊息（pan-pan），[1] 表示飛

---

[1] 譯注：比Mayday（遇難求救訊號）次要的緊急狀況，源自於法文panne（故障）。

機雖然沒遭遇緊急情況，卻發生嚴重的問題。然後，他決定調頭返回新加坡，讓飛機緩緩進入賽道型等待航線（holding pattern），❷利用半小時的穩定飛行時間趁機找出引擎究竟出了什麼狀況，並且思考如何妥善處理故障引發的一連串問題。此外，他們可以看到油料從引擎後部湧出，機翼上也有一些孔洞，顯然爆炸產生的碎片射穿了機翼。地面也傳出消息，說有人在巴淡島村莊發現引擎碎片，清楚看見飛機噴出這些機件。

俗話說：飛機可選擇不起飛，降落時卻無從選擇。機組人員花了一個小時處理各種問題，同時設想如果重要零件全部損壞，飛機該如何降落。例如，煞車似乎只有一部分能起作用，左翼上的擾流板（spoiler）❸無法立起，故障的引擎沒有可用的推力反向器（thrust reverser），❹起落架無法正常放下讓飛機著陸。因此，這架飛機可能會以高速著陸，而且機上還載著九十五噸的油料，煞車也嚴重受損，有可能跑完三哩的跑道之後依舊無法停止。機場被要求派出緊急救難車隊，等待這架巨無霸客機迫降。

幸好，（機長死命將煞車板踩到底），這架巨型客機終於在離跑道終點只剩四百呎的地方停了下來。左翼外側的一號引擎沒有熄火。二號引擎早已損壞而沒有運轉，但不知為何，旁邊的一號引擎依然在運轉（因為控制電纜和連接電線被割斷了。後來得知，穿透機翼的機件切斷了這些電纜和電線）。

此外，油料仍然從二號引擎附近破裂的油箱湧出，而最令人擔憂的是，機身左側還連著煞車，飛機高速著陸時，這些煞車被磨得炙熱發紅，駕駛艙螢幕顯示，煞車溫度接近攝氏一千度。

情況已經夠恐怖了，沒想到輪胎也破裂，氣早已漏光，輪輞的裸露金屬先前沿著跑道刮了數百呎。一號引擎還關不掉，如果它發出的推力將噴發的油料霧吹到幾近白熾的煞車或超高溫的輪輞，可能會產生火花，或者讓火苗突然閃現。萬一機翼油箱又剛好過熱，就會發生大爆炸。飛機安全降落，讓人暫時鬆了一口氣，但一想到這架動彈不了的客機可能深陷火海，又令人驚恐不已。當時的情況混亂不堪，讓人心驚膽顫：飛機落地之後，情況變得更糟，先前在空中盤旋時，似乎還比較安全。

新加坡消防員花了三個小時才迫使引擎停止，他們其實是向飛機噴灑數千加侖的強力水柱，這點足以證明勞斯萊斯特倫特引擎設計良好且構造堅固。飛機引擎足以抵擋暴風雨，消防員必須噴用暴雨般的凶猛水柱沖擊高速轉動的引擎，才能讓它停止運轉。等到已經可以控制住引擎，也用數千磅的阻燃泡沫（fire-retardant foam）和乾粉滅火器替

---

❷譯注：飛機待降時於等待空域的航線。

❸譯注：降落時減低空速的裝置。

❹譯注：暫時改變氣流方向的裝置，可使氣流轉向前方，而非向後噴射，使引擎的推力倒轉讓飛機減速。

紅熱的煞車降溫，使其變回黑色與回復到正常溫度，被關在猶如火災建物長達兩小時的乘客才被釋放出來。他們從甚少使用的右側門，攀著一道樓梯走下飛機。許多人都嚇壞了，幸好無人傷亡。

然後，機組人員終於看到出了什麼狀況。場面非常恐怖，即使最資深的機員也很少見過或經歷這種事故。他們發現，二號引擎後頭三分之一的部位已經被撕裂，渦輪整個被剝光裸露，而且有兩個裂洞，裡頭的引擎零件早就被吹走。處處可見煙灰、油料、燒毀的電線、破裂的管子和損壞的旋翼片。

後來得知，有一個沉重的金屬葉盤從引擎爆衝出去，其中半個轉盤裂成數片炙熱的殘骸，被人發現掉落在巴淡島的村莊。這些碎片從飛機墜落，砸到了建築物，幸好沒有傷到人。

這起事故是噴射發動機製造商最怕的噩夢。勞斯萊斯特倫特九〇〇引擎（尤其是九七二－八四的型號，這種發動機可產生近七萬磅的推力，澳洲航空花一千三百萬美元才能購置一具）先前出現所謂的「飛行中非包容性引擎轉子故障」（in-flight uncontained engine rotor failure）。[5]這種情況非常罕見，一旦發生便是來勢洶洶，炙熱的引擎碎片不會留在金屬外殼之內，而會穿透外殼，猶如飛濺的彈片，足以撕裂機翼和機身。

快速飛散的金屬碎片很可能撞擊和損壞成捆的電纜、油箱、油料和油管、液壓系統、機械系統，以及加壓的乘客艙（裡頭有極易受傷的乘客）。澳洲航空三十二號班機有多處部位遭到碎片撞擊，機身上下遭到連續破壞。幸運的是，駕駛艙（異常多位的）機師非常稱職，適當處理了損壞和失控情況。

引擎內部究竟出了什麼問題，才會釀成這起近乎災難的事件呢？若想了解這點，並且窺探超精密卻仍屬冥古夢魘的現代噴射引擎內部，需要稍微翻閱歷史，回顧不久之前的昔日歲月，當時業餘愛好者會打造螺旋槳飛機來築夢，不像現今的民航公司駕駛艙中都使用數位化儀器。

發明噴射引擎（jet engine）的人，就是法蘭克．惠特爾（Frank Whittle）。惠特爾是家中長子，他父親曾是蘭開夏棉花工廠的工人，後來走街串巷，替人補鍋謀生。惠特爾還有其他對手，競相打造如今最廣泛使用的引擎（替現在多數噴射機提供動力的吸氣式內燃機〔air-breathing internal combustion engine〕，不是非吸氣式火箭〔non-air-breathing rocket〕，但嚴格來說，後者也算一種噴射引擎）。其實只有兩位夠格的競爭者。第一位是法國人馬克西姆．紀堯姆（Maxime Guillaume），他在一九二二年四月獲得法國政府頒發的五三四八〇一號「渦輪噴射航空引擎」發明專利；另一個是來自德國薩克森

❺ 譯注：uncontained指轉動的引擎零件碎片穿透引擎蓋。

（Saxony）德紹（Dessau）的漢斯・馮・奧海恩（Hans von Ohain）。奧海恩在一九三三年提出自認為可行的設計，能夠用來打造「無需螺旋槳的發動機」，並且親眼見到這種引擎問世。

然而，法國人提出的構想與德國人打造的原型都沒有發揚光大。引擎會在極其惡劣的環境中運轉，尤其高熱將籠罩所有機件，因此技術要求甚高，而歐洲當時所能取得的材料與具備的工程技術仍不足以打造引擎。值得一提的是，美國實驗室竟然對渦輪動力引擎的構想視而不見、聽而不聞，這有點反常。他們認為這種發動機對飛機工業沒有用處，因此在一九四〇年代以前幾乎沒有鑽研這個領域。

因此，只剩矮小的惠特爾追逐夢想。他曾批評螺旋槳驅動的活塞引擎已經過時，而這段著名評論至今仍然能引起共鳴。他指出：「往復式引擎（reciprocating engine）已經走到窮途末路。它們有數百個來回運動的零件，如果要更強而有力，就會變得十分複雜。[6]未來的發動機要產生兩千匹馬力，必須只用一個活動元件：旋轉的渦輪機（turbine）和壓縮機（compressor）。」

現代的噴射引擎可以產生超過十萬匹馬力的動力，卻只有一個活動元件：一個心軸以及被它引導而旋轉的轉子，如此一來，許多高精密度打造的金屬元件就會與轉子一起旋轉。噴射引擎是複雜萬分的猛獸，設計原理卻極為簡單。要能確保這些元件能正常運轉，必須使用昂貴的稀有材料打造元件、加工材料來生產元件時必須確保元件完整無瑕，以及製造每個元件時都得符合極小的公差。惠特爾從一九二八年夏天開始構思偉大的構想，爾後十載，歷經千辛萬苦，遭逢各種障礙，但始終堅持不懈。

惠特爾身高只有五呎，❼長得有點像卓別林，外表乾乾淨淨，為人一絲不苟，猶如壓縮鋼製彈簧（compressed steel spring）。他年輕氣盛，是個熱愛冒險的特技飛行員、瘋狂的摩托車騎士、令指導員頭痛的學員，以及天賦異稟的數學家。惠特爾在英格蘭中部地區克蘭威爾（Cranwell）的皇家空軍學院（Royal Air Force academy）以飛行學員身分表演特技之後，首度萌生打造噴射引擎的想法。當時的飛行學員必須針對感興趣的主題撰寫簡短的科學論文，而惠特爾的論文日後便成為為航空界的傳奇文獻：他年輕氣盛，狂妄自大，喜愛出風頭，將論文標題寫成：〈飛機設計的未來發展〉（Future Developments in Aircraft Design）。

當他從克蘭威爾學院畢業時，動力飛行只問世了四分之一個世紀。惠特爾之類學員

---

❻惠特爾曾半開玩笑地指出，他對活塞引擎有偏見，乃是他騎摩托車時曾出過一些事故。最慘的一次是他無法在倫敦市郊的T形路口停住車，反而被甩到樹林裡，然後他的保險被取消，損壞的摩托車也被信貸公司收回。惠特爾認為自己沒有錯，反而怪摩托車引擎太難控制，讓他騎得太快。

❼譯注：一百五十公分左右。

駕駛的飛機通常是雙翼機（biplane）。這類飛機有木造結構，絕非流線型，沒有可伸縮的起落架（undercarriage）或壓力艙（pressurized cabin）等先進設備，而且會轟隆隆地飛越低空，時速甚少超過兩百哩。英國皇家空軍的戰鬥機在許多方面比多數國家的飛機更先進，但平均時速卻只有毫不起眼的一百五十哩，並且只能在海拔幾千呎的高空飛行。

當時，人們熱愛閱讀科幻小說。惠特爾讀遍能取得的赫伯特．喬治．威爾斯（H. G. Wells）、朱爾．凡爾納（Jules Verne）和雨果．根斯巴克（Hugo Gernsback）等作家的小說，書中描述的各種奇妙科技（高速飛行、大眾運輸工具、平流層飛行、月球旅行，甚至外太空旅行！）與現實世界形成強烈對比，而惠特爾自忖可以彌平這種落差。他認為，小說家的幻想皆能實現。但是他堅決認為，若用當時的往復式引擎，絕不可能落實這些幻想，必須有更新更好的發動機。惠特爾談論他值得紀念的克蘭威爾學院論文：

> 我的結論是，如果要結合極高速與長距離，必須在高空飛行，因為低空氣密度會大幅降低與速度成正比的阻力。我說的是在平流層以時速五百哩飛行，該處的空氣密度不到海平面的四分之一。
>
> 在我看來，傳統的活塞引擎配上螺旋槳，不太可能滿足我想要的那種高速／高空飛機的動力裝置需求，所以我討論動力裝置時，把網撒得非常廣，討論了各種可行方

案，比如火箭推進以及燃氣渦輪驅動的螺旋槳，但我當時沒想到可用燃氣渦輪來進行噴射推進。

十五個月之後，亦即一九二九年十月，惠特爾終於茅塞頓開。他當時是合格的勤務飛行員，駐紮在劍橋郡。惠特爾訓練和指導其他人飛行時，不斷構思能讓飛機如閃電般狂飆的發動機。他的設計都得使用某種過度裝載的活塞引擎。此外，他發現稍微增加引擎動力讓飛機提速，就需要更大且更重的發動機，但飛機根本難以裝載。他幾乎打算放棄，卻在十月的某一天突發奇想：為什麼不用燃氣渦輪當作引擎？也就是不要在引擎前方驅動螺旋槳，改用燃氣渦輪從引擎後方送出強力噴射空氣？惠特爾當年只有二十二歲，竟然提出這種翻天覆地的構想。

惠特爾根據學校所學和個人的數學技巧，認為自己構想的推進噴射流足以展示一六八六年提出的牛頓第三運動定律（作用與反作用定律）。牛頓（他恰巧也是劍橋人）寫道：「施加力於物體時，會同時產生一個大小相等而且方向相反的反作用力。」根據這個定律，從飛機引擎後方噴出的強力噴射流將以同樣的力道將飛機往前推，理論上幾乎可以達到任何速度。

此外，根據理論，燃氣渦輪遠比活塞引擎能產生更強大的動力，箇中道理很簡單。

內燃機的關鍵元素是空氣——空氣先被吸入引擎，接著與油料混合，最後燃燒或爆炸，產生的熱能會轉化為動能，進而推動引擎的活動部件。然而，吸入活塞引擎的空氣量會因汽缸尺寸之類的因素而受限。相較之下，燃氣渦輪可吸取的空氣量幾乎沒有限制：這種引擎的開口設置巨型風扇，能比活塞引擎吸入更多的空氣。根據經驗，在惠特爾時代的噴射機，前者吸入的空氣量是後者的七十倍。吸入七十倍的空氣並不表示能產生七十倍的動力，還得考慮其他因素，但是能產生二十倍的動力是合理且能接受的估算。

這確實是「我找到答案！」（eureka）的時刻，其中的發明和突破可在史冊上大書特書。它的確代表一種「典範轉移」（paradigm shift），縱使聽起來有點陳腔濫調。從那年秋天起，惠特爾心無旁騖，專心設計燃氣渦輪，使其足以推動飛機，不斷解決各種讓本計畫無法立即完成的（技術或官僚）問題。他花了十年才順利啟動第一具可運轉引擎。如同常見狀況，發生了戰爭，計畫方能完工。

起初狀況不順利，剛開始沒人感興趣：儘管惠特爾順利申請了（最終在一九三一年獲頒）一項專利，名為「飛機和其他交通工具推進有關的改進措施」（Improvements Relating to the Propulsion of Aircraft and Other Vehicles），而且惠特爾在空軍基地的同袍軍官也到處宣傳，說他正在打造非常具有原創性的物件，但惠特爾卻處處碰壁。英國空軍部（Air Ministry）尤其表達沒有興趣，英國三大主要航空引擎製造商也回絕了惠特爾。到了一九三五年，惠特爾應該延長專利，卻繳不出五英鎊的費用。空軍部明確回應，他們不會用公帑來支付這筆費用。那時，惠特爾幾乎要放棄夢想，並且已經擬定了另一種設備的計畫，該設備跟航空運輸無關，反而涉及公路運輸。惠特爾讓自己珍惜的專利失效（他堅決認為，這項專利仍有剩餘價值），一旦專利期滿，這個構想便不專屬於他，全世界的人都可善用，鐵定會開花結果。

一九三五年，德國迅速整軍建武，漢斯・馮・奧海恩和德國飛機製造商亨克爾（Heinkel Company）也有意打造噴射引擎，再加上德國飛機製造商容克斯（Junkers）工廠的機身構架負責人赫伯特・瓦格納（Herbert Wagner）恰好對渦輪推進非常有興趣，因此水到渠成，發展渦輪噴射引擎／發動機（turbojet）的時刻於焉降臨。這兩人是否因為惠特爾專利失效而有意製造噴射引擎，箇中原因至今不得而知，但結果卻不言而喻。到了一九三〇年代中期，德國確實對生產飛機噴射引擎頗感興趣；相較之下，英國有申請噴射引擎專利的國民，而且這位國民的新家與首都倫敦距離不到五十哩，卻沒錢維護專利，也得不到政府支持，他甚至還在英國皇家空軍任職，英國卻不打算生產噴射引擎。

只要有資金挹注計畫，一切都會改觀，惠特爾便會將藍圖化為測試引擎，看看他的構想能否「一飛衝天」。一九三五年，名為「佛克與夥伴」（O. T. Falk and Partners）的創投公司總算願意下賭注。當年的九月十一日，該公司的資深合夥人蘭斯洛特・勞・懷特（Lancelot Law Whyte）在筆記上寫道：「Stratosphere plane（平流層飛機）？」懷特坦承對惠特爾這位年輕軍官「一見鍾情」。懷特即使在筆記上打了個問號，後來卻告訴妻子：他首次見到惠特爾時（惠特爾當時趁著英國皇家空軍的休假，在劍橋攻讀博士學位），好像「在古早的宗教時代面見聖徒」。如果不知道故事結局，可能會認為這個開頭太棒，最終必將讓人失望落淚。事實結果天差地遠，故事轟轟烈烈地結束。這位「聖徒」不負眾望，創造了奇蹟。從中可知，懷特很有遠見，可惜遭世人遺忘。他曾是物理學家；他絕非冷酷無情的銀行家，而是近乎神祕的人物。懷特喜歡惠特爾的構想，不是因為能夠從中賺錢，而是因為它展現極致優雅，並且「每次偉大的進步，都是嶄新的簡約設計取代傳統的複雜規劃。這個構想開創了工程的鐵器時代」。[8]

這間創投公司提供三千英鎊的預付款，並且替惠特爾成立一家公司，名為「動力噴射有限公司」（Power Jets Limited）。出資者幾乎沒有待過航空業（其中一位主要股東製造香菸自動販賣機），但惠特爾擔任首席工程師，也是唯一的員工。空軍部（惠特爾的雇主，因為他是現役軍官）同意惠特爾可短暫離開崗位處理公司事務，但註明他只能利用閒暇替「動力噴射有限公司」打工，而且每週不得花六個小時以上的時間發展他的新奇構想。

空軍部可能是勉強同意，但是他們仍然批准了，[9]而且正是有這個官方核准（哦，那就去做吧！），懷特才願意放手一搏。他立即與英國渦輪機製造商「英國湯姆森—休士頓」（British Thomson-Houston，簡稱ＢＴＨ）❿簽訂合約，要根據惠特爾的規格製造一具發動機。這具引擎的渦輪機轉速為一七七五〇rpm（每分鐘轉數），可驅動壓縮機並產生五百匹馬力，噴出的氣流足以推動一架小型郵件遞送機。這具引擎將被稱為ＷＵ，全名為Whittle Unit（惠特爾裝置）。根據惠特爾的構想，這具發動機要讓貨機飛得夠快，只要飛機能直航，大約六小時便可運載幾噸重的郵件橫越大西洋。

八十年風水輪轉，如今很難認為噴射引擎是獨出心裁的構想。然而，噴射引擎並非

---

❽譯注：人類在鐵器時代開始用「鐵」打造各類器具或武器。在人類文明的發展上，這個時代可謂重要的里程碑。

❾正如預料，戰前政府科技部門的大老爺們不看好惠特爾的構想：名叫哈里．溫佩里斯（Harry Wimperis）的人曾經唱反調。他語帶譏諷，向一位「動力噴射」的投資者說道：「許多人曾推動燃氣渦輪計畫，結果鎩羽而歸。我想你也會吃足苦頭。」話雖如此，溫佩里斯的上司亨利．蒂澤德（Henry Tizard）卻鼎力支持惠特爾，而這位傳奇人物的意見最終占了上風。蒂澤德和溫佩里斯後來共同發明了雷達。溫佩里斯質疑過噴射推進計畫，只是暫時行為異常而已：他其實心胸開闊，曾經獲頒劍橋的惠特沃思獎學金（Whitworth Scholarship）。這筆獎學金是以早先一百年前追求精密度的維多利亞時期偉大工程師約瑟夫．惠特沃思來命名。

❿惠特爾在幾年之前向ＢＴＨ推銷構想，卻碰到釘子。如今有人願意出資，ＢＴＨ便被說服去打造引擎原型。

突發奇想的運輸方法，乃是精心策劃、深思熟慮與審慎評估的嶄新推進方式。這是參考標準的精密模式，將其從純機械世界轉換到航空領域的時刻（發明或人物）。即將問世的噴射引擎美不勝收；有人或許會說，人類發明這種裝置而破壞了世界，但無論今昔，噴氣引擎都優雅完美，任何現代發明皆無法比擬。

渦輪引擎的基本原理早已確立，廠商（不僅BTH，也包括全球各地的製造商）也不斷製造渦輪。燃氣渦輪已經替船舶提供動力、用來發電和讓工廠運轉。這種機械的基本原理很簡單，因此非常吸引人。空氣先從前端的洞穴狀入口被吸入引擎，接著立即被壓縮，並且在此過程中變熱，然後與油料混合，最後被點燃。

產生的熾熱、高壓和受控的空氣會爆炸，進而推動渦輪，讓渦輪轉動葉片，接著執行兩種功能。渦輪會利用部分的動力去驅動前面提到的壓縮機，讓壓縮機吸入並擠壓空氣，但它會留存大部分的動力，因此能夠做其他事情，比如轉動船的螺旋槳、轉動發電機、轉動火車機車頭的輪子，或者替工廠的一千台機器提供動力，讓這些機器不停運轉。混合空氣和油料後產生的化學能（chemical energy）就被轉化成機械能（mechanical energy）。驅動船舶或工廠只需要機械能，如果機械能被用來驅動發電機，又是另一種層次的能量轉換，亦即將機械能轉化為電能（electrical energy）。

惠特爾只想將化學能轉化為機械能。對他來說，發電只是次要的。然而，他希望不只用機械能去旋轉（機器的）軸。他想用它來產生噴射氣流，甚至希望打造的裝置能夠將化學能轉換成這種噴射氣流，而且裝置要夠輕，以便裝載於飛機上，也要有夠高的效率，以便製造商用的噴射引擎。這就表示引擎零件必須精心製造，遵循嚴苛的標準生產，方能在最惡劣的環境運轉。從一九三六年起，「動力噴射」與BTH便在做這件事，但礙於技術要求極高，非常難以落實，而且希特勒當時虎視眈眈，亟欲併吞各國。

處理高溫可能是最棘手的問題。如果只用過爐子或鍋爐設備，根本難以想像引擎的燃燒室（combustion chamber）會飆到何種高溫。軸承也是個問題，因為沒有人發明過可以在噴射引擎跳動心臟的高溫、高壓下能夠運作的軸承。BTH必須進行各種實驗（測試各種溫度下的火焰；測試軸承，直到它達到斷裂點〔breaking point〕；製造滾滾煙霧和生成一大片危險的油料，並且隨時引發爆炸），無人會說明過程，因為所有實驗都被列為最高機密。

不說或許也好，因為完成的引擎首度試轉時幾乎釀成災難。試車時間是一九三七年四月，地點選在英格蘭中部地區的拉格比（Rugby）鎮外，測試人員已經準備處理災難。如果渦輪斷裂，碎片會從引擎射飛出去，有可能會致人於死。試車前幾週發生了一場事故，一具傳統渦輪爆炸，將紅熱的金屬片拋到兩哩之外，途中導致數人死亡。因此，測試引擎被安置於一輛卡車上（起動馬達重達數噸，必須拆下車輪），並用三塊一吋厚的鋼板遮蓋引擎。引擎的噴射管從一個窗口繞出去，而起動馬達的控制器就置於離好幾碼的地方。惠特爾用手發信號，向勇敢或瞎冒險的裝配工下達命令。

惠特爾是經驗豐富的試飛員，但寫報告時並不冷靜，用字也不簡潔：

> 我打開燃油泵。其中一個測試者就銜接起動聯結器（starter coupling，只要引擎主轉子的轉速超過起動馬達的轉速，起動聯結器就會立即脫開）。我做出手勢，向操作起動器控制面板的人發出信號。
>
> 起動馬達開始運轉。當速度達到約一〇〇〇rpm時，我打開控制閥（ontrol valve），讓油料進入燃燒室的引燃器（pilot burner），並且馬上轉動手轉磁電機的手柄，以便點燃引燃器噴出的油料霧氣。一名觀察員透過燃燒室的石英窗向內窺視。他「豎起拇指」，給我比了個信號，告訴我起火焰（pilot flame）沒問題。
>
> 我發出信號，要增加起動馬達的轉速。當轉速計（tachometer）顯示二〇〇〇rpm時，我打開了主油料控制閥。
>
> 過了一兩秒鐘，引擎轉速緩慢增加，然後，引擎像空襲警報器一樣發出尖銳聲，轉速迅速上升，燃燒室外殼立即出現好幾片紅透的區塊。引擎顯然失控了。BTH的工人都知道出了狀況，個個朝著工廠四散狂奔。附近有個大型蒸汽機的排氣罩，有些人

就躲在裡頭避難。

我立即拴緊螺栓來關閉控制閥，但是沒有效，引擎轉速仍繼續上升。幸好轉速大約停在八〇〇〇rpm，接著就緩緩下降。這起意外當然讓我神經緊繃。我很少這麼害怕。

隔天又發生同樣的意外：噴射管（jet pipe）噴出火焰；燃燒室內紅燙金屬點燃接頭洩漏的燃油蒸汽；火焰在半空中搖曳；ＢＴＨ的工人逃竄得「更快」。

然而，惠特爾說道：他在當地一家旅館喝了幾杯紅酒舒緩身心之後，認為出事原因很簡單，有信心可以解決內燃機的問題。但是他過於樂觀，一九三七年夏天一次接一次的測試，各種狀況頻傳，似乎得重新設計引擎，不過錢即將用盡，惠特爾幾乎陷入歇斯底里，計畫眼看將要失敗。由於測試非常危險，ＢＴＨ更要求後續測試必須在離它工廠七哩外的場地進行以策安全。那是路德維斯（Lutterworth）鎮附近的一間廢棄鑄造廠。

就在此時，這項計畫起死回生。空軍部決定挹注一筆為數不多的經費，主要是因為亨利．蒂澤德撰文盛讚惠特爾的天才發明。由於蒂澤德廣受尊重，他的報告受到政府最高層採納。ＢＴＨ也投入一些資金，而重新設計的引擎在一九三八年四月開始進行測試。首度試運轉時，一條清潔抹布被壓縮機風扇吸入發動機，測試被迫停止。到了五月，引擎在測試時達到一三〇〇〇rpm的轉速，但有九個渦輪葉片破碎，從轉盤脫落後射穿引擎。測試被迫立即終止，而且損失慘重。工程師花了四個多月才重新造好發動機，但這回不只建一個燃燒室，而是造了十個。這些燃燒室像絕緣枕一樣包覆渦輪轉子，使發動機看起來沉穩實在且形式對稱；諷刺的是，這就有點類似噴射引擎要取代的輻射狀活塞引擎。

這具引擎終於能用了。一九三九年六月三十日，離二戰爆發不到十個星期，一名空軍部官員前往路德維斯檢查這具發動機，親眼看見它以一六〇〇〇rpm的轉速穩定運轉了二十八分鐘。他後來做了一項至關重要的決定。批准惠特爾的設計可用於製造飛機引擎；不久之後，格羅斯特飛機公司（Gloster Aircraft Company）[11]接到命令，要生產一架由這具引擎推動的實驗飛機。要生產的引擎名為W1X；要打造的飛機稱為「格羅斯特E28/39」（Gloster E28/39）。

格羅斯特的技術總監喬治．卡特（George Carter）為人嚴肅，喜愛抽菸斗，負責設計這架新飛機。空軍部希望它既是實驗飛機，又能當作戰機，因此必須能裝載四把機槍並裝滿子彈。但是卡特認為，飛機應該小而輕，重量不超過一噸。他最終獲得英國政府同意，起先設計的兩架原型機不必裝載武器。他們在一九四〇年開始建造飛機，當時戰爭已全面爆發，納粹空軍（Luftwaffe）不斷猛烈轟炸英國城市。格羅斯特眼見主要基地的工廠和機場過於醒目，便將這個高度機密的計畫移到赤爾登罕（Cheltenham）市附近的一間廢棄汽車展示廳「麗晶車庫」（Regent Garage）。只有一名武裝警察在外頭守衛，一小群工匠在裡頭努力打造飛機。沒有人（應該說沒有德國人）知道這件事。

值得一提的是，英國還在打造第一架噴射飛機時，德國早已在戰爭爆發前一週，亦即一九三九年八月二十七日，測試了一架渦輪噴射引擎推動的飛機。這架戰機是「亨克爾He178」（Heinkel He178），它的引擎是根據漢斯．馮．奧海恩在一九三三年的設計來製造，本書前面提過這點。然而，德國政府對這種飛機不感興趣，嫌它飛得慢，只能纏鬥幾分鐘。（偉大的德國飛機設計師威利．梅塞施密特〔Willy Messerschmitt〕向希特勒本人提出建議），指出噴射機會耗費太多油料，柏林當局最後聽從了這項建議。嚴格說來，亨克爾自行出資和發展了第一架噴射戰機，但卻以失敗收場。

一九四一年初春，英國的計畫揭開了神祕面紗。出廠的是一架可愛的小飛機，構造簡單，光滑粗短，像個玩具，機鼻有嘴巴狀的一呎寬進氣孔，而且沒有螺旋槳！噴射管緊貼尾翼下方，有一對機翼和設置拉門的駕駛艙，沒有多餘構件。起落架很短且可伸

⓫ 這間公司在一九一七年創立時取名為格洛斯特夏爾飛機股份有限公司（Gloucestershire Aircraft Company Limited），但後來更名為格羅斯特，因為許多外國客戶抱怨原先名稱太難唸。

縮，因為不必讓飛機高聳於跑道來避免螺旋槳旋轉時撞擊地面。簡而言之，「格羅斯特E28/39」（政府訂單號為二十八；出廠年分是一九三九年）崇尚簡單，外觀簡練，設計簡潔，材料成本低廉。

飛機在惠特爾造好引擎之前數個月便完工，因為引擎仍須微調來解決許多問題。整具引擎曾有一段時間安裝於一架大型威靈頓轟炸機（Wellington bomber）的尾翼內（進氣口取代砲塔〔gun turret〕），以便檢視它在高空的性能，結果引擎運轉非常順暢，從轟炸機拆卸之後，就用卡車運送到格羅斯特公司位於科茲窩丘陵（Cotswolds）⓬布羅克沃夫（Brockworth）村莊附近的試驗機場；這個村莊因每年盛夏舉辦的「滾起司大賽」（cheese-rolling contest）而聞名，這個競賽就是讓喝醉的當地人追逐一個轟隆滾下山丘的圓形大起司。引擎終於在試驗機場裝進喬治・卡特設計的小飛機：引擎直接置於飛行員後面，油箱夾在引擎和飛行員的背部之間。

跟滾落山丘的起司不同，這架飛機在首度測試時是要牢牢待在地面，主要是為了檢視飛機的滑行狀況。然而，由於節流控制（throttle control）非常平順，試飛員格里・塞耶（Gerry Sayer）無法穩穩操控飛機。飛機沿著跑道前行，幾乎毫無震動的引擎全開之後，飛機便猛然起飛兩次，每次都飛了一百呎，嚇到在場的每個人。一位站在斯特林轟炸機（Stirling bomber）機翼的美國工程師看到這架無螺旋槳飛機在跑道上轟隆咆哮且突然起飛（雖然只持續幾秒），差點跌落到地面。有人要他別信眼見的景象。隨處都可能潛藏德國特務。

最後，政府決定將這架飛機（當時的半官方稱號為「先鋒」〔Pioneer〕，這個名稱更有歷史意義，卻沒有流傳下來）送到克蘭威爾機場，而機場就在惠特爾就讀過的空軍學校。當地的地勢較為平坦（較少可滾起司的山丘），人口也更少，首度試飛的機密也比較不容易外洩。

英國天氣詭譎難測，似乎將阻礙一切。在試飛當天，亦即一九四一年五月十五日，黎明時多雲且寒冷。惠特爾前往引擎裝配廠去處理空軍選定的下一代引擎，這種新引擎將安裝到「格羅斯特流星戰鬥機」（Gloster Meteor fighter）。[13]惠特爾一直看著陰沉的天空，最終出現了片片的藍天，正如俗語所言，多到「可替水手縫製褲子」（to mend a sailor's trousers）。[14]他知道傍晚就會轉晴，於是開車飛快返回克蘭威爾。

他剛好趕上試飛。正如他所預料，格里．塞耶已經將飛機開到東西向的漫長跑道。

---

[12] 譯注：英格蘭西南部的廣闊丘陵地帶。

[13] 譯注：英國首架噴射戰鬥機，也是盟軍在二戰期間第一架有實戰紀錄的戰機。

[14] 譯注：這是航海諺語，水手穿著藍色褲子，天際露出這麼多藍天，表示陰天將轉晴。

惠特爾氣喘吁吁，跟著「動力噴射」的同事搭車前往標示跑道半途的地方等待，要見識塞耶將強悍的小飛機轉變成呼嘯而過的寒冷西風。

塞耶預估機速會很快，因此鎖緊了座艙罩。他調整機身的俯仰角度，讓機鼻略微向下並收回襟翼（flap）。然後，他踩著煞車讓引擎加速（spool up the engine）。當引擎開始呼嘯，飛機不斷抵撞煞車時，他便放開煞車，讓飛機往前狂飆，向著慘淡的太陽加速飛奔。當時是晚上七點四十分。黃昏漸深。惠特爾握緊雙拳，緊張看著。

穩定加速約五百碼之後，引擎已經咆哮起來，噴射管也噴出火焰，塞耶便拉回操縱桿。此時，機翼處於規範狀態，呼嘯的引擎也順暢產生五百匹馬力，這架無螺旋槳的小飛機便靜悄悄地起飛，輕鬆衝上傍晚的天際。幾秒鐘之後，「先鋒」已經位於一千呎高空，地面人群看到塞耶用液壓儲壓器（hydraulic accumulator）收回起落架。飛機當時排放一股微弱的黑煙，頃刻之間就像一顆光滑子彈，衝入雲層消失無蹤，雲朵隨後密合，絲毫不見縫隙。

惠特爾和同事只聽到引擎的咆哮聲。發出聲響的是一具噴氣引擎。這是首度結合精確設計的壓縮機葉片、渦輪葉片、熱噴射油料與牛頓第三定律的發明，讓飛機翱翔於英格蘭天際，同時也是全球第一具政府支持研發的噴射引擎。在後續的幾分鐘裡，可能看不到任何東西，只能看見上方雲層，但地上的人從飛機響聲的音色、音量與方向，便知塞耶正駕著小飛機盡情翱翔，這雖是典型的老派戰機試飛，卻正式開啟了噴射時代（Jet Age）。

大約十五分鐘之後，惠特爾和同事聽到東方響聲漸起。他們看見飛機在低沉的夕陽下閃閃發光並準備降落。他們看到起落架放下了；襟翼和擾流板也被放下。飛機逐漸減速，進入滑行路徑，降到被雨淋濕跑道上方不到十呎處，移動得緩慢穩定，彷彿在盤旋。此時，塞耶切斷了動力，飛機便進入最後幾秒的試飛航段，隨即輕輕落在中心線上，機輪在機體重壓下彈跳不已。然後，塞耶將飛機轉向等待的車輛並停了下來，最後關閉油門，讓引擎熄火。

一切安靜無聲：只聽到塔台殘餘的微弱無線電嘰喳聲響，以及機身金屬冷卻時發出的吱吱聲（當晚冷颼颼，引擎零件卻很溫暖），微風吹起時，機場草皮也會發出沙沙聲。突然之間，響起一陣狂奔的腳步聲。

有人朝著飛機奔跑。法蘭克．惠特爾十三年前憑空想出噴射引擎，爾後長期奮戰才製造出引擎，喬治．卡特則設計了這架翱翔天際且必將載入史冊的小飛機，兩人不經思考便跑過飛機滑行道，一起奔向塞耶，向他握手慶賀，彼此如釋重負。那時是一九四一年春天。新時代已經開啟。

然而，資訊部（Ministry of Information）攝影組沒派人記錄，現場也沒有記者或英國廣播公司（BBC）的人員，更沒有攝影師，只有一位業餘攝影愛好者拍攝了一張模糊相片。在相片中，惠特爾咧嘴笑著，走到駕駛艙旁邊表達祝賀和謝意。

這個新時代一直被隱埋，幾乎無人知曉，直到兩年零八個月之後，亦即一九四四年的新年，政府才向民眾宣告這項新發明。《泰晤士報》在第四頁如此報導：「噴射推進飛機。英國成功的發明：歷經多年實驗，英國現在擁有以革命性動力裝置驅動的戰鬥機。這具動力裝置完美無瑕，象徵航空史上最偉大的進展。這種新系統稱噴射推進，不需要傳統發動機和空氣螺旋槳（air-screw）。」

有四個段落提到了法蘭克．惠特爾，文中指稱美國政府在首次試飛成功之後的幾週內（一九四一年七月）便獲悉消息。然而，掏腰包繳稅的英國民眾卻被蒙在鼓裡。美國百姓也不例外，他們也是在同一天，亦即一九四四年一月六日，才聽到新發動機的消息。

惠特爾起初受勳（英王喬治六世〔King George VI〕授予他騎士頭銜〔knighthood〕），頗受人尊敬，但戰後並未像人們認為的在英格蘭過著愜意的生活。「動力噴射」被收歸國有，身為首席工程師的惠特爾遭受排擠，被人放牛吃草。他只好四處旅行、演講和寫書，並且特別高興獲選為皇家學會（Royal Society）的會員。他獲得獎賞，其中的最高獎金約有五十萬美元，而他非常慷慨，把獎金與德國發明家漢斯・馮・奧海恩平分，因為奧海恩設計的亨克爾戰機是真正率先使用渦輪噴射引擎驅動的飛機。惠特爾經常發言支持要建造超音速客機，遠在協和式客機（Concorde）還沒籌劃設計之前，他就針對這點纏著政府官員，但沒人願意聽取他的意見。到了一九七六年，惠特爾的婚姻觸礁。他決定移居美國，在華盛頓特區的郊區度過餘生。

惠特爾偶爾會被請回英國。一九八六年，他獲得伊麗莎白女王頒發「功績勳章」（Order of Merit）；一九八七年，他先前的引擎製造公司成立五十週年，有人又小題大作，敦促他回國慶賀；爾後，他返抵倫敦，接著登上兒子伊恩・惠特爾（Ian Whittle）駕駛的國泰航空波音七四七客機，愉快地直飛香港。

這趟旅程頗令他難忘。啟德機場（Kai Tak Airport）是當年英國殖民地唯一的民用機場，多數入境航班必須在降落前最後一刻驚險變換航線才能安全著陸。根據進入航道的常規指示，飛機必須從西側進入香港領空，然後迅速降低高度，直接朝著塗在山壁的巨大醒目紅白方格飛行。當飛機離山壁只有一哩遠，不到二十秒便會撞山時，機師必須立即朝右轉三十七・七度。只要操控得當，便可直接低空降落啟德機場的十三號跑道。

如果事先不知飛機將大轉彎，可能會受到驚嚇。惠特爾一直在駕駛艙內平靜地坐在兒子後頭，以為飛機將依照慣例著陸。不料飛機迅速轉頭，有數秒的時間似乎要墜毀，惠特爾被嚇了一跳。然而，經驗豐富的機師總能精準計時且完美執行這種最奇特的東方降落方式（包括他兒子當天的著陸表現）。幾分鐘之後，飛機順利降落，跟往常一樣精準無誤。

當天的飛機由四具勞斯萊斯噴射引擎提供動力，[15]憑藉這些機具大轉彎之後順利著陸。勞斯萊斯噴射引擎是從勞斯萊斯汽車引擎轉變而來，但是馬力更為強大，專供大型飛機使用。然而，隔了將近四分之一世紀之後，這種引擎卻在印尼上空出差錯。三年之後，澳洲發布官方事故報告，在某種程度上指出製造高功率、高性能的現代噴射引擎時面臨的嚴峻技術問題和挑戰。

現代噴射引擎是最複雜的機具，但是如果趨前仔細檢查，不會認為如此。引擎罩非常乾淨光滑；開口處的風扇葉片優雅地緩慢旋轉；引擎即便全速運轉，也會發出渾厚和諧的聲響，讓人誤以為引擎內部構造極為簡單。其實，一旦打開引擎罩，內部機件錯綜複雜，猶如迷宮，各類風扇、導管、轉子、圓盤、管子、感應器和纏頭結式（Turk's head）的電線交相錯雜。各種金屬物件擠成一堆，幾乎彼此干擾，金屬構件只要一移動，應該會擊打、切斷或支解別的金屬構件。然而，噴射引擎確實能運轉順暢，每個構件都精心規劃，足以在最惡劣嚴苛的環境中一次又一次運作無誤。最嚴苛惡劣的環境，莫過於渦輪的高壓區，而渦輪是轉動最快且最滑順的機件；然而，從引擎罩（噴射引擎看似最平實的部分）望去，根本看不見任何移動物件（比如風扇），也感受不到任何震動或聽不見任何聲響（好比炙熱的廢氣）。

現代噴射引擎有許多葉片，尺寸繁多，不一而足，會以不同方式旋轉去執行各種任務，將數百噸的飛機推上天際。然而，高壓渦輪的葉片代表工程界最神奇的成就，主要因為渦輪葉片會以令人難以置信的速度旋轉，每扇葉片運轉到最高速時，會跟一級方程式賽車引擎提供相等的動力，而這些葉片是在高熱的氣體渦流中運轉，渦流溫度極高，超過製造葉片金屬的熔點。為什麼葉片不會熔化？為什麼它們不會解體、摧毀發動機以及殺死靠著葉片產生的動力而浮在高空的乘客？乍看之下，這種情況根本違反直覺：根據基本的物理定律，堅硬的金屬達到熔點時會變軟而熔化成液態，但渦輪葉片為何能持續運轉？如何避免金屬熔化，乃是現代引擎順利運轉的關鍵。

⓯ 勞斯萊斯推出首款汽車之後不到十年，便在一九一五年開始製造飛機引擎。這家公司分別在一九四六年和一九五〇年代初期涉足噴射引擎的領域。勞斯萊斯阿文（Avon）引擎曾用來驅動英國皇家空軍的坎培拉轟炸機（Canberra bomber），以及英國海外航空公司（British Overseas Airways Corporation，簡稱BOAC）時運不濟的彗星（Comet）噴射客機。儘管一路跌跌撞撞，包括面臨破產和被國有化（後來又重新私有化），勞斯萊斯公司依舊製造了一個世紀以上的航空發動機，目前仍是製造噴射引擎的大廠，迄今生產了大約五萬具飛機引擎。

只要對渦輪葉片執行極為精密的機械處理，使其能在飛航期間和引擎全速運轉之際可隨時降溫，藉此抵擋高溫即可。這種機械處理包括：在每扇葉片上鑽出數百個微小孔洞，同時在每扇葉片內部建構縱橫交錯的冷卻通道，每條通道非常細微，公差也極小，幾年以前都很難想像能做到這般精密。

正是出於商機，才促成了前述成果。噴氣引擎製造商曾祕密替「黑暗界」工作，替轟炸機和隱形戰鬥機及類似戰機開發技術，這些廠商雖然也做出了貢獻，但尚未得到承認，飛機製造商依舊不能談論他們的作為。在一九五〇年代，活塞式引擎驅動的飛機逐漸淡出世界的主要天際，而且一旦最初用於軍事的噴氣引擎被重新設計，讓長途高速運輸乘客和貨物產生經濟效益，各方便著手提升渦輪葉片的效率。維克斯子爵（Viscount）、彗星、圖波列夫Tu-104（Tupolev Tu-104）、康維爾880（Convair 880）、卡拉維爾（Caravelle）和道格拉斯DC-8（Douglas DC-8）之類的客機開始翱翔天際，而且從一九五八年起，最著名的窄體（narrow-bodied）[16]噴射客機波音707（Boeing 707）也加入行列。這些客機搭載的引擎（哈維蘭幽靈式噴氣式發動機〔De Havilland Ghost〕；美國普萊特和惠特尼〔Pratt and Whitney〕的JT3C和JT3D發動機；勞斯萊斯的阿文、斯貝〔Spey〕和康威〔Conway〕發動機；以及鮮為人知的米庫林AM-3〔Mikulin AM-3〕渦輪噴射發動機，這款發動機安裝於蘇聯建造的兩百架圖波列夫Tu-104民航機）都是當年最先進的高精密度機具。

按照現今的標準，這些老式發動機很簡陋、嘈雜、耗油、動力不足且效率低落。然而，自一九七〇年代起，愈來愈多飛機需要以愈來愈高的速度飛越愈來愈遠的距離，這一切便開始發生變化。日漸增多的乘客和飽受壓力的航空公司會計要求更大且更有經濟效益的寬體噴射客機。為了替這種大型民航機提供必要的推力，也為了回應二十世紀下半葉日益高漲的環保意識，要能有效安靜地產生推力，新的噴射引擎必須碩大無比且產生驚人的強大馬力。引擎必須壓縮吸入的空氣（每秒吸入一噸的空氣），使空氣承受難以想像的巨大壓力；引擎需要在超出想像的高溫下燃燒油料；引擎也得在內部引發熊熊烈火，掀起騷亂漩渦，考驗裡頭旋轉猛衝的每個金屬物件的每一個分子。

這就是勞斯萊斯公司內部「葉片冷卻研究小組」（Blade Cooling Research Group，成立於一九七〇年代初期）要處理的難題。這個小組的任務非常簡單：不要讓高壓渦輪葉片熔化，以便能製造可提供任何動力的噴射引擎。渦輪機學（turbinology）⓱的原理很簡

⓰譯注：噴射民航客機分為兩大類：寬體客機和窄體客機。窄體客機的機身直徑為四公尺以下，搭乘人數通常為兩百人，只配置一條走道。

⓱譯注：由turbine（渦輪機）加ology（學科）組成的新字。

單：引擎愈熱，可用壓力愈大，噴射速度愈快。換句話說，發動機愈熱，飛機飛愈快。

話雖如此，引擎愈熱，渦輪葉片面臨的問題就愈嚴重。你可能認為渦輪葉片的第一項任務是驅動壓縮機，實則不然，這是渦輪葉片的第二項任務。它的第一項任務是存活下來。

惠特爾設計的引擎以及根據他的發明製造的軍用噴射機都很成功（還有維克斯子爵〔Vickers Viscount〕民航客機使用的渦輪噴射引擎，以及全球第一架商用噴氣式客機彗星號搭載的純噴射引擎）。對這些飛機引擎而言，不讓渦輪葉片熔化並非是個大問題。

當然，渦輪葉片是至關重要的組成元件。惠特爾用鋼來打造第一批葉片，使得早期原型機的性能受限，因為鋼大約在攝氏五百度以上的高溫時會喪失結構完整性（structural integrity）。[18]但是人們很快就發現合金，輕易解決了這個問題。此後，這類新金屬化合物製成的渦輪葉片都能承受早期發動機產生的高熱。劇烈的炙熱氣體漩渦圍繞著葉片旋轉，而葉片被塑造成能夠抵擋高熱且能從中提取能量。渦輪每分鐘旋轉數百圈，固定於葉盤上才能承受旋轉帶來的極大壓力。熱壓縮空氣和燃料（惠特爾的第一間實驗室使用汽油，後來改用煤油〔kerosene〕）會觸發化學反應，向葉片輸出能量，而葉片有特殊的形狀，能以極高效率提取這些能量。然而，葉片並不會熔化，因為它們受熱溫度約為攝氏一千度，而且以特殊鎳鉻鈦合金（Nimonic）製造，在攝氏一千四百度的高溫之下依舊堅硬如昔。熱氣高溫與葉片熔點仍有一段差距，但這種情況在一九六〇和七〇年代時改變了。兩者差距逐漸縮小，不久便相差無幾。

新一代引擎必須將燃燒室噴出的燃氣混合物加熱到大約攝氏一千六百度，但當時最好的合金在攝氏一千四百五十五度左右便會熔化。超過熔點之後，葉片金屬會失去強度而變軟，甚至在更低的溫度下變形和膨脹。早期研究人員其實認為，除非有人能想出如何替葉片散熱，在攝氏一千三百度以上的高溫長時間錘打葉片太過困難，而且有風險。

十幾名勞斯萊斯工程師組成的團隊立即想出了解決方法。他們認為，可以運用高精密度加工，搭配強大電腦的運算能力來產生一層超薄的冷空氣膜。葉片在引擎內旋轉時，氣膜會包覆每個葉片，保護葉片不受如地獄般高熱的侵襲。氣膜必須不到一公釐厚，如果能在葉片旋轉時保持完整，包覆的葉片也能不受損害。

然而，在噴射引擎內部該從何處獲取冷空氣？冷空氣來源顯而易見，眾人卻一時沒想到。幾經思考和實驗之後，工程師發現引擎前方風扇吸入的大量空氣可直接當作冷空氣。多數吸入的空氣會繞過引擎（原因為何，本章礙於篇幅，無法討論），但也有許多空氣會穿越排列複雜萬分的風扇葉片，有些葉片會旋轉，有些則被螺栓固定而靜止不

⑱譯注：亦即無法維持強度和形狀。

動，這些葉片組成了噴射引擎較為低溫的前端，能將空氣壓縮多達五十次。風扇每秒會吸入一噸空氣，而在正常情況下，這些空氣可填滿一間壁球場的空間，但會被壓縮到可以裝入大行李箱。此時，空氣變得密實且高熱，準備大顯身手。

這些壓縮空氣幾乎全部會被直接導入燃燒室，先與噴發的煤油混合，然後由一排「電子火柴」（比喻用法）[19]點燃，爆炸之後衝向旋轉的渦輪葉片。這些炙熱空氣會率先衝擊渦輪葉片（現代的噴射引擎有九十多扇葉片，連接在高速旋轉的葉盤外側），然後穿越其他的渦輪構件，最後與風扇吸入卻繞過引擎的冷空氣結合，從引擎後方急速湧出，將飛機往前推送。

「幾乎全部」是關鍵。勞斯萊斯工程師發現，其實可以不將某些冷空氣導入燃燒室，而是將其送到固定葉片的葉盤管子，從中將空氣導入葉片內加工製成的冷卻通道網絡。葉片此時充滿了冷空氣；此處所謂冷，只是相對概念而已，單單壓縮空氣，便會讓空氣炙熱起來，飆至攝氏六百五十度左右。然而，這個溫度仍然比壓縮空氣與燃油在燃燒室相混合之後的溫度低上攝氏一千度。為了善用這種冷空氣，葉片表面會鑽鑿出許多極為細小的孔洞。孔洞是以極高的精密度悉心鑽鑿，布局排列是透過電腦運算來決定，而且每個孔洞剛好穿透葉片合金，恰恰連到充滿冷空氣的冷卻通道；因此，通道內的冷空氣會立即逸出、滲出、流出或向外衝出，散布到閃閃發光的灼熱葉片表面。

假使數學運算正確無誤（強大的電腦運算在此扮演至關重要的角色，而從一九六〇年代起，人們便可用電腦執行運算），並且正確安排所有微小孔洞的位置（有些孔洞位於葉片前緣，有些則在葉片肥胖的小型軀體上，有些則沿著後緣分布），冷空氣便會形成一層極薄的薄膜，較為寒冷的薄膜猶如銀色絕緣套，會包覆旋轉葉片的表面。燃燒室點燃空氣與燃油混合物之後，炙熱的混合物會爆衝，而正是仰賴前述的機制，葉片才能承受迎面而來的高溫。[20]

只要看過這種噴氣引擎渦輪葉片、稍微了解如何製造葉片，以及目睹其極致的製造工藝猶如頂級的勞斯萊斯房車，便可能會說：八十年前的「銀魂」展現諸多完美特質，

---

[19] 譯注：應指磁電機。

[20] 在一九六〇年代後期，率先運用這種葉片冷卻技術的勞斯萊斯引擎是RB211，不料開發成本過高，該公司因此破產，被英國政府收歸國有長達七年。早期的問題之一是使用碳纖維葉片作為主要的外部風扇。根據規定，這些風扇必須能夠承受鳥擊（bird strike）。測試人員用大砲向旋轉的風扇發射一隻五磅的雞，結果風扇立即裂成數千個碎片，令人氣餒。這些葉片最終被鈦（titanium）製壓縮機葉片取代，但這樣既耗工又花錢，迫使勞斯萊斯公司一度難以營運下去。然而，RB211發動機確實優於主要的美國競爭機種，亦即早期大型噴射飛機使用的普萊特和惠特尼JT9D發動機（Pratt and Whitney JT9D）。根據美國太空總署（NASA）的數據，在一九七〇年代，飛機每次飛越大西洋，都會有一具JT9D引擎停機；相較之下，飛機每飛十次，才會有一具RB211引擎故障。幸好飛機配置四具引擎，否則後果不堪想像，不過乘客都被蒙在鼓裡。

這些特質如今被承襲下來，製造更好的飛機引擎。每扇勞斯萊斯鎳合金葉片（重量不到一磅，結構大部分是空心，但是非常堅硬，可輕易握於手掌，而且如今基本上也是以手工打造）都是在英格蘭北部羅賽罕（Rotherham）附近的極機密工廠鑄造。除了數百個微小孔洞的複雜幾何形式，葉片最受專利保護且具備商業機密的層面，就是它們是用單晶鎳合金製成，令人難以置信。因此，葉片非常堅硬，但不得不如此，因為葉片會置身高溫旋風中，受到強大的離心力撕裂，力道相當於雙層倫敦巴士的重量，大約為十八噸。

然而，此處隱含一種反諷，讓人感到愉快。誠如各位所知，製造渦輪葉片需要符合最高的精密度並使用電腦運算，但仍須仰賴一種最古老的工藝。古代希臘人知道「脫蠟法」（lost-wax method），對於精密度的概念卻完全陌生。[21]特地使用「脫蠟法」是要在葉片內構築冷卻通道。如同雅典時代，先讓蠟融化（流出），隨即才將熔融合金澆注到陶瓷模具，此時模具少了蠟質，便充滿讓冷空氣流通的空隙網絡。

製造過程漫長而繁瑣，此時要建構葉片的單晶結構，而這是勞斯萊斯公司最嚴格保守的祕密。基本上，熔融金屬（鎳、鋁、鉻、鉭、鈦和其他五種稀土元素的合金，但勞斯萊斯不願透露有哪些稀土元素）被澆注到模具，模具底部有一條奇特的三拐彎小管子。英國幽默小說家佩勒姆．格倫維爾．伍德豪斯（P. G. Wodehouse）筆下人物艾姆斯華斯勳爵（Lord Emsworth）愛戀名叫「布蘭丁皇后」（Empress of Blandings）的虛構豬，前面的小管子就像這頭豬的尾巴。這條「豬尾巴」連接到用水冷卻的板子，一旦模具填滿液態金屬之後，整組物件就被緩慢從爐中取出，同時讓金屬緩慢固化。

「豬尾巴」冷卻端的金屬會先固化，但因為模具在此處拐彎扭曲，只有生長最快的晶體，以及那些分子以所謂「面心立方排列／晶格」（face-centered cubic arrangement）分布的晶體（原因過於複雜，唯有研讀冶金學〔metallurgy〕而明瞭箇中奧祕的學生可以解釋清楚）才能順利成長。藉由神奇的冶金技術，整扇葉片會由順沿「豬尾巴」生長的單一晶體建構起來，所有分子最終會均勻排列。換句話說，葉片已是單晶金屬，抵抗能力大幅提升，不受經常困擾金屬物件的物理問題所影響。葉片非常堅硬，但不得不如此，因為它終其一生將飽受強大離心力折磨。

此時已經造好單晶葉片，只剩下該溶解殘留其核心的物質，然後運用稱為「放電加工」（electrical discharge machining，俗稱ＥＤＭ）的技術鑽鑿出數百個小孔，使孔洞連到冷卻通道。進行「放電加工」時，只使用一條電線和放電裝置（spark），兩者都很小，整個過程由電腦引導，而且工人會用顯微鏡隨程檢查。

㉑ 第一章提過「安提基特拉機械」，或許打造這個機械的藝匠屬於例外。它看似高精密度儀器，其實根本不準確。然而，這部機械是在兩千年以前問世，也許不該苛責製造的工匠。

圖中是勞斯萊斯特倫特引擎，雙層超大型噴射客機A380空中巴士搭載四具這款發動機。現代噴射引擎複雜萬分，能活動的元件卻只有一個，就是貫穿整具引擎（從風扇到排氣口）的轉子。

然而，此時會有重要的時刻悄悄出現。

長久以來，工人製造高壓渦輪葉片時都得集中精神、專心一志。這些男男女女累積了數十年經驗，手眼十分協調，且勤奮練習多年，身手也極為靈活。這些「刀鋒戰士」（blade runner）鑽研多年，深知如何操作複雜且奇特的冷卻孔鑽鑿機，而他們也知道，引擎愈複雜，每扇葉片的各種表面所需鑽鑿的孔洞便愈多：勞斯萊斯特倫特XWB發動機大約有六百個孔洞，以令人眼花撩亂的形狀排列，以確保葉片能夠保持堅硬且盡量維持低溫。

飛機引擎在飛行時不會自毀，機上乘客和機組成員才能保住性命。空難很少發生，通常是人造引擎葉片無法維繫自身完整性時才會釀出災難。葉片非常重要，這點毫無疑問。技術高超的技工會測量、計算和檢查鑽鑿的冷卻孔洞，而值得一提的是，葉片能否保持完整（不熔化），端視這些孔洞呈現何種幾何形狀。製造噴射引擎時不能犯一丁點錯誤，絕不容許有任何誤差，因為鑽鑿的孔洞一旦出錯，便會瞬間釀成災難。

由於深刻體認人命關天，乘客是死是活，端賴葉片是否完美，這個產業便踏入關鍵時刻，迎來一項重要的發展——這或許是史上頭一遭，提出精密概念的眾先鋒，諸如約翰·威爾金森、約瑟夫·布拉馬、亨利·莫茲利和約瑟夫·惠特沃思等工程師，甚至連亨利·萊斯本人都始料未及。從這個領域開始，工藝要求已極為嚴苛，人類首度無法滿足現代機械所需的精密度。

截至目前為止，各種生產過程（無論是製造汽缸、鎖具、槍枝或汽車，或者鑽孔、銑削、磨削或銼平，甚至使用車床、旋緊螺絲或測量平整度、圓度或平滑度）總得仰賴人工。然而，隨著公差要求日漸縮小，從這個領域開始（其他領域也逐漸跟上腳步），即便最高段的技工也捉襟見肘、無力因應，必須讓自動化（automation）接手。先進的葉片鑄造設備（Advanced Blade Casting Facility）可以做好全部的工作（包括注入可移除的蠟質、讓單晶合金生長，以及鑽鑿冷卻孔洞），只須僱用少數熟練的工人監控機具。這種設備每年可生產十萬扇葉片，絲毫不會出差錯（據我所知是如此）。

引入精密機械之後，工廠就會裁員，這點最讓人頭痛，而那些冗員憂心忡忡，也確實可以理解。如今，在攸關人命的工程領域，或許要加緊逐步減少人工管理。

新工廠的製造經理說道：「我們的員工技術高超，但他們是人，沒有人能在下班之前和剛上班時一樣，可以維持同樣的工作品質。」特別在引擎製造業中，精密工程似乎已經達到某種極限，以前必須靠人去確保物件製造精密，如今運用人工偶爾可能弊大於利，澳洲航空引擎故障的調查報告便足以證明這點。

事故發生之後不久，澳洲航空讓機隊中的六架A三八〇空中巴士停飛，並且因為商譽受損而怒氣沖沖，揚言要對勞斯萊斯提起訴訟。然而，調查空難事故時不可意氣用事，澳洲政府的運輸安全局（Transport Safety Bureau）隨後帶頭調查出事原因，以及認定誰犯了錯誤。事故發生之後將近三年，官方報告終於在二〇一三年六月出爐，嚴厲譴責飛機引擎製造產業的文化，指控他們在製造高性能現代噴射引擎的每個零件時，沒有一貫追求絕對的精密度。

這份報告指出：損毀引擎、該次航班、機上乘客和機組人員、航空公司和引擎製造商的聲譽，全都繫於一根小金屬管的性能。這根管子不到五公分長，直徑只有四分之三公分，英格蘭中部地區北方一間工廠的某個員工曾對這根管子鑽了一個小洞，但是鑽偏了，洞的位置不正。

這個出問題的引擎零件稱為供油短管（oil feed stub pipe）。發動機會纏繞許多小鋼管，但這個略寬的特殊短管接在一條較長卻較窄的蛇形管末端，位於高壓和中壓渦輪葉盤之間的炙熱空氣室。短管要將油料輸送到導引高速旋轉轉子的軸承，需要安裝一個過濾器，因此必須在短管末端鑽孔，以便容納過濾器的金屬環。

短管和周圍組件大約是在二〇〇九年春天於勞斯萊斯工廠「哈克納外殼與結構」（Hucknall Casings and Structures）所生產。為了裝過濾器配件而根據引擎設計者制定的嚴格標準加工短管是小事一件，通常不難辦到。然而，這具特殊發動機的短管是特別複雜的零件，技工決定先造好隔開引擎高壓區與中壓區的整體螺旋槳轂（hub）[22]組件，等到短管被安置到組件內「之後」，才依照設計規格替短管鑽鑿孔洞。然而，組好的轂與各種部件的新焊接處會阻礙工程師的視線，使他們不易看到部分的短管，因此這道工序很難處理。

短管最終會安裝到引擎的渦輪機，而引擎又會掛在澳洲航空A三八〇的左舷翼。

這些工程師已盡其所能，但短管依舊加工不當：鑽孔的鑽頭並未對準，結果短管周圍有一小部分大約薄了半公釐。

設想的加工不當過程如下：不知為何，螺旋槳轂組件在鑽孔時稍微移動了，讓鑽頭

[22] 譯注：風扇的圓形中心部位。

稍微靠近短管的管壁，將管壁削薄到可能損壞的脆弱狀態。更恐怖的是，無論是「哈克納外殼與結構」的品管部門，或者檢查飛機重要零件是否合宜的電腦操控機器，全都認定短管符合規格。這個粗製零件早該引發各種危險信號。它早就應該被丟棄：高壓渦輪葉片被視為引擎的關鍵構件，絕對不能出錯。即使它出現的錯誤比這根短管的差錯還要微不足道，依舊會被揪出來壓碎銷毀。

勞斯萊斯的工程機構龐大無比，旗下的那間工廠瀰漫著美其名為「文化」的陋習。正是如此，這跟短管才能通過所有的檢查。被削弱的零件竟然能在供應鏈長驅直入，最終還裝進引擎，等待有朝一日斷裂損壞，破壞整部發動機。這個零件應該過不了檢驗關卡，但是過了，卻在現實世界被死當。

金屬疲勞是肇事原因。出事的班機飛行了八千五百小時，完成了一千八百個起降回合。最後一輪的起降讓飛機機件飽受衝擊，這些機件包括：起落架、襟翼、煞車，以及噴射引擎內部零件。眾所周知，噴射引擎運轉時，內部零件會承受高溫與高壓，但是每次飛機快速或陡直起飛，或者飛機硬著陸，前述的機件都會比引擎內部零件暫時承受更大的壓力。

從可得到的證據來看，脆弱的短管壁因金屬疲勞而逐漸龜裂。飛機從新加坡起飛前兩天曾經從洛杉磯的一條短跑道起飛。調查人員相信，短管就在那時首先裂開。然後，縫隙開始擴大，等飛機降落倫敦時，縫又多裂開了一些。飛機從倫敦希思洛機場（Heathrow）起飛前往新加坡時，短管承受了壓力。當飛機降落樟宜機場，準備數小時後飛往雪梨時，短管再度受到壓力。

飛機在上午十點左右從樟宜機場起飛，九十秒鐘之後依舊急遽攀升，引擎以百分之八十六的全功率運轉，噴出的氣流產生超過六萬五千磅的推力，此時縫隙終於完全裂開，整個短管隨即斷裂。一股熱油立即噴入高壓和中壓渦輪機之間的空隙，而該處溫度已飆到攝氏四百度左右。油料的自燃溫度為攝氏兩百八十六度，噴射油霧如同強力火焰噴射器（flamethrower），不停向快速旋轉的龐大沉重渦輪葉盤噴射火焰。

葉盤被如此猛烈加熱，幾秒鐘之後便膨脹變形，開始劇烈搖晃，最終斷裂。斷裂的機件以數百哩的時速先穿透引擎，然後打穿機殼，有兩塊機件穿透飛機左翼，其他三塊則打穿機身底部。左翼內部短暫起火，幸好火勢沒有蔓延；飛出的機件破壞了液壓和電氣設備，讓飛機系統出現一連串的嚴重故障。澳洲政府的官方報告指出，幸好機組人員臨危不亂，一切才安全落幕。

然而，報告還指出勞斯萊斯內部的疏失：未能正確加工關鍵零件、未能適當保存紀錄、未能正確檢查零件、未能挑除所謂的「不合格」（non-conforming）零件，以及讓瑕疵零件服役而埋下肇事禍因。向澳洲航空交付這種（瑕疵）引擎絕非個案：事故發生之後不久便急忙檢查「哈克納」工廠製造的供油短管，結果發現有許多管壁不勻、厚薄差異超過半公釐的短管早已投入使用，裝入多達四十具引擎。新加坡航空（Singapore Airlines）和德國漢莎航空（Lufthansa）的飛機裝載了這些發動機，其餘的五架澳洲航空A三八〇飛機也不例外。所有瑕疵引擎都必須召回檢修。

勞斯萊斯犯了錯誤，付出高額的代價，不僅公司內部受到衝擊和負擔昂貴的維修費，還必須裁撤員工、改善製造程序，以及面臨公關噩夢，甚至賠償澳洲航空大約八千萬美元。事件發生之後，勞斯萊斯當年的資產負債表顯示他們淨虧損七千萬美元。該公司堅稱，這種錯誤絕不會再發生。他們已經在「哈克納」和其他工廠採取所有必要的預防措施。

澳洲政府的事故報告厚達兩百八十四頁，其中深藏一個段落，討論不斷提高現代機械精密度衍生的問題。這個段落如同別處內文，術語行話成篇，不過明確傳達了基本意思：

> 大型航空組織是複雜的社會技術系統（sociotechnical system），以組織有序的人員組成，替複雜系統（比如現代飛機）生產高技術性人造物（artifact）。礙於這些複雜社會技術系統之固有性質，倘若不時常加以監督，其自然趨勢便是逐漸退化，偶爾甚

> 至連強力監督都不免倒退。這種自然退化之所以發生，肇因於全球經濟力量、發展成長之要求，以及追求利潤和爭奪市場占有率等因素施加之壓力……

「替複雜系統生產高技術性人造物。」這是簡單講法，普通的官僚說法應該是「超精密機器」（ultraprecise machine），例如特倫特九〇〇系列引擎。或許，這次空難會讓某些人認為，如今某些特定類型的現代機器以太高的精密度製造，而且過於複雜。若要讓人工參與製造，必須慎重看待。果真如此，似乎可以提出以下的問題：我們是否在此發現，當人類想管理所需精密度時，是否覺得已經達到自身能力的上限了？

或者精密度本身正趨近某種極限，既不能製造、也無法測量尺寸，並非因為人類能力有限而無法辦到，而是因為隨著工程不斷向下延伸，[23]物質的固有特性開始顯得模糊不清。德國理論物理學家維爾納．海森堡（Werner Heisenberg）在一九二〇年代協助催生了量子力學（quantum mechanics）的概念。他曾提出發現和計算方式，率先指出以下情況可能為真：處理最微小的粒子時，最微小的公差，亦即精確測量的常規，根本無法適用。在近原子（near-atomic）和次原子（subatomic）層級，堅固性（solidity）只是一種幻覺；

[23] 譯注：日漸處理微觀物質。

物質既是波，也是粒子，本身無法區分，也無法測量，只能模糊理解，天賦異稟之士即便想測量，也得徒呼負負。[24]

我們如今製造偉大噴射引擎的最小零件時，尚未趨近甚小的極限，小到必須運用量子力學的觀點。然而，我們已經開始發現本身能力的侷限，如果加以推論，我們也可能已經無法再追求完美了。我們可能即將遭遇「事件視界」（event horizon），[25]倘若如此，噴射引擎製造商作業時極度仰賴高精密檢測，他們的工作已經指出，某種極限可能已近在眼前。

從製造直接協助人類活動的機器和設備而言，這種科技預感或許是正確的。然而，如果超越這點、探索其他世界[26]和觸及其他宇宙，這些眼看即將挑戰人類能力極限的限制有可能鬆綁。也許，在其他的世界，精密度可以逐步提高，不受任何拘束。

舉例而言，進入了外太空，一切都可能改觀。

---

[24] 理查．費曼（Richard Feynman）是二十世紀最受歡迎的博學者，曾經獲頒一九六五年的諾貝爾物理學獎。他說過一句名言：「我肯定沒有人能理解量子力學。」

[25] 譯注：一種時空的區隔界線，視界中的事件無法影響視界外的觀察者。黑洞周圍就是典型的事件視界，可謂無法返回的臨界點，一旦越過這個邊界，任何物質都將被黑洞攫取，無法逃逸。

[26] 譯注：通常指地球以外的天體。

Chapter VII

第七章

（公差：0.000000000001）

透過精密鏡片，看清萬千世界

相機鏡頭與太空望遠鏡

人類文明前景如何，端賴未來的火箭是攜帶天文學家的望遠鏡或裝載氫彈。

——英國天文學家貝納·洛福爾爵士（Sir Bernard Lovell），《個人和宇宙》（*The Individual and the Universe*）（1959年）

某個寧靜的夏夜，南倫敦（South London）一處綠樹成蔭的公園發生一起殘忍的謀殺案，但沒有人發覺。後來，有一位時尚攝影師在暗房安靜工作，再三放大先前在這處公園拍攝的一張黑白照片，赫然發現（或自認為看到）有人躲在樹叢裡，一手拿著槍，而且草叢上有一具屍體。

他洗出一堆照片，影像有粗粒（grainy），放大後模糊不清。這些照片都是義大利導演米開朗基羅．安東尼奧尼（Michelangelo Antonioni）奧斯卡提名電影《春光乍洩》（Blow-Up）的部分情節，至今仍縈繞在我的腦海。這部電影不只觸及謀殺，還探討許多議題，不時提醒我相機的威力不容小覷，能隨機拍攝任何時刻（偶爾是不經意地），將其化為永恆的歷史真相，而我最近深刻體會到這點。

我在一棟老式木造房裡工作。在一八二〇年代，這棟屋子位於紐約上州（upstate New York），[1]被當作穀倉使用。我買下這棟穀倉時，它早已傾頹。我於是將梁柱運到麻州西部偏僻山村的住所，然後在二〇〇二年夏天看著工人重建房子。這棟小木造房樸實無華，內部結構一目了然，上下層相差十五呎，可從上方走廊俯瞰一樓的凌亂書桌。

這棟房子非常古老，但如今掀起一股風潮，人們興致勃勃，想替老舊農舍注入新生命來活化它們，使其以嶄新面貌融入新英格蘭當前的景致。因此，一位攝影師在某天下午前來造訪。攝影師說他在撰寫一本關於如何修復穀倉的書，我便爽快應允他隨意拍攝。他四處照相，還從上方走廊對著紙張四散的書桌拍了幾張照片。這些照片後來刊登於一本大部頭精裝圖書（coffee-table book），❷內文講述穀倉重建風潮。承蒙作者美意，我收到了一本贈書，便花了一晚上翻閱瀏覽（我沒多瞧自己的樸實穀倉，反而欣賞其他更宏偉的穀倉），看完便把書放在書架上，不再留戀。

我萬萬沒想到，有個陌生讀者也買了這本書，而且很喜歡六十一頁的小書房。我不知道他是不是《春光乍洩》的影迷，但他自認為可以找出誰在小書房居住和生活。圖片的桌子上放著一本《紐約書評》（*New York Review of Books*），被其他雜誌、書本和報紙半遮半掩。這位老兄發現，書評右下方有張印著地址的標籤，標籤很小，幾乎沒人會留意。他認為這足以提供線索：如果拍照的相機鏡頭夠好，把照片巨幅放大，便可看清楚標籤內容。

他剪下了《紐約書評》封面，使封面跟其他雜物分開，然後不斷放大裁剪的圖片，小而模糊的字母逐漸變大。印刷圖片像素有限，字跡不甚清楚，但是他把圖片放大四到五倍，我的名字和地址便清晰可辨。這位神祕男子立即知道誰訂了書評，也知道訂閱者

❶譯注：泛指紐約州排除紐約市和長島地區以外的所有地區，該區是以住家為主的市郊。

❷譯注：原本指放在咖啡桌上當作擺飾的厚重書籍。

最有可能擁有穀倉、住在穀倉或使用穀倉。他聯絡了我。

整個過程有點像偷窺狂（Peeping Tom）的行徑，甚至帶點邪惡意味，幸好事實完全相反。這位探詢的老兄平易近人且為人風趣；他意志堅定，有點痴狂，或許是現今所謂的「自閉症患者」（on the spectrum）。他熱愛攝影，隨時充滿好奇（有人可能會說他博學多聞）。他最著迷於能用於法醫檢驗的精密鏡片，對這種產品帶給他的見聞感到心滿意足。

多數英國男學童認為（我敢說全球各地的男學童也是如此），透鏡在生活中扮演吃重的角色。我的第一副透鏡（在一九四〇年代，多數是玻璃鏡片，塑膠〔樹脂〕鏡片仍不夠好，聚碳酸酯〔polycarbonate，簡稱ＰＣ〕鏡片更是從未聽聞）是雙凸面放大鏡，常拿著它處理瑣事和惡作劇，好比檢查蝌蚪、端詳裸體主義雜誌不夠清晰的照片、聚焦陽光點燃火種來生營火，以及弄醒在太陽底下打瞌睡的蠢蛋（即便有人睡死，只要朝他裸露的手臂聚集陽光，他馬上就會痛醒）。

我十歲左右著迷於竹節蟲（phasmid，英文通稱stick insect），需要更好的鏡片。我會飼養竹節蟲，把庭園樹籬的女楨（privet）[3]葉鋪在母親的舊基爾諾罐（Kilner jar），[4]讓牠們築窩，然後把蟲子賣給同學，賣一次可賺三便士。竹節蟲經常會出現奇怪的小問題，牠們的腳（竹節蟲有六隻腳）有時無法甩掉孵化時破掉的蛋殼。我會拿著一根針、小支的鑷子和常用的十倍放大鏡進行顯微手術（microsurgery），通常都能順利替蟲蟲解決問題。

然後，我日漸成熟，開始蒐集郵票，也積攢了幾面放大鏡：一個方形放大鏡，用來仔細欣賞小張的郵票；一個珠寶匠使用的小型放大鏡（loupe，又譯寸鏡），我會將鏡片旋在眼睛上，以便數算郵票齒孔（perforation）和檢查沒蓋好的郵資已付戳記；還有一個看似紙鎮的沉重放大鏡，我會將它掃過集郵冊頁面，將郵票放大得夠清楚，向路過且好奇的人展示我的收藏品。

我十四歲左右才對精密的光學儀器感興趣（就是我得向父母伸手要錢，購買昂貴的光學儀器），認為自己需要一台顯微鏡。我手頭很緊，但逛遍了二手商店和街頭手推車，最終也買了幾台顯微鏡（由內格雷蒂和贊布拉〔Negretti and Zambra〕、博士倫〔Bausch and Lomb〕和卡爾．蔡司〔Carl Zeiss〕等公司製造）。這些顯微鏡都裝在漂亮的木箱中，箱內有插槽，放置可更換的目鏡，還有更小的插槽，放置放大鏡。人們如今追

❸ 譯注：女楨樹耐修剪，不讓其長大可以作為庭園樹籬。

❹ 譯注：保存食物的一種玻璃容器。

求高像素（pixel），我記得在一九五〇年代時，年輕人也在爭論誰的儀器有最高的放大倍數。我們當年用顯微鏡觀察池塘水質樣本來找出水蚤（Daphnia），[5]或者觀察海水，找出尖細的銀色文昌魚（Amphioxus）。[6]然而，我們缺乏專業知識，也沒有先進的儀器，足以進一步研究伽利略（Galileo）[7]和雷文霍克（van Leeuwenhoek）[8]探索過的神奇世界，因此使用超過三百倍放大率的儀器根本毫無意義。我有一些可放大到一千倍的顯微鏡，但我笨手笨腳，只要稍微搖動，被觀察的物體就會立刻從視野中消失。學校顯微鏡社的某些青少年社員甚至宣稱看見自己的精子（spermatozoa），我聽到之後感到噁心，同時心生懷疑，認為如果要看到精子，放大倍率必須很高，他們應該辦不到。

我後來買了一台相機。那是柯達布朗尼一二七（Brownie 127），配備樹脂「達孔」（Dakon）鏡頭（固定光圈〔fixed aperture〕f/14、[9]焦距〔focal length〕六十五公釐、五十分之一秒的固定快門速度）。我在多塞特（Dorset）就讀寄宿學校時，會把曝光的底片拿到鎮上市場的一家小藥房請店家處理。他會沖洗和放大我拍的黑白照片，然後誇獎我，說我拍得不錯。店內陳列幾台相機，他應該是盤算著要讓我買幾台試玩。我被連哄帶騙之下買了一台三十五公釐底片[10]福倫達（Voigtländer）相機。[11]我有了這台相機，後續多年又繼續使用各種三十五公釐底片相機，多數為日製機種，生產公司包括賓得士（Pentax）、美樂達（Minolta）、影攝佳（Yashica）、奧林巴斯（Olympus）、索尼

（Sony）、尼康（Nikon）和佳能（Canon）。

一九八九年的某一天，我住在香港，當地一位年輕的銷售員說服了我，說我這位外

---

❺譯注：又稱魚蟲，一種浮游甲殼生物，體長介於〇．二公釐到五公釐之間。

❻譯注：半透明，頭尾尖，體長三到五公釐，體內有一條脊索，看似魚類卻沒有脊椎骨，不屬於魚類。

❼譯注：義大利物理學家兼天文學家，曾改良望遠鏡，推展天文觀測，同時支持哥白尼的日心說。

❽譯注：荷蘭科學家，有光學顯微鏡與微生物學之父的稱號。

❾很少人解釋鏡頭的 f 數字，它其實是計算從外界進入相機內部的光線量。將鏡頭的焦距（亦即鏡頭中心到光線聚在相機後頭底片或感測器〔sensor〕位置的距離）除以鏡頭開孔的直徑，便可簡單算出這個數字。布朗尼一二七相機的焦距是六十五公釐，如果 f 要為十四，固定光圈大約直徑為四公釐（譯注：前面提到的鏡頭開孔的直徑就是「光圈口徑」。鏡頭已經造好，無法改變直徑，但可用光圈調整鏡頭孔徑，藉此控制景深、鏡頭成像品質以及和快門協同控制進光量）。

❿譯注：又譯三十五毫米膠片，是一種攝影底片尺寸規格，其命名表明了底片寬度。對於攝影而言，標準的一幀兩側分別有八個齒孔。

⓫我已故的父親完全同意我買這台相機，因為約翰．福倫達（Johann Voigtländer）雖然最初是在維也納成立公司，後來在一八四八年的政治動盪期間搬遷到德國下薩克森邦（Lower Saxony）的布藍什外格（Braunschweig）。我父親在二戰的最後幾個月淪為戰俘而被監禁在布藍什外格，即便如此（也可能因為如此），他一直喜愛這個城市。他清清嗓子，抱怨道：「媽的，那些撒克遜人的工藝不是蓋的。」我記得他後來給了我十鎊買相機，而我後來拍照時，都一直喜愛使用三十五公釐底片。十九世紀末期製造的福倫達鏡片，全都是按照數學算出的最精密方式製造。這種鏡片感光快速且極為準確。這家開創時代的先驅公司在一九七二年結束營業，成為德國攝影界的憾事。如今仍有冠上福倫達商標的相機和鏡頭，不過是由某家日商（譯注：總部位於長野縣中野市的確善能〔Cosina〕）獲得許可生產。

國記者四處奔波，生活難以預料，需要一台小而安靜、實用可靠、超級精密且極其堅固的三十五公釐底片相機。他說萊卡（Leica）M6配備一顆絕佳鏡頭，那是個黑色堅固的小圓筒（我當時不熟悉這顆鏡頭，內行人士卻將其視為傳奇），由空氣、玻璃和鋁件組成的精製機件，極為輕盈，感光迅速，稱為Summilux 35mm f/1.4鏡頭。

我替報紙和雜誌報導新聞時，一直使用那顆小鏡頭，用了超過四分之一個世紀。後來我買了一款較新且迥異的萊卡相機，又繼續用了一陣子這顆鏡頭。我最後聽從內行人的建議，買了這顆鏡頭的新款式35 mm f/1.4 Summilux ASPH。它有一個非球面鏡頭，配備所謂的浮動元素。撰寫本文之際，它可能是世界上最好的通用廣角相機鏡頭，也是流行的高精密度鏡片典範。

超精密光學領域有些不可磨滅的事實，其一（幾乎眾口同聲）是最好的萊卡鏡頭素有無與倫比的品質，代表光學藝術的極致，可謂當之無愧。長達一個世紀的進展始於一九一三年，當時德國相機設計師奧斯卡．巴奈克（Oskar Barnack，據說他罹患哮喘，需要輕巧的相機）製作第一卷三十五公釐底片，然後製作了第一台萊卡相機Ur-Leica。它讓當今極其優秀的鏡頭得以問世，而這種光學鏡頭的進步軌跡大致反映精密度的進展歷程，雖然為了獲得最好的效果，製造鏡頭使用的材料都是透明的（有別於這個領域的多數設備）。

萊茨（Leitz）的員工奧斯卡・巴奈克在1913年製作的萊卡相機原型Ur-Leica。這款相機體積小、重量輕，快門幾近無聲，使用24×36公釐底片。

光學的進展遠在更早的一個世紀之前便開始了。

如果人類首度張開、眨眼或閉起眼睛，便會體驗到光明與黑暗，那麼很快就該探索光學現象。人會思索陰影、反射現象、彩虹、水池中顯得彎曲的垂直枝條，以及各種色調濃暗等自然現象，然後會思考鏡子、點火鏡（burning glasses）的作用，以及閃爍的星星、行星的穩定光線和眼睛的結構，至少三千年前的（希臘人、蘇美人、埃及人與中國人）文獻無不記載人類如何探索光學。歐幾里得（Euclid）的《光學》（*Optics*）成書於西元前三百年，主要討論成角透視幾何，認為眼睛看到的光線是由「視覺火」（visual fire）之類的以太物質創造，卻仍然替五個世紀之後的希臘天文學家托勒密（Ptolemy）的理論奠定了基礎，也替天文學提供不偏不倚和有深度的觀點，以及提出至今都沒有變化太大的折射和反射理論。

眼球手術已經揭露，人眼有所謂的鏡片（拉丁語：perspicillum），[12]固定於虹膜（iris）後方，會放大看見的東西。某位瑞士醫生率先展示人眼的鏡片，並根據羅馬人數個世紀之久讓眼睛不好的人配戴的小塊玻璃將它命名為perspicillum。這個字後來既可表示望遠鏡，亦即讓人清楚瞧見遠處物件的工具，或者粗製與專用眼鏡，也就是用來看清近距離物件或閱讀難以辨認字跡或圖像的鏡片。

恩斯特・萊茨（Ernst Leitz）曾幫助大批猶太雇員逃離德國，而德國軍隊卻廣泛使用他生產的相機。圖中的納粹德國海軍（Kriegsmarine）水兵的脖子掛著兩台萊卡IIIc經典相機。

古羅馬帝國暴君尼祿（Nero）不但目光短淺，也是個近視眼。根據傳聞，他會拿弧度適宜的祖母綠觀看格鬥士殊死拚搏。第一副真正的眼鏡出現在十三世紀的義大利繪畫。那些可能只是簡單的鏡片，但是若有需求，那足以改變人生，或者用來發現遠處未知的事物。然後出現了伽利略、克卜勒（Kepler）和牛頓，光學理論愈來愈複雜，精確的幾何光學（geometrical optics）取代「視覺火」的模糊概念。人類接著製造望遠鏡、雙筒望遠鏡和顯微鏡；據說班傑明．富蘭克林在一七八〇年代初期發明了雙焦透鏡（bifocal lens），眼鏡下半部玻璃圓凸，用來協助閱讀，金屬隔片上方則比較不圓凸，用來看遠處物件（根據最新的研究，雙焦透鏡或許在此之前五十年便已問世）。最後，各種感光化學物質陸續問世，於是水到渠成，法國科學家兼發明家尼塞福爾．涅普斯（Nicéphore Niépce）拍攝了全球第一張相片，畫面陰暗，永久保留了某個時刻（這個時刻至少和照片名稱〈樂加斯的窗外景色〉〔A View from the Window at Le Gras〕[13]一樣平淡乏味）。

「拍快照」（snap）不足以說明整個拍攝過程。涅普斯使用了一個暗箱（camera obscura），並在暗箱背後安裝一塊事先塗上一層薄薄瀝青（bitumen）的白鑞板。他先前發現瀝青暴露於光線時會硬化，因鏡片偏離光線而受光照較少的地方不那麼硬，而在光線強烈的地方變得比較硬。瀝青也是會溶解的，只要混合薰衣草油和白汽油（white

---

[12] 譯注：水晶體。

[13] 譯注：樂加斯是涅普斯的家園。

gasoline，無鉛汽油），[14]便可沖洗掉瀝青。涅普斯憑藉邏輯而果斷認為：沖洗只會洗掉瀝青比較軟的地方，瀝青比較硬的地方會留下來。因此，涅普斯利用光暗的化學反應，拍了一張照片。這張照片很粗糙，顯露一面石塊砌成的屋頂露台，中間有一片樹林，略微向右的地方是一道水平線，有教堂尖塔和模糊的山丘輪廓。畫面物件幾乎難以辨認，但不可否認，涅普斯的原始小相機看到的就是這個模糊圖像。

這張照片拍攝於一八二六年夏天，地點位於法國中部偏東的一個村莊，名為聖盧德瓦爾內（Saint-Loup-de-Varennes，如今被全球攝影師奉為聖地），曝光時間長達數小時，甚至可能數天。它目前存放於德州大學奧斯汀分校（University of Texas at Austin）受到嚴格保護的保險庫。照片置於玻璃櫃內，散發一種奇特的空靈美感，備受參觀者尊崇，但它既不精密，也不準確。

我們不清楚涅普斯在那個漫長悶熱的夏日使用哪種鏡頭：鏡頭是粗糙或拋光玻璃、磨光晶體或一塊河床中發現的琥珀所製成？我們可以推論，卻無法確定。鏡頭固定於相機內，只由一個元素（一顆透明實體）構成，可能為檸檬形狀，雙面圓凸。我們檢查照片之後，發現它受到早期攝影時經常遭遇的限制：一是無法確實聚焦，二是無法捕捉足夠光線，圖像在邊緣或光線不足之處會扭曲。照片當然談不上精密。然而，它正是刻意為之的創作，令人難以忘懷，預示嶄新的藝術形式即將降臨。

自從涅普斯率先拍攝照片之後，鏡頭設計師發現了許多足以破壞圖像的技術問題，比如色像差（chromatic aberration）、球面像差（spherical aberration）、暈邊現象（vignetting）、彗形像差（coma）、像散現象（astigmatism）、像場彎曲（field curvature）、散景（bokeh）[15]衍生的問題，以及最有名的模糊圈（circle of confusion，又譯彌散圓）。因此，他們不斷打造複雜的複合透鏡（compound lens），這類鏡片可矯正前述問題，同時感光迅速、輕盈、清晰和精確，足以產生接近完美的圖像。涅普斯在一八二六年拍攝第一張照片，鏡頭設計商與製造商則在一九六〇年創造萊卡首款35 mm f/1.4 Summilux鏡頭，期間橫跨一百三十四年，揭露了鏡片從簡單無奇到高精密度的發展軌跡。從前拍照之後，照片必定模糊不清；如今照相時（如有需要），圖像可銳利萬分：

---

[14] 譯注：地質學家克萊爾．帕特森發現，自一九二三年起，大氣中的鉛逐年上升，原因是以前汽車引擎會產生「爆震」，輕則失去動力，重則會損毀。在汽油中加入「四乙鉛」不但能解決爆震，還能提升引擎動力。然而，鉛有害人體，各國最終禁止販售加鉛的汽油。

[15] 散景（bokeh）源於日文boke（ボケ／惚け／暈け，意為「模糊」），或者boke-aji（ボケ味，意為「模糊的感覺」）。如今散景是光學品質上頗受重視的層面，牽涉鏡頭如何處理圖像的失焦部分，無論是將失焦美化得很迷人或者隨便敷衍了事。現代攝影師著迷於散景，因此清晰度絕非好鏡頭最重要的特質：對於攝影藝術而言，鏡頭輕盈、用途廣泛、聚光力強和處理散景，比能否拍攝畫質細膩的照片更為重要。模糊圈是藝術和相關主題的術語，涉及景深的精確層次。

照片不一定更美，但作為法醫證據卻很有用，因為可以拍攝並保留某個時刻的影像，畫質細膩，圖像精準，放大多少倍都不成問題。

能有這種成果，不僅運用了數學，也善用了材料。角度之類的數學概念很關鍵，例如折射角（angle of refraction）或散射角（angle of dispersion），而這兩者通常都是根據鏡頭使用的玻璃種類來決定。折射代表鏡片彎曲光線的程度，散射則指鏡片折射不同波長（即不同顏色）的光線時，各種折射角度的差異程度。早期的鏡片設計師運用高明的手段，先磨削兩種材質的鏡片，然後緊密結合這兩種鏡片，藉此盡力控制球面像差和色像差（折射和散射過度造成的明顯後果）。於是，他們在一八三〇年代末期，創造了第一種多元素鏡片（multi-element lens）。[16]

多元素鏡片組合隨後風行，此後一直在鏡頭製造上獨占鰲頭。話雖如此，起步時卻非常陽春，只是壓合兩面鏡片而已。在早期的多元素鏡片中，其中一個透鏡由具有特定折射特性的玻璃製成，例如所謂的冕玻璃（crown glass），這種材料的折射率極低；另一個是所謂的燧石玻璃（flint glass），這種玻璃有非常不同的化學性質，折射率高，但散射極低。將這兩種鏡片研磨成相配形狀，然後將它們壓合並黏貼，便製造出雙合透鏡（doublet）。

圖像被照亮之後，發射的光線會通過這面雙合透鏡，折射之後聚焦於相機底部的底片上，形成的圖像會更有規則、更為聚集和更加逼真，反觀昔日使用單鏡頭相機拍攝時，拍出的照片模糊不清、邊緣模糊，偶爾甚至會失真。冕玻璃可解決一個問題，燧石玻璃則會解決另一個問題，兩者磨得極為相配，適切結合，分別從不同方式進行修正，最終只對光線產生一種物理效應。

從那時起，設計優質相機鏡頭時通常會考慮多元素鏡片。現今的鏡片設計師猶如管弦樂隊指揮，這些「光學大師」收集精心形塑且仔細磨光的玻璃（化學成分和光學特性迥異），將其配置得當，使不同玻璃能以最和諧的方式適切處理光線，達到設計鏡頭的目標。鏡片形狀可千變萬化，鏡片材料更是如此，只要稍微增添稀土元素，便可改變透明材料的散射、吸光和折射能力，而某些非玻璃材料（鍺〔germanium〕、硒化鋅〔zinc selenide〕、熔矽石／石英玻璃〔fused silica〕）特別能夠適當處理某些波長與強度的光線。

鏡頭的作用是捕捉光線，將其傳送到相機底片或感測器。隨著相機、底片和感測器

16 涅普斯和同夥只使用一種元素（可能是玻璃），起初用到的鏡片可能只是雙面圓凸。然而，他首度使用瀝青和薰衣草油進行實驗之後兩年，他改用凹凸透鏡（meniscus lens，彎月形透鏡），這種鏡片朝外一側為凹面，靠近底片的一側為凸面。涅普斯還讓暗箱的針孔（pinhole）非常狹小，並且對準鏡頭，只讓無偏差的中心可以聚集圖像，從而製作照片。

的功能愈來愈強（快門速度更快和圖像顆粒愈精細。在數位世界中，顆粒愈細代表像素愈高），不僅製造鏡頭時要求愈來愈嚴苛，鏡頭內的鏡片排列也益發複雜。例如，以前的人像鏡（portrait lens）只有一種透鏡配置：早期的有四種鏡片，兩兩相互膠合，中間夾住空氣。相較之下，用於拍攝風景照的鏡頭有不同的透鏡配置，而廣角（wide-angle）、特寫（close-up）、長焦（telephoto）、微距（macro）、魚眼（fish-eye）和變焦（zoom）鏡頭也不例外。其實，某些可變焦鏡頭有高達十六個元素（鏡片），某些元素是可移動的，某些是固定的，某些牢牢黏在一起，某些則離得夠遠；然而，這些元素都被精準測量過，但組合的鏡頭過長，很難掌控，通常需要專用三腳架來支撐，相較之下，相機機身僅是固定於一端的小物件。

萊卡的英文名稱為Leica，乃是結合該公司創辦人的姓Leitz（萊茨）與其產品camera（相機）創造的字。該公司在一九二四年跨入精密光學的領域。第一台三十五公釐底片相機的發明人奧斯卡・巴奈克設計了Ur-Leica相機和零系列（O-series）試作相機。萊卡在一九一三年生產了兩台Ur-Leica，一九二五年又讓零系列問世（間隔這麼多年，當然是因為爆發第一次世界大戰），而巴奈克不敢相信早期鏡頭可拍攝出高質量照片。零系列相機搭配長期遭人遺忘的波蘭光學天才麥克斯・別雷克（Max Berek）所設計的鏡頭。這顆鏡頭共有五種玻璃（其中三面玻璃膠合在一起，其餘兩面各自獨立）。當巴奈克看到拍攝結果時（一批郵寄給他的八吋乘以十吋的照片），他不假思索便認為這些照片作假，不可能是他先前保證可用三十五公釐鏡頭拍攝照片的放大影像。然而，它們是千真萬確的，雖然放大了十倍，依舊銳利清晰。拍攝照片的鏡頭是以50 mm Elmar Anastigmat的名稱販售，數個世代以來一直是經典之作，如今已成為貴重的收藏品。

多年以來，這些鏡頭不斷演變改進，名稱始終與萊卡有所牽連：Elmax、⓱Angulon、⓲Noctilux、⓳Summarex、⓴不勝枚舉的Summicron，㉑以及系列鏡頭中的精品：三種焦距超高速（三十五公釐、五十公釐和七十五公釐）Summilux鏡頭，即使在最大的光圈值f/1.4，這些鏡頭都能拍攝最細膩的照片。

萊卡製造相機時，通常會遵循無與倫比的高標準。目前多數相機製造商遵循業界一千分之一吋（公差）的標準，佳能和尼康則使用一千五百分之一吋（公差）的機械製

⓱譯注：創辦人（E）rnst （L）eitz與鏡頭設計師（Max）Berek名字的組合。

⓲譯注：源自於angular（有角度的），以此命名這種廣角鏡頭。

⓳譯注：拉丁文Noct表示nocturnal（夜晚的），拉丁文lux表示light（光），因此Noctilux的意思為「夜之光」，這顆鏡頭適用於昏暗場合。

⓴譯注：拉丁文Summa代表「最高等級」，rex是別雷克養的一條狗的名字。

㉑譯注：Summi指早期的Summar鏡頭，cron代表Crown glass（皇冠鏡片，由萊卡併購的一家公司所生產）。

造技術，而萊卡機身的公差落在一公釐的一百分之一，亦即兩千五百分之一吋。對於鏡頭，公差更加嚴格。萊卡光學鏡片的折射率要精算到正負〇・〇〇〇二%；散射數值（所謂的阿貝數〔Abbe number〕）要算到正負〇・二%，而業界認可的國際標準為百分之〇・八。鏡片本身的機械拋光和磨亮要做到四分之一λ（lambda〔波長〕，亦即光波長的四分之一），加工鏡片表面時，公差要小至五百奈米（nanometer，又譯十億分之一公尺）亦即〇・〇〇〇五公釐。此外，非球面透鏡（aspherical lens）會顯著降低大光圈下出現的球面像差，因此玻璃表面的加工會精確到〇・〇三微米（micrometer），亦即〇・〇〇〇〇三公釐。

我現在擁有的是絕佳的35 mm f/1.4 Summilux微型經典鏡頭，符合拍攝絕佳照片的各種要求，因為它有一個非球面鏡片（最新一代稱為aspherical FLE），它有九片透鏡，最接近機身的四片是浮動（floating）鏡組，能夠隨意在鏡頭結構內前後移動，拍攝令人難忘的優質照片。[22]這顆鏡頭或許是歷來最受歡迎的廣角光學鏡頭，因此頗受好評。

在這些鏡片中（由鋁、玻璃和空氣組成，重量很輕，只有十分之一盎司），[23]隨便一片都是最精密的現代耐用消費品，但唯一的例外是智慧型手機。這種手持裝置（後頭會概述）由精密的機械元件組成，非常堅固，各種組件都符合最嚴苛的公差。此外，手機還有大量的精密電子元件，沒有一個元件可移動，以免引起干擾，讓手機無法持續發揮完美的功能。製造智慧型手機的電路（以及能夠讓深切影響現代生活的其他大小設備運轉的類似電路）時，必須將準確度和精密度的概念帶入全新的領域。後頭會討論這點。

然而，在這種要求極高且嚴苛的水準下，人類在追求機械精密度時偶爾會摔一跤：人會產生小誤差，小誤差會累積，日積月累之後，便會釀成重大錯誤，進而引起設計者從未想過的重大問題。

例如，二〇〇九年，諾丁罕郡的勞斯萊斯「哈克納」工廠的工人沒有謹慎處理潤滑噴射引擎渦輪的微小金屬管，而他們絕對沒有想到，這個小錯誤在一年之後竟然會引起火災，導致發動機自毀，讓將近四百七十人在印尼上方一哩的高空中命懸一線。

現代精密設備要求很小的公差，其實就是不容許錯誤發生。話雖如此，在製造精密物件時，人仍然參與其中，因此製造過程偶爾還是會出錯。人類一旦犯錯，專為可在不適人居的世界運轉而打造的精密儀器可能會受到波及。近期有個經典案例在世人眼前上演，就是哈伯太空望遠鏡（Hubble Space Telescope）發射升空，然後失敗（出現問題），

㉒ 譯注：浮動鏡組對焦時，前後移動的範圍有別於其他鏡片，在近拍時能獲得更好的邊角畫質。浮動鏡組主要運用於廣角鏡、微距鏡和大光圈標準鏡。

㉓ 譯注：一盎司約等於二十八公克。

哈伯太空望遠鏡於1990年4月24日發射升空，進入地球上方380哩的軌道，後來鏡子出現瑕疵，便在1993年12月於太空修復。此後，哈伯便運轉順暢，傳回許多令人著迷的星際影像。

但是最終獲得豐碩的成果。

美國太空總署從事望遠鏡計畫的天體物理學家和資深科學家馬里奧・利維奧（Mario Livio）說道：「如果請任何人舉出一位劇作家，多數人都會說莎士比亞。請他們舉出一位科學家，多數人會說愛因斯坦。請人們舉出一台太空望遠鏡，他們都會說哈伯。」[24]民眾非常崇拜這架望遠鏡，部分原因是它近年來從太空向地球傳回壯觀的影像。然而，某些人認為，哈伯也可能因為容易損壞而受人矚目，它一度命途多舛，起初災難頻傳，爾後如鳳凰般浴火重生。

愛德溫．哈伯（Edwin Hubble）是美國偉大的深太空（deep-space）天文學家，觀測銀河系之外的微小星系，率先提出宇宙膨脹的看法，哈伯太空望遠鏡便以他來命名。一九九〇年四月二十四日，哈伯太空望遠鏡緩緩進入地球上方三百八十哩的軌道。發射升空當天，愛德溫．哈伯已離世將近四十年。在發射之前超過四分之一世紀的規劃階段，這架太空天文台基本上是要進一步觀測遙遠的恆星、星系、星雲和黑洞，[25]並非用來紀念愛德溫．哈伯，而是要延續他的成果。

「發現號」（Discovery）軌道載具（orbiter）[26]將哈伯望遠鏡帶入太空，使其接受

---

[24] 某些歐洲人可能會說赫雪爾（Herschel）太空望遠鏡。赫雪爾家族透過望遠鏡觀星，成就非凡，無人能否認。最年長的威廉．赫雪爾（William Herschel）出生德國，曾經擔任士兵和園丁，並在樂團演奏雙簧管。爾後，赫雪爾遷居英國，一家三代都是仰觀星象的天文學家。威廉．赫雪爾和妹妹卡羅琳．赫雪爾（Caroline Herschel）率先聲名鵲起。威廉在一七八一年發現天王星，卡羅琳雖然沒受教育，卻擔任助手，協助兄長發現二十幾顆彗星和大約兩千五百個星雲。迷人的天文學史冊記載著這對兄妹夜晚磨亮和拋光透鏡與鏡子的身影，戮力追求十八世紀中期可獲致的精密度。威廉的兒子約翰．赫雪爾（John Herschel）日後也成為科學家（博學者，尤其擅長觀測星象）。他廣受尊敬，死後葬於西敏寺教堂（Westminster Abbey），緊鄰艾薩克．牛頓爵士（Sir Isaac Newton）的墳墓（約翰對相機興趣濃厚，發明了正片〔positive〕、負片〔negative〕、快照〔snap-shot〕和攝影師〔photographer〕等詞語而廣受民眾稱頌）。約翰子嗣眾多：第五個孩子（他生了十二個）兼第二個兒子亞歷山大不是天文學家，後來卻成為教授、皇家學會會員和隕石權威。

的光線不受大氣扭曲，也遠離大氣汙染，而且不受地磁和重力更強烈的拖曳影響。這是「發現號」太空梭的第七次任務，期限短暫（五天），衝出大氣層置放望遠鏡之後便立即返回地球。這次飛行代號為STS-31，儘管如此編號，這卻是美國太空總署五架可重複使用太空運輸系統（Space Transportation System，簡稱ＳＴＳ）載具的第「三十五次」任務。然而，哈伯升空之時，軌道載具只剩四架。

發射任務於春季進行，當天早晨天氣溫暖。由於失敗機率頗高，那些在佛羅里達州圍觀的人們是既興奮又緊張。四年之前，「發現號」的姊妹載具「挑戰者號」升空之後七十四秒便爆炸，機員全部罹難。美國太空總署期間悼念死者、進行調查、承擔後果並進行修改，三年之後決定讓「發現號」成為事故之後第一架執行任務的載具。這架載具在一九八八年九月升空，不僅要執行重要的科學任務，也要重建（民眾的）信心。「發現號」在佛羅里達州順利升空，接著環繞地球飛行四天，最終在加州完美降落，沒有發生任何事故，全美各地人士都鬆了一口氣。

「發現號」又在一九八九年三月和十一月試飛成功。美國人當時普遍認為，導致「挑戰者號」爆炸的問題（發射當天正值隆冬，氣溫低於零度，固體推進器後段的一個橡膠密封圈硬化變脆，導致燃料洩漏）已經解決。然而，STS-31飛行任務搭載造價不菲的酬載：美國航空航太製造廠商洛克希德（Lockheed）打造的哈伯望遠鏡，以及美國珀金埃爾默公司（Perkin-Elmer Corporation）製造的透鏡，總共大概花了美國納稅人十八億美元。這兩個物件已經順利安置於貨艙。「發現號」升空之前，許多人焦慮不安。即使順利升空之後，人們還是憂心忡忡。太空人隔日使用「發現號」的加拿大製機器人手臂將巴士大小的酬載從貨艙移出，架設好太陽能板以及遙測和無線電天線，然後啟動這架望遠鏡，最後讓美國太空總署號稱的第一架大型天文台自行飄浮進入軌道，眾人才鬆了一口氣。[27]

[25] 美國太空總署即將完成另一具功能更強大的裝置（造價八十億美元，也更為昂貴），名為詹姆斯．韋伯太空望遠鏡（James Webb Space Telescope），預計在二〇一九年四月從法屬圭亞那（French Guiana）搭乘歐洲製火箭發射升空（譯注：現已延至二〇二一年三月，造價超過百億美元）。這架太空望遠鏡將飄浮於離地球近一百萬哩的地方。這架望遠鏡距離過遠，太空人無法搭乘太空梭前往修理。因此不但得妥善打造，也必須順利規劃它將如何在深太空移動去觀測宇宙。工作人員一遍又一遍演練，以便顧及最小的細節。

[26] 譯注：亦即太空梭。

[27] 共有四架大型天文台，若能共同運作，便可透過絕大部分的電磁光譜（electromagnetic spectrum）觀測宇宙。哈伯望遠鏡能夠觀測的波段是從紫外線到近紅外線（譯注：不可見光），中間橫跨整個可見光譜。康普頓伽瑪射線天文台（Compton Gamma Ray Observatory）在一九九一年被一架太空梭送入軌道，用來觀測太空的紫外線與高能量事件（這些事件會發射一陣陣的伽瑪射線）。一九九九年，錢卓拉X射線天文台（Chandra X-ray Observatory）也搭乘太空梭進入軌道，觀測黑洞和類星體（quasar）發射的X射線。最後，二〇〇三年，一架三角洲運載火箭（Delta rocket）將史匹哲太空望遠鏡（Spitzer Space Telescope）送入極高的繞日軌道，從中觀測熱紅外線。這些紅外線有非常短的波長（小至三微米），無法穿透大氣層，因此從地球上看不到。康普頓伽瑪射線天文台已經功成身退，墜入大氣層時燒毀殆盡；其餘三架至今仍運作順暢。

哈伯望遠鏡在建造時可謂龐然大物（大小等於五層樓房），但飄浮於浩瀚無垠的太空時卻顯得微不足道，而且也不是太空中最漂亮的物件。它長相笨拙，似乎曾是個身漆銀色的胖男孩，瞬間長大之後，顯得呆頭呆腦。哈伯獨自飄浮著，有了新體態，但母親無力為他添購新衣，因此衣服皺巴巴的，笨拙難看，穿起來不舒適。此外，它的一端有鉸鏈蓋，可讓光進入艙筒，看起來也十分笨拙，很像廚房垃圾桶打開的蓋子，似乎有人踩著凸出的腳踏板，因此蓋子一直開著。然而，它沒有腳踏板，卻有方形太陽能板。望遠鏡改變姿態和位置時，溫度會隨之改變，太陽能板便會跟著收攏或開展。

哈伯太空望遠鏡可能不漂亮，但建造它的兩家廠商及其客戶NASA都知道，這架望遠鏡功能極為強大。從許多方面而言，它是非常簡單的望遠鏡，有一個所謂的卡塞格林反射望遠鏡（Cassegrain reflector），業餘觀星者無人不知這個物件，還有一對彼此相對的鏡子：主鏡收集光線並將其反射到較小的次鏡，次鏡又會反射光線，光線穿過主鏡中央的一個孔洞，會照射到各種觀測設備（照相機、光譜儀〔spectrometer〕，以及各種波長的探測器，波長從紫外線到可見光光譜，再到近紅外線）。探測器置於電話亭大小的箱子，緊密排列於主鏡後方，收集的數據會以遙測訊號傳回地球。

卡塞格林反射望遠鏡運用一種特殊形狀的鏡子，稱為雙曲面反射器（hyperbolic reflector），專門用來降低兩種像差，亦即彗星軌跡般的像差（稱為彗形像差）和透鏡邊緣誤差（稱為球面像差）。哈伯太空望遠鏡五月進入太空之後（亦即「發現號」啟動煞車推進器，然後從軌道上跌落，以螺旋方式朝地球下降，讓望遠鏡獨自安靜地待在太空），似乎便具備強大的探索天文潛力，而科學家也早已充分考慮、預估且避免各種光學失真和像差情況。沒料到六週之後，一場夢魘降臨。這不同於「挑戰者號」遇到的夢魘，知道在寒冷天氣發射太空梭有風險的工程師可急忙取消飛行任務。哈伯看似一切正常，人人皆心滿意足，而且心存傲慢。

萬事起初正常。望遠鏡進入軌道三週之後，亦即五月二十日，所有人都認為它已經從佛羅里達海濱的熱度冷卻到跟新環境周邊同樣的溫度，任務管制中心（Mission Control）便發出訊號，打開連到鏡面的前方鉸鏈蓋。

哈伯即將運轉。來自一百萬顆恆星的第一道光線（這個時刻就是如此命名，稱為「第一道光線」〔First Light〕）開始湧入望遠鏡的艙筒。光線朝主鏡前進，然後來回反射，最終進入探測器成為數據。遠在地表巴爾的摩（Baltimore）約翰・霍普金斯大學（Johns Hopkins University in Baltimore）太空望遠鏡科學研究所（Space Telescope Science Institute）的天象觀察者正焦急等待數據。訊號傳輸非常完美。數據如同預期串流而下。名叫埃里克・克遜（Eric Chaisson）的天文學家檢視了傳來的圖像，霎時之間，（根據他所說的話）「整個人就像洩了氣的皮球」。

出現嚴重的錯誤。圖像都模糊不清。

當時，在三十哩外的NASA戈達德太空飛行中心（Goddard Space Flight Center），擔任哈伯計畫首席科學家的愛德華・威勒（Edward Weiler）正因為任務初期進展順利而沉浸於歡樂之中。但隨後接到一通驚人的電話。巴爾的摩科學控制室的一位同事打了這通電話。那裡的科學家非常恐慌，無論如何嘗試改善問題都無效，他們告訴威勒，哈伯傳回的照片，每張都模糊不清（第一張例外，非常清晰，老天似乎在捉弄人）。

他們不敢對外張揚，花了幾天試著稍微移動次鏡微調圖像，希望從主鏡獲取一張清晰圖像。控制室的多數天文學家認為，哈伯拍攝的照片與地表望遠鏡獲取的圖像相比，品質相等，甚至更好。話雖如此，這些照片卻不如預期的好。其實，即便這也是謊話，這是天文學家一廂情願的想法。殘酷的是，沒有一張照片可以調到夠清晰而能使用。人人失望透頂。照片毫無價值，沒有用處。從各方面來看，這項任務突然一敗塗地。

哈伯升空兩個月之後，亦即一九九〇年六月二十七日，NASA向全世界公布了這項壞消息。官僚們穿著西裝站成一排，哭喪著臉（胖嘟嘟的金髮威勒也同樣垂頭喪氣），面對一群記者發言。記者感到不可置信，各個忙著寫筆記，腦中出現太空殘骸的畫面。只要看過這個尷尬場面，任誰都會記憶深刻。排排站的官員指出，他們的報告一切屬實，有些人甚至連話都說不出口。哈伯主鏡有八呎的直徑，乃是當年最精密的光學鏡，邊緣似乎被磨得過於扁平。

主鏡稍微多磨平了一些，只有人類頭髮厚度的五十分之一，卻足以引起光學問題。失誤雖小，卻導致彗形像差和球面像差，使得觀測結果毫無價值。遙遠星系猶如棉花糖，厚實而無邊；恆星看似撲了一層粉妝；星雲就像會隨時變色的朵朵雲彩。哈伯拍攝的照片平凡無奇，好像俄亥俄州的某個人在煙霧瀰漫的後院用八吋望遠鏡對準天際看到的景象。如此說來，似乎不必讓美國和歐洲（這是歐洲太空總署〔European Space Agency〕和NASA共同推動的計畫）以及其他各國人士忙了二十年且花費將近二十億美元來打造哈伯。

新聞媒體狠毒無情。許多人認為，哈伯望遠鏡比銷售奇慘無比的福特「艾德索」車款好不到哪裡去，或許是由大近視眼的卡通人物脫線先生（Mr. Magoo）所設計。許多報紙漫畫家畫一顆顆檸檬（lemon，表示「廢物」）諷刺，還有人貼天電干擾（static）畫面，亦即電視播放結束之後螢幕出現的雪花，聲稱那是NASA發現的東西，諷刺哈伯觀測到的宇宙充滿毫無意義的雜訊。某位馬里蘭州參議員憤怒指出，NASA似乎忙著飼養「技術火雞」（technological turkey，turkey指「敗筆」），表示太空總署打造的儀器狀況百出）。這次出包沒有害死人，卻讓全國感到尷尬和蒙羞，某些政客幸災樂禍，將它與德國興登堡號飛船（Hindenburg）爆炸墜毀事故以及英國盧西塔尼亞號（Lusitania）於一戰期間被德軍潛艇擊沉慘劇相提並論。

國會議員掌握了NASA的預算，而某些極端的議員認為，這架有史以來造價最昂貴的民用衛星竟然會出錯（還有其他錯誤：太陽能板有缺點，整架望遠鏡因此抖振，無法順利執行更嚴謹的科學計畫），整個太空總署似乎前景堪慮。四年之前，太空總署笨拙無能，「挑戰者號」因此爆炸，如今又出了狀況。突然之間，NASA的兩萬五千名員工以及數以千計的承包商和供應商似乎面臨失業的風險。

所有過錯都得歸咎於一家公司，也就是當時的珀金埃爾默公司（Perkin-Elmer Corporation）。它的總部位於康乃狄克州的丹柏立（Danbury），在紐約市北部，距離為九十分鐘的車程。從一九六〇年代末期，珀金埃爾默一直替高度機密的間諜衛星磨平鏡面和製造相機。這家公司經驗豐富，乃是「黑暗界」（替美國軍方研發武器的神祕機構）的要角。「黑暗界」在精密領域扮演的角色眾人皆知，但鮮少有人詳細討論。在丹柏立郊區的一座山丘上有一間無窗水泥建築，裡頭有拋光和磨平設備。多年以來，美國陸軍、海軍和各種偵察機構利用該公司磨平的透鏡，從高空窺探世界各地的森林、田野、基地和房舍，暗中竊取資訊卻無人知曉。

到了一九七五年，珀金埃爾默獲得一份價值七千萬美元的新合約，要塑造、磨平和拋光一面新的巨型望遠鏡主鏡，但該公司是故意低報價格才搶到合約。[28] 一九七八年秋天，康寧（Corning）的玻璃工廠交付一面巨大的空白玻璃盤。從一開始，噩兆便頻傳。一名品質控制檢查員曾經摔跤，幸好同事機警，捉住他的襯衫衣角，他才沒摔到玻璃上面。這面空白玻璃盤猶如光學「三明治」，三個組成部分卻出現嚴重錯誤：利用三千六百度熔爐來熔合的內部結構不結實，鏡面在拋光時可能會破裂。康寧員工被迫花了三個月，用酸液和牙科工具切開熔合部分。

康寧公司從未製造過這般具有挑戰性的玻璃。珀金埃爾默也未曾承擔這麼嚴苛的重責大任：根據NASA合約，這家公司必須磨平和拋光完成的熔融石英（fused-quartz）鏡面，過程中至少要移除兩百磅的材料，並且將巨大的玻璃塊形塑成精確凸面，表面要光滑至極，而以前從未取得這種成果或有這種要求。鏡面要光滑如綢緞，任何部位的偏差都不能超過百萬分之一吋。如果將鏡面比擬為大西洋，其上任何一點都不能高於海平面

㉘礙於篇幅，無法披露箇中的金錢問題。然而，珀金埃爾默真是丟人現眼，該公司的員工至今仍然認為，因為經費不足而削掉的鏡面邊角才是導致錯誤的主因。NASA當年不確定該公司能否用七千萬美元來做這項工作，卻同意他們低價競標（「珀金埃爾默」的出價比柯達〔Kodak〕的報價低三千五百萬美元），然後睜一隻眼閉一隻眼，讓他們蒙混過關，並說日後可讓國會批准額外的經費。然而，國會後來沒有批准，「珀金埃爾默」只好用僅有的錢處理鏡面。他們報這麼低的價格，除了想搶標，就是要打響知名度。如今看來，他們是偷雞不著蝕把米：這家公司不僅名譽掃地，還得賠償NASA巨額金錢。它被轉手兩次，現在是聯合技術公司（United Technologies）旗下的子公司。

三到四吋。假使鏡面大小等同於美國國土，表面的山丘或山谷都不能高於或低於水平面二點五吋以上。

康寧剛交付玻璃塊時，珀金埃爾默的威爾頓（Wilton）工廠便開始粗磨。即便在這個階段，處理工序都一再延宕，尤其發生所謂的「茶杯事件」（teacup affair），亦即玻璃內部深處被發現有茶杯大小的網狀裂縫，必須用鑽子擴孔、切除與重新熔化，過程猶如動腦部手術。到了一九八〇年五月，當時已經延宕了九個月，鏡面的基本樣貌終於成形。這塊巨大的玻璃體被小心翼翼地運到丹柏立之外的祕密設施，開始進行嚴格的拋光工序。

鏡子被仔細安置於一張有一百三十四個鈦釘的床板上，概略模擬哈伯望遠鏡最終將運作的無重力環境，一個由電腦控制的旋轉臂移到了鏡子上方。旋轉臂末端有一塊旋轉布，塗抹各種磨料（包括鑽石液〔diamond slurry〕、磨光用紅鐵粉〔jeweler's rouge〕和二氧化鈰〔cerium oxide〕拋光粉），降到玻璃表面後開始拋光，拋光愈久，磨料愈少。透過電腦控制，旋轉臂穩定運轉，長達三天，日夜不停工作，移除雜粒、清洗和拋光玻璃表面，使其光滑無比。拋光者經常得接替輪班十小時。拋光三天之後，玻璃被送到測試室。然後，測試人員根據測量結果，對電腦輸入新的指令，以某種壓力來拋光某個區塊，以及使用哪種磨粉去拋光幾小時，接著用另一種壓力拋光另一塊區域，這時是使用

哈伯望遠鏡的八呎直徑主鏡在珀金埃爾默公司於丹柏立的極機密設施內拋光。礙於測量失準，鏡面出現相當於人類頭髮厚度五十分之一的誤差，使得哈伯傳送回地球的照片模糊不清、毫無用處。

迥異的磨料去拋光，時程或多或少類似。這道工序會花三天，然後重新測試，又再執行這道工序，一週又一週地反覆進行。測試通常在晚上進行，以便盡量減少白天卡車路經七號公路時引起的震動；基於同樣理由，管理人員會關掉空調。全公司的人都會非常謹慎，要留意最小的細節。

然而，他們偶爾會犯小錯。說得更準確一點，他們沒有正確指導機器，然後機器便根據指令，犯了微小的錯誤。昔日熟練的鏡面製造商會用拇指感覺鏡面是否平整，以此獲取某種程度的精密度，但這種日子早已一去不復返。人們如今使用機器測量鏡面是否平整。有一天，丹柏立的工程師犯了錯誤，沒對終端機輸入〇・一，而是輸入一・〇的數字，只能驚恐地看著研磨工具開始在玻璃表面磨出一道溝痕。幸運的是，有一位檢查技師站在旁邊，手拿一個「斷電」開關（Kill switch）。他注意到初期磨溝不對勁，便立即終止拋光工序。這個玻璃表面的小缺口從未完全消失。它雖被磨平，卻依舊遺留痕跡，不過天文學家可以解決這個問題。

致命的錯誤就發生在這間測試室，而且這個錯誤並非微不足道。鏡面雖然被磨得極為平滑，亦即表面精密度極高，但測量方式卻錯到離譜。丹柏立的工程師使用了出錯的測量工具：他們使用一種儀器，這種儀器很像標尺，使用它的人都認為它正好長一呎，[29]其實它的長度是十三吋，但沒有人發現。工程師不知道這點，只顧忙著測量，然後製造完美卻完全錯誤的東西。他們在「精密」製造「不精密」的望遠鏡鏡面。

他們製造一種常見工具來測量鏡面，稱為零像差校正器（null corrector）。那是一個金屬圓筒，大小約等同於啤酒桶，有一對鏡子和一顆鏡頭。雷射在兩面鏡子反射之後通過鏡頭，然後被引導至拋光鏡面並反射回來，再度通過鏡頭以及透過鏡子反射，最終返抵光源位置。如果拋光完美，發射的光線會與返回光線相匹配，波長配上波長，會在照片中產生平行直線。如果鏡面沒有達到所需的形狀和平滑度，光波將相互干擾，照片將顯示干涉圖案（interference pattern）。零像差校正器是特製的測量儀器，

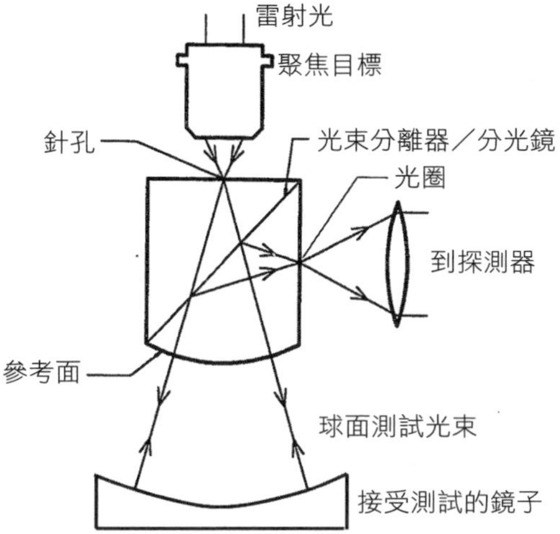

一處老舊的塗料塊和三個小墊圈是罪魁禍首，讓所謂的零像差校正器測量哈伯望遠鏡主鏡時發生錯誤。

造價上百萬美元。它其實是一部干涉儀（interferometer），只要設置得當，便能確認鏡面的絕對精密度，精密到光波長的一小部分。

如果（這個如果至關重要）零像差校正器兩面鏡子中較低的鏡子與底部的鏡頭之間的距離已經精確測量過，這個儀器便可精確測量鏡面。

然而，丹柏立的零像差校正器沒有校準好，出於兩個可以想像的最蠢且最常見的理由。

為了設定零像差校正器下方鏡子與鏡頭之間的距離，需要製作一根和距離等長的金屬桿。工程師便使用對熱不敏感的合

㉙譯注：十二吋。

金因鋼（Invar，又譯低脹鋼）去製造、測量和切割了三根金屬桿（兩根當作備用）。其中一根金屬桿（測量桿）安裝在零像差校正器裡頭，一部雷射器安置於其頂端。一名技術人員使用特製顯微鏡，使用雷射干涉儀去設定鏡頭該調整到的距離，使鏡頭能夠位於正確的位置。這項工作非常困難，但並非辦不到。為了讓技術人員更容易作業，測量桿的頂部事先安裝一個特殊的導件帽蓋（guide cap），帽蓋切了一個雷射光束大小的微小孔洞，指出雷射光應該瞄準之處，讓技術人員可以射中測量桿的頂部。

至關重要的是，帽蓋塗了一層不會反射雷射的塗料，讓雷射不會聚焦在帽蓋上，而會聚集到桿子頂部，而透過孔洞，只能看到桿子頂部。誰都沒料到，一小部分的塗層已經磨掉，聚焦的雷射沒有穿過孔洞，抵達桿子的金屬反光頂部，而是被磨掉塗層的帽蓋部分反射。帽蓋表面比測量桿頂部高一．三公釐，讓雷射干涉儀算錯了距離，誤差剛好就那麼多。

算錯距離之後，技術人員便不可能把鏡頭置於正確位置。固定鏡頭的支架少了一．三公釐。需要一些東西將這個支架往下壓一．三公釐，但已經沒有時間量身打造新支架。

技術人員腦筋轉得很快，便做了一項決定。他們將三個家用墊圈塞入零像差校正器，迫使微小的鏡頭往下移一．三公釐。他們必須這樣做，因為雷射干涉儀不可能出錯。雷射儀器極為精準，永遠不會出錯。它們冷靜可靠，揭露的絕對是真理。因此，技術人員用錘子擊打三個墊圈，使墊圈堆疊之後，高度剛好是一．三公釐。他們把墊圈塞到鏡頭上方，把鏡頭擠到正確的位置。

然後，技術人員如同處理皇冠寶石一樣，將有嚴重缺陷的零像差校正器小心翼翼地塞入哈伯望遠鏡上方。工程師運用無懈可擊的電子儀器，再三測量鏡面，直到心滿意足，認為無論尺寸、形狀和結構，哈伯太空望遠鏡的主鏡都精密打造，完全符合NASA的規定。

然而，事實並非如此。根據零像差校正器，主鏡非常良好，但校正器本身就有瑕疵。NASA事後調查之所以能查出這點，乃是因為珀金埃爾默一直把鏡子留在測試室，且在最後一次測量主鏡之後（大約十年之前），便原封不動保留測試室。[30]測量桿出了小差錯，導致零像差校正器出現瑕疵，因此測量主鏡形狀時便讓邊緣多扁平了二．二微米，最終偏離設計規格，鏡面邊緣厚度硬是少了人體頭髮的五十分之一。只是最初犯了微小錯誤，卻讓哈伯在一九九〇年夏天從太空傳回的照片毫無用處，成為世人的笑柄。

[30]別忘了，主鏡完成之後隔了許多年才使用。由於「挑戰者號」墜毀，製造哈伯望遠鏡時又礙於技術問題而四處延宕工期，哈伯升空的日期便一拖再拖。在這段時間，洛克希德保管哈伯的透鏡系統。

愛德華．威勒稍後指出：「如果發射前一晚對佛羅里達卡納維爾角（Cape）的所有工程師和科學家進行調查，詢問他們最擔心哪十大問題。哈伯有哪些設備會損壞，或者哪些哈伯的設備會無法運轉。我敢用身家性命打賭，沒有人會想到主鏡形狀會出問題而造成球面像差。沒有人擔心這一點，因為負責鏡子的人向我們保證，哈伯裝的是地球上最完美的鏡子。」

其實，他們確實有完美的鏡子，但是他們也有不準確的測量設備，告訴每個人鏡子完美無瑕。鏡子根據測量標準，確實沒有問題。不過，標準不完美、不準確且出差錯，最終釀成了災難。

有句古老諺語如此說道：「只因少了一顆釘（For want of a nail）……」[31]因鋼桿子上掉了一塊塗料，加上一群漫不經心卻處事匆忙的技術人員和預算拮据的管理人員，禍事便因此而起。雖然沒讓國家滅亡，卻導致一連串事件與引爆風險，讓納稅人付更多錢修理設備。

哈伯望遠鏡適時被修復，爾後運作順暢。它非常成功，不斷被讚譽為歷來最有價值的科學儀器，天文學家從未夢想過能如此詳盡探索宇宙外部區域。哈伯的錯誤確實被妥善修正了，缺陷也被適切彌補了；然而，修補方法和犯錯情況一樣，讓人覺得不可思議。

無法將哈伯送回地球的修理廠，因此必須在太空修理它。安裝矯正鏡片應該可以解決主要問題，如同替嚴重近視的人配一副隱形眼鏡，或者進行雷射原位層狀角膜塑形術（Lasik）。然而，礙於種種技術問題，很難如此修復哈伯。望遠鏡的艙筒很窄，裡面裝滿儀器、管路和電線。若要派遣一名掛著氧氣瓶的太空人，讓他手拿扳手和螺絲起子，抱著一套新的矯正鏡片去修理哈伯，確實困難重重，而原因眾多，不在話下。

有個人解決了這個核心問題。他有一天全身赤裸站在德國南部山區慕尼黑（Munich）的旅館浴室淋浴，突然靈光一閃，藉由橫向思維（lateral thinking）[32]想到了解決方法。

這個人叫吉姆．克羅克（Jim Crocker），他是哈伯計畫的資深光學工程師。克羅克

---

[31] 英國的索茲斯柏立（Salisbury）是大教堂城市（譯注：這座中世紀風貌小城有全英國最高的天主教堂），離此數哩處為福格斯通聖彼得（Fugglestone St. Peter）。這個教區有一座名字古色古香的教堂，神聖（且富裕）的牧師喬治．赫伯特（George Herbert）在十七世紀中期彙整了選集《警世箴言》（*Jacula Prudentum*），首度讓這句諺語傳開。諺語全文如下：For want of a nail, the shoe is lost; for want of a shoe the horse is lost; for want of a horse the rider is lost; for want of a rider the battle is lost; for want of a battle the kingdom is lost.（少了釘子，失了蹄鐵。少了蹄鐵，失了戰馬。少了戰馬，失了騎士。少了騎士，失了勝仗。少了勝仗，失了王國。）這部選集也收錄一句如何看待惡者的諺語：His bark is worse than his bite.（刀子嘴，豆腐心。）迄今為止，這兩句諺語同樣流行，旗鼓相當。

[32] 譯注：指思維朝橫向、往寬處發展，跳脫常軌的縱向思考，改採另類思考，從中找出令人驚喜的答案。

跟其他成員一樣，對哈伯出錯一事十分震驚。許多人當時聚集在德國，參加歐洲太空總署的危機處理會議，彼此懇求該如何替飄浮的哈伯望遠鏡解決問題。克羅克也不例外，不斷思考如何修理這具儀器。必須想出辦法，把矯正鏡片、透鏡或鏡子插入有瑕疵的設備。不可能把它們放在主鏡之前，亦即放在主鏡和次鏡中間，因為NASA最瘦的太空人也無法滑進和滑出艙筒。唯一能放置矯正裝置（必須有四個矯正裝置，每個哈伯探測器都要一個）的地方就是主鏡後面，位於探測器所處的空間。然而，該如何安置這些裝置？似乎無法辦到。

克羅克在淋浴時思索解決方法，就如同常人一樣，一邊淋著熱水，一邊想著事情。他懶洋洋地看著典型德國淋浴間閃閃發亮的鍍鉻元件，似乎想到了什麼，於是又看了一眼。然後，他更仔細端詳。

蓮蓬頭固定於一根一吋厚的垂直桿子，桿子伸出一個夾鎖來固定蓮蓬頭。身高不同的旅客可隨自己喜好調整夾鎖，把它升高和降低之後鎖定到位。此外，淋浴時想要沖頭部、肩膀或身體其他部位，可將夾鎖上下延伸的蓮蓬頭朝上或朝下，或者朝左或朝右。旅館女服務生把蓮蓬頭推到桿子底部，將它向上折疊，使它平行於牆壁。克羅克必須拉起蓮蓬頭，把它拉到頭部的高度，然後把蓮蓬頭向外折，才能用熱水沖頭髮。

克羅克全身濕透，邊淋浴邊想：何不將矯正鏡片裝到這樣的桿上？何不把桿子伸進去時先折成水平，等到它們伸到預先規劃和精準確定的位置時再像蓮蓬頭一樣折彎，折成正確的角度並伸到精確計算的位置？

需要有五個「蓮蓬頭」，而非一個，每個都要用來修正哈伯攜帶的五個主要儀器。其實，製造五個並不比製造一個困難。每個都有相同的功能：它會攔截從次鏡反射並通過瑕疵主鏡中心孔洞折返的光束。然後，它們會如同隱形眼鏡或矯正鏡片來重新配置、重新計算和重新聚焦這些光束，使光束進入哈伯的各種探測器之後產生完美銳利的圖像，彷彿主鏡從未出現瑕疵。

這個計畫似乎很簡單，思考修正問題的工程師立即著手進行。每個人都迅速分頭打造蓮蓬頭裝置，但這種裝置不是傳統釋放溫水的蓮蓬頭，而是會攜帶各種小鏡子（大小等於十分硬幣或二十五分硬幣）的裝置。

工程師造好了裝置，把它稱為COSTAR，全名是Corrective Optics Space Telescope Axial Replacement（太空望遠鏡光軸補償校正光學儀）：這個裝置是位於主鏡後方，處理沿著望遠鏡軸線折返的光束，因此名稱內才有所謂的「光軸」（axial）。此外，它其實是一個電話亭大小的容器。哈伯有四個光軸探測器，其中最不重要的是高速光度儀（High Speed Photometer），COSTAR是根據這個儀器的規格來製造。高速光度儀必須被犧牲（管理這個儀器的工程師應該會大聲抗議），改用這個安裝折疊鏡片的新裝置。

工程師忙著手工打造COSTAR。為了讓裝置正確運作，它的十面鏡子（最後沒有像克羅克建議的蓮蓬頭一樣會轉動，而是安置於一個可伸縮的塔上，然後從塔上水平伸展出去）必須位於正確的位置，誤差至少得小於百萬分之一公尺，才能攔截哈伯兩個現存（有瑕疵）鏡面的折射光束。

有一個關鍵的問題，就是如何讓某些要射入光軸儀器的反射光束與另一道光束錯開，後面這道光束是要射進一台並非位於哈伯望遠鏡尾端、而是位於側面的儀器，這台儀器又因為本身鏡面問題而被替換。它就是造價昂貴的廣域和行星照相機（Wide Field and Planetary Camera，俗稱Wiffpic），由帕沙第納（Pasadena）的噴射推進實驗室（Jet Propulsion Laboratory，簡稱JPL）負責建造。這台儀器看起來像一大片蛋糕（大小等於平台鋼琴〔grand piano〕），插在哈伯的彎曲側面。先前規劃五次太空梭維修任務時，天文學家一直打算透過其中一次任務把它換成改良的新裝置。由於要首度執行維修任務，便可同時做兩件極為重要的事情：一是用COSTAR套件替換高速光度儀；二是安裝Wiffpic的更新裝置，而這個裝置內建矯正鏡面，足以彌補主鏡發生的錯誤。

如果要圓滿結束這項重大任務，就只剩下把太空人送進太空去進行必要的維修。太空人應該可以修好哈伯望遠鏡，使其不負先前宣稱，成為價值連城的天文設備。如果維修任務按照原定計畫順利進展，特別是太空人在維修時不會碰觸到COSTAR或Wiffpic更新裝置的微小鏡面（即便輕微碰到都不行），因為鏡面一旦被碰歪，修好的哈伯望遠鏡又會聚焦不準。

「奮進號」（Endeavour）太空梭[33]被選定來執行這項任務。太空梭團隊把它訂為STS-61，哈伯團隊則稱它為HSM-1，代表這是第一次的維修哈伯任務（Hubble Service Mission）。四十四個月以來，哈伯望遠鏡處於半盲狀態，又因為（太陽能板出問題）而抖振，雖然不停繞著地球旋轉，卻幾乎派不上用場。一九九三年十二月二日，「奮進號」在黎明前於佛羅里達州炎熱的天氣中發射升空，備妥周詳計畫，攜帶全套裝備（大約包括兩百件特製工具），準備結束哈伯的噩夢。Wiffpic更新裝置和COSTAR都位於貨艙；太空人要進行耗費體力的太空漫步來執行必要的修復工作；這些能夠太空漫步的太空人知道，哈伯內建了三十一呎長的安全帶和兩百呎的扶手桿，而他們也自備安全帶，連同許多束縛線，免得有人或儀器不慎飄走，遁入虛空無垠的宇宙深淵。

---

[33] 「奮進號」採用英式拼法，乃是為了紀念英國詹姆斯・庫克船長（Captain James Cook）的「奮進號」（Endeavour）旗艦。這個軌道載具（用來取代炸毀的「挑戰者號」）透過全美校際徵名競賽來取名，密西西比州（Mississippi）和喬治亞州（Georgia）的班級贏得這項競賽（譯注：當時有許多參賽學校提議「奮進號」，最終由小布希總統根據各校遞交的文稿，選出密西西比的薩納托比亞中學〔Senatobia Middle School〕和喬治亞州的塔盧拉佛爾中學〔Tallulah Falls School〕為優勝者）。

太空人團隊使用強大的雙筒望遠鏡，在執行任務的第三天找到了哈伯望遠鏡。他們極為緩慢地靠近它，到了距離六十呎的地方，使用加拿大製機器人手臂抓住這個十三噸重的裝置（哈伯置身外太空時，猶如羽毛般輕盈），小心翼翼將它拖入太空梭的巨大貨艙。七名成員接著進行一系列的太空漫步（NASA至今仍然缺乏想像力，將太空漫步稱為艙外活動〔extravehicular activity〕），分頭執行任務。「一號漫步」（Walk One，說得更準確，應該是一號艙外活動〔EVA One〕）[34]是更換（六個）故障陀螺儀（gyroscope）的其中三個，同時讓成員熟悉他們要修理的裝置有多大。（他們先前受訓十一個月，在水底下執行這些維修任務，藉此熟悉缺乏引力的太空環境。）

「二號漫步」（Walk Two）讓兩名太空人修理並更換望遠鏡損壞的太陽能板，據說這些損壞的板子讓哈伯不停震抖。哈伯若快速抖動，無法緩解影像失焦問題，但它與核心問題相比，根本小巫見大巫。隔天，事情變得很棘手，因為太空人開始要移除舊的Wiffpic，然後換上新裝置。新裝置的尖端凸出極為精緻且精確定位的鏡子。鏡子或新裝置（照相機）都沒有出現異常情況，整個組件潤滑妥善，被極為精準地滑動到位，每個部分都緊密連接模槽的拐彎與迴轉之處，舊裝置先前四年便是安置於這個模槽內。

執行最重要的任務時也沒有發生重大問題：拆除巨大的高速光度儀，然後用尺寸相同但功能迴異的COSTAR套件取代。無能的珀金埃爾默公司根本沒有參與製造這套新的矯正鏡片。一家名為波爾航天（Ball Aerospace）的全新公司（知名果醬保鮮罐製造公司[35]的子公司，總部位於科羅拉多州）獲得NASA的信賴而取得製造鏡片合約。波爾航天辦事妥當，測量結果都很棒，產品堪稱典範，也符合各項公差要求。太空人花了不到一個小時便裝好新的鏡片（過程平淡無奇，但完美無瑕），最後一天便整理這些手工安裝的設備並替它們打理門面，大功告成後便離開哈伯，讓它再度運轉。

太空人最後打開哈伯望遠鏡前端的光圈門（看似垃圾桶蓋的物件），然後讓機器人手臂抓住這個碩大的裝置，小心翼翼將它從「奮進號」貨艙拉出去，將它輕輕放在太空梭的殼體旁邊（哈伯現在位於太空梭外面）。然後，如同昔日庫克船長的船員會說的話：他們解開纜繩，鬆開綁住哈伯望遠鏡和「奮進號」的繩索。最後，太空人開啟推進器發動機，短暫環繞於軌道之後便返回陸地（庫克船長的船員可無法想像這種畫面）。

如今，哈伯望遠鏡以一萬七千哩的時速運行，但運行軌道被刻意稍微提高。它又重回淒清寂寥且無人看管的狀態，環繞著地球進行幾乎無窮盡的銀色旅程。

修理任務順利執行了嗎？哈伯能夠正常運作嗎？先前的恥辱是否被洗刷了？這具非

---

[34] 譯注：EVA是ExtraVehicular Activity的簡稱。

[35] 譯注：波爾公司Ball Corporation。

凡的設備是否終於能夠展現應有的價值？

所有目光都轉到戈達德任務操控中心（Mission Operations Center）的控制室，工程師將在那裡重新操控哈伯望遠鏡。更重要的是，天文學家將在巴爾的摩約翰．霍普金斯大學太空望遠鏡科學研究所的科學操控中心（Science Operations Center）下載並轉譯新的圖像，立即便知修復成果。

早在一九四〇年代，人們便提出從太空望遠鏡觀測宇宙的基本概念，而望遠鏡首度瞥見星象就稱為「第一道光線」。埃里克．克遜先前指出，他在巴爾的摩檢視第一張照片時，霎時之間，「整個人就像洩了氣的皮球」。那個當下時刻應該稱為「大失望」（Great Disappointment）。

此時是一九九三年十二月十八日，大約已經是一千三百天之後。回顧一九九〇年，「第一道光線」是發生於夏季。如今是所謂的「第二道光線」（Second Light），正值冬季夜晚。巴爾的摩夜黑寂冷。在科學操控中心內，一名天文學家下令哈伯的微小電動馬達旋轉COSTAR內部的矯正鏡片，使其處於精密配置的方位，以便重新調整內部光束。Wiffpic內建專屬矯正鏡片，天文學家也打開它的快門。戈達德的控制室刻意將巨大的哈伯望遠鏡朝向星系群聚的天際。當圖像從螢幕頂部緩緩向底部開展時，人人皆屏息等待。

NASA工程師愛德華．威勒曾率先接到哈伯出事的電話。他也在現場，跟控制室的每個人一樣，緊盯著螢幕。威勒後來指出，接下來是他一生中經歷過最漫長的三秒鐘。突然爆發熱烈掌聲，人們歡呼慶賀。螢幕出現完整圖像，清楚顯示恆星群，聚焦清晰，某顆位於死寂中心的恆星只占據螢幕的一個像素。一顆恆星，一個像素。

圖像清晰、完美、精確銳利。沒有模糊影像。沒有朦朧部位。沒有不銳利的邊緣。一切都準確無誤、調整精準、無可挑剔，正如同先前天文學家所冀望的。任何地表光學望遠鏡（甚至位於夏威夷、智利和西班牙加那利群島〔Canary Islands〕山頂以及其他空氣稀薄清澈地區的望遠鏡）拍攝的照片都無法跟哈伯擷取的影像媲美。

因為地表「有」空氣，即使空氣稀薄，天空也會陰沉、起風、汙染和有微粒晃動，在在都讓影像扭曲失真。上到了近四百哩的高空，穿越了對流層（troposphere）、平流層（stratosphere）與中氣層（mesosphere），就是所謂的外氣層（exosphere），偶爾只會有氫分子飄過，沒有空氣，拍攝的影像不會失真。哈伯換上一整套新的鏡片，人類終於擁有一個前所未見的嶄新平台，足以清晰觀察宇宙。

半個世紀以前，人們便構思哈伯這種太空望遠鏡。二十年以前，人們首度設計哈伯。十四年以前，丹柏立的一台電腦命令第一根拋光機械手臂滑過康寧製造的巨大石英鏡面，開始研磨並形塑其表面。大約一千三百個日子以前，哈伯過於扁平的八呎主鏡首度從包圍它的宇宙吞噬第一道光線。經歷這些時日，修復的哈伯望遠鏡擁有嶄新的精密鏡片，能夠清晰窺探遠方，探索宇宙遙遠的過往歲月。

哈伯的故事至今仍在上演。進一步的四次維修任務已經按照計畫實施。NASA有許多卓越的觀測所（天文台），其中最棒的就是哈伯望遠鏡。每次維修任務都會替這具受人愛戴的銀色老舊機具注入新生命。這隻翱翔太空的鳥兒廣受尊敬，即使容貌日漸衰老，壽命卻超過人們預期。它至少應該能夠持續飛行至二〇三〇年，或許還能再撐個十年。從各方面來看，哈伯是現代（甚至可說有史以來）最成功的科學實驗。它傳回了數萬張圖像，張張迷人。哈伯的八呎主鏡雖然不完美，卻捕捉了生動景象，清晰揭露宇宙奧祕，令科學家和平民百姓驚嘆和狂喜。

Chapter VIII

第八章

（公差：0.00000000000000001）

我身處何地？目前為何時？

GPS全球定位系統

牛津的塔樓皆傳出每一刻鐘的報時鐘響，接二連三，連綿不斷。鐘聲輕柔和睦，報時各自為政。

——英國作家多蘿西．塞耶斯，《俗麗之夜》（1935年）

時間是兩地相隔最遙遠的距離。

——美國劇作家田納西．威廉斯（Tennessee Williams），《玻璃動物園》（*The Glass Menagerie*）（1944年）

離岸鑽油平台（oil rig，又譯鑽油塔）「獵戶座」（Orion）重達九千噸，笨拙難看，被兩艘拖船（tug）緩緩拖過北海（North Sea），尋找停泊鑽油的地點。我站在牽引拖船的艦橋上。這艘船名為「拓荒者」（Trailblazer），來自荷蘭，船體不大，馬力卻極強。「獵戶座」的四根支柱被頂起，高聳於鑽油井架之上，受浪湧衝擊而搖晃不已，顯得十分危險。這個鑽油塔剛處理完大約五哩遠的天然氣井。我們正將它拖往芝加哥地球物理學家挑選的地方，因為根據海底地質，該處似乎值得探勘。

那是一九六七年的三月。時值初春，天氣寒冷，東北微風吹拂，凜冽刺骨。我還不到二十三歲，任職剛滿一個月。「獵戶座」價值一千萬美元，阿莫科石油公司（Amoco Petroleum）以每小時八千美元的價格租用它。非常荒謬的是，公司完全仰賴我將這架鑽油塔帶往正確的地方。

我聽取了些許資訊，也接受了指示，同時使用某些設備來適切安置「獵戶座」。我有一台雙向無線電，可以跟高踞鑽塔的鑽井隊長（tool pusher）通聯。我也有英國海軍部（British Admiralty）第一四〇八號海事圖表（範圍從英國東岸的哈威治〔Harwich〕到荷蘭的鹿特丹〔Rotterdam〕以及從英國的克羅麥〔Cromer〕到荷蘭的泰爾斯海陵島〔Terschelling〕），涵蓋了這片北海區域。我還有一大張機密的地球物理圖表，該表由美國海底調查小組製作，標示當地的海床。有人用紅筆在圖上畫了一個大叉，指出芝加哥規劃者要鑽油塔停泊的地方。叉號旁邊用鉛筆寫著座標，大約是北緯五十三度二十分四十五秒（53°20'45"），東經三度三十分四十五秒（3°30'45"），但最後的角秒（second of arc）[1]寫到小數點後一位，甚至到兩位。

拖船船長還有一張至關重要的特殊圖表，上面覆蓋套圖透明膜，呈現當時最先進無線電導航系統的各種（紅色、綠色和紫色）曲線。那就是德卡導航儀（Decca Navigator）圖表。我們的船長仿效多數順著沿海航行船隻的船長，將這張圖表搭配安裝於頭部高度旋轉環（swivel）的大型接收器一起使用。這部接收器是向德卡（Decca）公司租用，有四個錶盤，其中三個有類似鐘面指針的指針，上頭塗上發光漆（luminous paint），夜間也能看得清楚。

德卡公司在英、德兩國北海沿岸的岬角和懸崖頂建置無線電台，分為主台（master）和副台（slave）。這些電台不斷發送無線電訊號，拖船的接收器會接收這些強力訊號。主台會先發送短脈衝（short pulse）訊號，副台不久便會重複發送相同的短脈衝訊號。接收器接收到主、副台脈衝訊號時會出現時間延遲，至於延遲多久，端視接收器與每個副台相距多遠。因此，接收器的簡陋電腦便能根據接收器與不同副台之間的距離，推斷出

[1] 譯注：量度平面角的單位，不會混淆時，簡稱秒（"）。

接收器在圖表上的位置。接收器錶盤接著會顯示我們的小拖船離各種位置線（紅色、綠色和紫色）多遠的距離在航行。由於它顯示了我們在這三條交叉線上的位置，我們便能用德卡圖表畫出航線。告訴各位，如此便能找出我們在這張導航圖表（或者地球物理圖表）上的實際位置，而德卡導航儀製造商堅稱，誤差範圍大約在六百呎以內。

我被如此告知：我如果確定鑽油平台位於指定地點的上方（我從荷蘭籍船長那裡得知，該處有西北向的表層洋流〔surface current〕，流速大約六節〔knot〕。[2]我必須考量這點，因為安置鑽油平台時，平台會漂移好幾十呎），必須透過無線電叫鑽井隊長「放下支柱！」。隊長將會立即命令隊員鬆開四組螺栓，高聳於我們上方的高大鐵製支柱會立刻下墜，瞬間激起洶湧浪花，以勢不可擋的姿態往下俯衝，直抵下方兩百呎的海床。然後，支柱會用針狀扦子插入柔軟的上方土層來自我固定，接著會放下一組錨穩固支柱，讓鑽油平台固定穩妥，以利未來幾週進行探勘。

我們愈來愈接近指定地點。每隔幾秒鐘，測深計（fathometer）便發出砰的聲響，持續顯示拖船龍骨下方的水深維持在三十二噚（fathom）。[3]二疊紀穹丘（Permian dome）愈來愈靠近我們。對我而言，它只是地球物理圖表上以模糊線條描繪的圖案，而芝加哥的專家將它視為一種穹丘。有一段時間，穹丘似乎位於德卡圖表顯示鑽井所在位置的正下方。我非常緊張，用手指按住無線電麥克風的「傳送」（Transmit）按鈕，抬頭看著鑽井平台，然後大聲對著麥克風說話。將近二十三歲的我盡量以正式口吻嚴厲下達指令：

「放下支柱！」

過了一會兒，只見四陣微紅的鐵鏽煙霧升起，四根巨型鐵製支架立即崩塌，迅速從視線中消失。金屬摩擦發出尖銳聲響，掀起滔天巨浪，異常駭人。我們命令船員釋放拖纜（towrope），船後的那艘拖船也依樣畫葫蘆。兩艘拖船轉頭，向外海駛去，遠離這片喧囂海域。然後，我們停在一哩左右之處，看著鑽井隊長下令啟動自升程序（jacking-up procedure），[4]鑽油塔如同施工現場的手鑽機（jackhammer），再度響聲隆隆，一呎接著一呎，沿著穩固的支柱爬升，憑藉一己之力將自己拉起來，愈拉愈高，直到比海浪高出四十呎，不受底下風暴、湧浪和巨浪的影響。然後，鑽油塔的人停止了機器，突然之間一片寂靜，只聽見狂風不停怒吼，湧浪拍擊作響。

鑽井隊長透過無線電發話。他剛剛看到了水深報告，說道：「一切都很順利。也許海流讓我們偏離了一點。我們跟理想的位置大約差了兩百呎。你是個新手，幹得不錯。

❷譯注：每小時一海里。
❸譯注：一噚等於六呎，三十二噚等於一百九十二呎，約略等於前面提到的兩百呎。
❹譯注：jack up指用千斤頂托起。

芝加哥會很滿意。這樣夠好了，去睡個好覺。」

他們當天晚上便鑿了井，然後在後續的三個星期裡日夜鑽探。我們在六千呎處鑽到了天然氣，換句話說，我們在一九六〇年代探勘到一大批寶貴的原始碳氫化合物。一個星期之後，我們封住了這口井，讓後續的工人接手去提取天然氣。「獵戶座」及其員工又被船拖著，繼續四處探索北海的鑽油場地。

我後來離開鑽油平台的職務，接著從公司離職，最終放棄石油地質學家的專業。然而，許多年以來，我不曾忘記自己協助過九千噸的鑽油平台在汪洋中尋找一處二疊紀穹丘，並且精確完成任務，讓平台鑽出一處天然氣井。

我們定錨之處離標記地點不到兩百呎。我當時認為，能辦到這點，確實成就非凡。然而，按照今日的標準，離圖表叉號兩百呎根本不準確，簡直是徹底失敗。如今指出地表位置時，誤差只有幾公分（很快就會降到幾公釐）。能夠如此精確定位，乃是某種新科技問世，這項科技將取代德卡導航儀、羅遠儀（LORAN）、同步軌道衛星（Geo）、子午儀衛星定位系統（Transit）、馬賽克導航系統（Mosaic），以及其他當年有註冊商標且仰賴無線電的導航系統。數個世紀以來，水手一直使用六分儀、[5]指南針、經線儀（chronometer）和艦橋的各種導航設備來定位，而前述的新科技也將取代它們。

這項科技就是全球定位系統（Global Positioning System，簡稱GPS）。

出乎意料的是，這項新技術的基本原理出自於另外一項迴異的技術。

一九五七年十月七日星期一，兩位年輕的科學家威廉．蓋爾（William Guier）和喬治．威芬巴克（George Weiffenbach）抵達巴爾的摩約翰．霍普金斯大學的應用物理實驗室（Applied Physics Laboratory）。他們跟所有美國科學家一樣，首度看到一顆人造衛星在軌道上環繞地球運轉，而深感著迷。

這顆圓形衛星名叫史波尼克（Sputnik），重兩百磅，直徑二十吋，以拋光鈦合金打造。這顆衛星剛在上週的星期五由蘇聯發射，目前正以每九十六分鐘繞地球軌道運行一周。美國民眾對此感到惱怒。根據週日出刊的《紐約時報雜誌》（*New York Times*）報

---

❺在德卡導航儀和羅遠儀問世之前，而且遠在GPS出現之前，熟練的水手會搭配六分儀和精準的經線儀來定位，足以相當準確地確認自己的位置。一九八五年，我還是個生疏的水手，當時在一位熟練的澳大利亞船長的監督下，駕著一艘小型雙桅帆船（schooner）航行於印度洋。我利用前述工具，搭配一套圖表和船尾拖曳的測程儀（log），獨自從英屬印度洋領地迪牙哥加西亞島（Diego Garcia）航向模里西斯（Mauritius），全程一千三百哩。我每天航行時，誤差範圍很少小於幾哩，但我們最終還是在某個深夜看到平島（Flat Island，**譯注：模里西斯的火山島，島上有燈塔、墳場和小型軍事基地**）港口前方的四道白色閃光，得知我們在廣闊無垠的印度洋航行十天之後，只有往北偏離模里西斯幾哩。我當時回想起將近二十年以前，自己曾將鑽油塔帶往正確的地點，因此自認這次橫越汪洋的壯舉也非常成功。

導（整本雜誌共三百六十頁，報導刊在第一九三頁），這個裝置的小型發射器不斷發送無線電訊號。蓋爾和威芬巴克推測（兩人是電腦專家，近期的工作分別是進行氫彈模擬〔hydrogen bomb simulation〕和研究微波頻譜學〔microwave spectroscopy〕），蘇聯人可能會記錄並分析無線電訊號，從中確認衛星的位置。

因此，這兩位專家將實驗室的專用無線電接收器調到史波尼克衛星的頻率，然後專心聽取傳送訊號的規律「心跳」（一種尖銳的嘟嘟聲，發送頻率略高於一秒鐘兩次），同時用高保真度（high-fidelity）磁帶錄放機將它記錄下來。然後，他們分析了訊號頻率，而正如所料，當衛星從地平線升起或橫越巴爾的摩實驗室正上方，以及再度降落到地平線以下時，訊號頻率都會稍微改變。他們觀察到的頻率變化是都卜勒效應（Doppler effect，經典的例子是，火車從你眼前經過時，你會感覺鳴笛聲頻率有所改變）。這兩位物理學家首度偵測到衛星訊號出現可測量的都卜勒效應。

不久之後，他們使用當年最強大的電腦（當時，應用物理實驗室有一台全新的「雷明頓通用自動計算機」〔Remington UNIVAC〕，[6]能夠將訊號數位化，把各種頻率轉換成數字，精確計算出史波尼克衛星在各個軌道運行時距離他們（實驗室）有多遠。衛星在他們正上方時，偵測到的頻率是真實頻率；當衛星接近他們時，頻率會改變，而當衛星遠離他們時，頻率又會變化。這兩位專家便據此算出衛星與他們的距離（他們從環繞的時間推斷，衛星大約以一萬八千哩的時速環繞地球）。

他們花了數個星期用電腦算出結果（當美國參與太空競賽時，這些結果也用來順利預測探險者一號〔Explorer I〕的軌道），而這些結果將有深遠的影響。隔年三月，應用物理實驗室主任法蘭克・麥克盧爾（Frank McClure）發現，這兩位年輕同事在不經意的情況下創造了可廣泛運用於全球的應用程式。

麥克盧爾把這對年輕人拉進辦公室，然後叫他們關上門。麥克盧爾向他們說道，如果地面的觀測者可以準確判斷衛星在太空的位置，只要利用觀測數字，也能如法炮製來反推。從衛星的位置可以計算出地球上觀察它的人或機器所處的位置。

回想起來，這件事顯而易見，但蓋爾和威芬巴克卻從未想過這點，他們甚至無法立刻理解這項推論：根據簡單的都卜勒原理，可以發明一種衛星導航系統，供船舶、卡車和火車，甚至尋常百姓使用，無論移動或靜止的物體皆可使用。在先前數個世紀，水手憑藉六分儀、指南針和經線儀來定位，如今人們則使用羅遠儀、德卡導航儀和同步軌道衛星來定位，而前述的系統也能提供相同的定位服務。它可以告訴人們目前所處的位

❻譯注：Remington指的是美國電腦製造商雷明頓蘭德公司〔Remington Rand〕，UNIVAC是UNIVersal Automatic Computer的縮寫。

置；如果人們想去某些地方，它可以指出該朝哪個方向走。麥克盧爾寫過一份著名的備忘錄來讚揚蓋爾和威芬巴克。他寫道：「我突然發現，可以用他們的研究成果為基礎，發展出一種相對簡單卻可能極為準確的導航系統。」

此話不虛：負擔應用物理實驗室大部分研究經費的美國海軍粗略估算之後認為，只要有足夠的衛星，便可確認某人或某物（一艘船或潛艇）在地球的位置，誤差大約為半哩。這種方式不如用德卡導航儀定位來得精準，因為德卡的誤差可以達到六百呎以內。然而，礙於冷戰爆發，[7] 收集訊號會出現問題，因此這兩種定位方式便有顯著的差異，讓前者具備優勢。當時的船隻和「拓荒者」之類將鑽油井平台拖往定點的拖船都仰賴無線電來使用德卡之類的系統，但這類導航系統根本不安全，因為發射器都位於陸地，可輕易被狡猾的敵人破壞。相較之下，利用太空衛星的定位系統更為安全，外界很難胡亂更動和從中干擾，甚至暗中監視和蓄意破壞。華盛頓當局的敵人莫斯科政府很難伺機破壞或從中窺探機密。

當時，美國海軍正在構思一種萬無一失且安全準確的方法來定位配備北極星（Polaris）導彈的核子潛艇，因此發明了根據都卜勒原理運作的子午儀衛星定位系統（Transit）。一九六〇年，原型衛星升空後順利進入軌道。在麥克盧爾發表備忘錄之後不到六年（史波尼克衛星升空之後七年），一批美國海軍子午儀衛星已經環繞地球飛行，第一種真正的衛星導航系統此時全面運作。

子午儀衛星有十五顆，各個樣貌醜陋，長得很像昆蟲，有四面太陽能板的翅膀，一個很長的軀幹，下方連著當作底部的發射器，讓天線向下指著地球。每次至少有三架衛星位於高六百哩的極軌道（polar orbit）。當底下的世界旋轉時，它們會掃視陸地和海洋，如同太陽一般上升和沉落，不停向地面接收器發送訊號。當它們接近或遠離接收器、甚至位於接收器上方時，傳送的訊號會出現都卜勒效應。地表接收站配備大批電腦，磁帶鼓（tape drum）不斷來回旋轉，藉此預測出現於天際衛星的正確軌道，然後透過無線電將這些數據傳給船隻或潛艇，讓他們知道自己目前位於何處。這個系統龐雜繁瑣且速度緩慢，初期只能每隔幾小時使用一次，但美國艦艇無論在何時和何地，不分晝夜和天候，都能因此得知還算準確的所處位置。

一艘船只要追蹤一顆橫越天際的衛星，不到十五分鐘便可知道目前位置，誤差不到三百呎。攜帶北極星導彈的戰略潛艇部隊會使用高度機密的增強版軟體（亦即可透露衛星正確軌道訊息的軟體），據說他們能將定位誤差縮小到六十呎。因此，這套系統與德卡導航儀、羅遠儀或其他基於無線電的導航系統相比，顯然更為穩固耐用，❽而且它確實

❼譯注：始於一九四七年美國提出「杜魯門主義」，結束於一九九一年蘇聯解體。

運轉了很久：Transit系統運作三十多年，直到一九九六年才退役。它在一九六七年開始替商船提供服務，在鼎盛時期，高達八萬艘非美國海軍船隻使用這套系統。一位計畫經理指出：「自從發明船載經線儀以來，這是導航領域最大的進展。」

話雖如此，世界進展愈來愈快，核子武器更加危險，敵人也更加邪惡，因此需要打造更優良的重要基礎設施。美國海軍稱為「精確準確」（pinpoint accuracy）的數字（例如六百呎、三百呎、兩百呎和六十呎），顯然只講究名義上的精確。使用Transit系統時，每個小時只能定位一次，每回都要花十五分鐘確認位置。此外，要執行這項程序，還得仰賴地面接收站、遠方的整排電腦與一小批海軍人員協同作業。參與的人士無論訓練多麼精良，都可能犯下人為疏失。

新的世界秩序降臨之後，需要更好、更快、更可靠、更安全和更精確的系統。基於都卜勒頻移的導航系統很好且可靠，但面對更新、更快、更有威脅的環境時卻捉襟見肘。一九七三年，某位佛蒙特州鄉村醫生的兒子羅傑．伊斯頓（Roger Easton）提出一套可以因應時代需求的系統。它不僅牽涉時間，也涉及記錄時間推移的時鐘，其中運用的物理原理稱為被動測距（passive ranging）。這項原理其實很簡單，卻令人困惑。

假設有兩個完全可靠並顯示相同時間的時鐘，一個在倫敦，另一個在底特律，兩個時鐘都透過通訊軟體Skype、FaceTime或WhatsApp的影音串流（video stream）來連接。此時，兩個時鐘都準確和精確，而且我們完全確定它們設定在同一個時間，因此兩者都顯示相同的時間。

如果觀看時鐘的人跟任何一個鐘錶處在同一個房間，對他們而言，前述結論當然是正確的。然而，倫敦的觀察者若是從螢幕看到持續傳來的底特律時鐘影像，就會發現其實有非常微小的差別。對他來說，底特律時鐘會比在他旁邊的倫敦時鐘慢幾分之一秒（幾乎慢上五十分之一秒）。然而，他肯定知道這兩個時鐘其實都顯示同一個時間。他也知道兩個時鐘之間的訊號傳送速度（亦即光速）是一個常數。因此，差異必定是這種情況下唯一未知變數造成的結果。這個變數顯然是訊號從底特律傳到倫敦的距離。

羅傑·伊斯頓曾在美國海軍位於南德州（South Texas）格蘭河谷（Rio Grande Valley，

---

❽ 這套系統確實很耐用，但另一個美國政府機構原子能委員會（Atomic Energy Commission，簡稱AEC）規劃決策不良而出包時，它依舊難逃池魚之殃。美國海軍的4B子午儀衛星於一九六一年六月發射升空，沿著規劃軌道安靜運轉，始終規律地向地球傳送訊號。不幸的是，一年多以後，AEC發射一枚火箭，火箭的鼻錐裝載了一顆強力氫彈。這枚酬載按照計畫，在夏威夷附近的地表上方四百哩處爆炸，但是AEC沒有仔細查核，竟然讓氫彈炸毀那顆倒楣的子午儀衛星。在那個夏季夜晚，還有其他環繞地球的儀器也遭到波及而損毀。此外，氫彈爆炸後還導致檀香山的路燈故障。據說只有紐西蘭空軍為此感到高興，因為爆炸的火光照亮了南太平洋天際，讓演習戰機有充裕的時間找到目標潛艇。規劃軍演的人士後來發表聲明，指出這樣做分明是舞弊。

又譯大河谷）當時稱為太空應用分部（Space Applications Branch）的地方服務，而且創建了著名的「太空圍籬」（space fence）。所謂「太空圍籬」，是一大排探測器，據說可以映射任何通過美國領土的衛星。伊斯頓發現，人們會察覺鐘錶的時間有差異，而這項差異提供了寶貴的訊息，可從中推算兩個城市的距離（因為光以絕對的定速傳播）。光線一秒鐘可走十八萬六千哩。光在五十分之一秒（本例估算的時間延遲）可行進三千七百哩。因此，根據這項基於時間的計算，底特律和倫敦的距離是三千七百哩，而實際距離的確如此。

伊斯頓立即設計了一個簡單的實驗，然後邀請高級海軍官員同事觀看。但是他沒有使用鐘錶：在一九六〇年代中期，非常精確的原子鐘（atomic clock，我稍後會討論這項儀器）早已問世，但他認為原子鐘太笨重，不適合他設想的實驗。因此，他改用石英振盪器（quartz oscillator）並搭配氫邁射（hydrogen maser），後者昂貴且複雜（但小巧方便），可以提供全然可靠且完全恆定的頻率標準。

伊斯頓打造了兩套這種裝置，將其中一個放在一輛敞篷轎車的後車廂，車子屬於他的工程師朋友馬特・馬洛夫（Matt Maloof），而且將另一個放在他當時服務的南德州海軍基地。當觀察員正在觀看實驗室連接的示波器螢幕時，他叫馬洛夫駕著敞篷轎車，沿著德州二九五號公路全力狂飆，能開多遠，就開多遠。當時，這條公路尚未竣工，因此路上空無一人。當馬洛夫高速前進時，車上的發射器便持續發送訊號，海軍基地上頻率與這台發射器完全相同的振盪器則不停接收訊號。

敞篷轎車和基地辦公室之間的距離逐漸增加，兩個數字之間的差異也逐漸增大，而且差異只是由距離所導致，因為所有的其他因素（兩個設備的頻率和訊號傳輸的速度，也就是光速）都是恆定的。觀看的海軍官員著迷了起來。計算結果不斷出爐（大致可立即算出來），他們可以確切知道馬洛夫在多遠的地方、車速多快，以及何時改變方向。當馬洛夫（已經開了數十哩之遠）在某一點變換車道時，數字就明顯改變，這些官員看了，非常驚訝且深感佩服。這項展示非常成功：原則上，時鐘差（clock-difference）導航系統可以運作，而且比任何人想的都要容易得多。

美國海軍立即挹注一筆資金來資助進一步的研究，但是這筆錢微不足道，不足以發射一顆衛星，在軍方喜歡稱之為真實的環境上測試這種構想。與此同時，全美各地的實驗室仍不斷提出其他定位方法。基於都卜勒頻移的系統與根據時鐘差的系統在生死決鬥。各種抗衡的技術、不同的研發人員與紀律嚴明的軍務部門分支彼此競爭。經過一段時日，勝敗才塵埃落定。然而，有人認為，戰功彪炳的布拉德福德．帕金森（Bradford Parkinson）[9]發明了這個時鐘差的系統，聲援海軍伊斯頓的人士與支持空軍軍官帕金森的群眾至今仍在唇槍舌戰、爭論不休。這個「GPS幫派」（GPS Mafia）仍惡言滿天飛，如今甚至還能讀到兩派人馬撰寫的火爆文章。時鐘差的系統最終勝出，而美國空軍先前曾向海軍的計畫發起人逼問如何操控這個系統，於是在一九七三年開始建造「天文導航全球定位系統」（Navstar Global Positioning System，簡稱NGPS，後來改稱為目前大家熟悉的全球定位系統〔GPS〕）核心的衛星系統。羅傑·伊斯頓最後獲得了桂冠：他獲頒國家技術獎章（National Medal of Technology）和其他榮譽頭銜，包括以這個系統主要發明人的身分入選美國發明家名人堂（National Inventors Hall of Fame）

美國空軍上校帕金森曾與伊斯頓爭奪GPS發明者寶座，同時因為研究所謂的「自動化戰場」而聞名。帕金森主要從軍事眼光看待GPS，但伊斯頓懷抱詩情畫意的理想，認為這個系統延續了約翰·哈里森在18世紀對經度和高精密度時鐘的研究。

由於這個系統面臨許多技術問題，因此覆蓋全球所需的衛星以系列（series，亦稱為區塊〔block〕）方式發射到太空來逐步解決問題。第一個區塊（Block I）的前十個裝置（衛星）在一九七八年與一九八五年之間進入軌道，而一九七八年二月，GPS便正式啟用，起初僅供美國軍方使用。爾後，美軍運用了GPS定位去發動軍事攻擊（比如襲擊利比亞領導階層）。美軍設計武器和炸彈時都內建GPS系統，這些就是眾所周知的精靈炸彈（smart bomb，又稱導引炸彈）。此後，整體戰爭（一九九一年的波斯灣戰爭〔Gulf War〕可謂這類戰爭的第一次）開打時，GPS都是規劃和戰術的重要部分。（打頭陣帶領軍隊進攻科威特的坦克車都配備GPS接收器。）此後，七十顆GPS衛星逐漸進入離地表大約一萬兩千哩的中地球軌道（medium Earth orbit）。目前剩下三十一顆衛星，這些衛星全部由美國航太製造廠商洛克希德．馬丁（Lockheed Martin）或波音公司（Boeing）製造，大部分由美國空軍從一九九七年起以擎天神五號運載火箭（Atlas V rocket）從卡納維爾角發射升空，因此有些衛星使用很久了。這些衛星共同組成GPS的運作骨架，人人都仰賴它，而美國政府免費提供這個造福全人類的定位系統。

❾布拉德福德．帕金森在空軍服役時全心研究「自動化戰場」（automated battlefield），尤其熱衷於研發武力強大的AC-130戰機，這種飛機號稱「終結者」（terminator），乃是終極的固定翼空中砲艇（fixed-wing gunship）。帕金森能與GPS系統扯上關係，主要起源於某次的傳奇會議，亦即「孤獨大廳會議」（Lonely Halls Meeting）。這場會議在一九七三年的勞動節（Labor Day，譯注：美國聯邦的法定假日，時間是每年九月的第一個星期一）週末舉行，地點位於幾乎空無一人的五角大廈（Pentagon，譯注：坐落於美國首府華盛頓特區，乃是美國國防部所在地）。當時，一組精心挑選的空軍軍官概略討論了GPS的架構。帕金森認為，GPS系統極為重要，能讓戰機「向同一個洞穴投下五枚炸彈」。相較之下，伊斯頓認為自己是仿效兩個世紀之前熱衷於鐘錶的約翰．哈里森來從事研究，運用現代科技連結時間和空間。

ＧＰＳ確實造福了大眾。美國政府擁有ＧＰＳ，但平民百姓都能毫無限制地使用這個系統。它最初是最高機密的系統，屬於核子戰略武器的一部分，旨在確保裝載原子彈的飛機和裝有核彈頭導彈的潛艇能夠準確知道自己的位置，以及它們攜帶的武器能夠準確找到目標，誤差不會超過幾公尺。一九八三年，韓國航空公司〇〇七班機（Korean Air Lines Flight 007）從阿拉斯加安克拉治（Anchorage）飛往南韓首爾（Seoul），不料偏離正常航道，進入庫頁島（Sakhalin Island）上方的禁航空域，結果被蘇聯戰機擊落。這起意外引起軒然大波，時任美國總統的雷根（Ronald Reagan）於是決定，平民用戶（最初是航空公司，後來納入平民百姓）應該能夠使用ＧＰＳ的技術。美國軍方聲稱，獨自享有定位訊息能夠保持戰略優勢，開放這個系統之後，優勢便會喪失殆盡，但雷根主政的白宮認為，故意隱瞞準確定位的方法有道德瑕疵。此外，蘇聯當時正處於崩潰邊緣，而且忙於建構自己的全球導航系統。（這個系統已經存在，稱為全球導航衛星系統〔GLONASS〕。還有一個泛歐系統，稱為伽利略定位系統〔Galileo〕；中國的定位系統稱為北斗衛星導航系統〔Beidou〕，已經啟動並運行，很可能很快就會像ＧＰＳ一樣無處不在。）然而，就目前而言，ＧＰＳ仍然是最重要的。只要沒有邪惡的駭客能滲透美國的防禦機制，在未來幾年，這個定位系統依舊能保持至高無上的地位。

將ＧＰＳ開放民用之後許多年，美國國防部仍然感到不安，認為普通人不該知道橢圓形辦公室（Oval Office）[10]的確切位置，誤差絕對不能小到一到兩公尺，因此要求美國空軍故意導入誤差，迫使GPS系統稍微產生偏差，平民用戶定位時，誤差就不會小於水平一百五十呎和垂直三百呎。然而，柯林頓總統（President Clinton）在二〇〇〇年下令取消這種限制，亦即所謂的選擇性可靠度（selective availability）。此後，全球用戶無論出外狩獵或週末乘船出遊，皆能靠著汽車、手機、手錶或攜帶手持裝置的GPS接收器來準確定位，誤差只有幾公尺而已。某些測量小組會使用特殊的接收器，並耐心等待更多的衛星出現於視野（至少要有四顆衛星在視線範圍內，才能獲得良好的讀數；某些測量人員會等到十二顆衛星進入視線），聲稱定位時能精準到只有幾公釐的誤差。

目前整個GPS系統是由守衛森嚴的美國施里弗空軍基地（Schriever Air Force Base）來運作。這個基地靠近科羅拉多斯普陵（Colorado Springs），位於沿著當地落磯山脈（Rockies）雨影區（rain shadow）[11]開展的東向傾斜平原上，鎮日塵土飛揚。它也靠近夏延山（Cheyenne Mountain）著名的核戰碉堡，據說美國若遭遇核武攻擊，政府便會躲在此處避難。施里弗基地幾乎管遍了國防部的數百顆衛星，其中多數衛星是用來收集情報，

[10] 譯注：位於白宮西廂，乃是美國總統的正式辦公室。

[11] 譯注：山脈背風面比迎風面雨量明顯較少的區域。

圖中是位於美國空軍「第二太空行動中隊」行動室的技術人員。這個中隊負責管理三十一顆GPS衛星，而這些衛星替全球提供極為準確的導航和位置訊息。

屬於高度機密，飛越各地上空時將專心進行各種可疑的任務。然而，在龐大且高度警戒的基地內部是空軍的核心機構，同樣受到層層保護，這些是「第二太空行動中隊」（Second Space Operations Squadron，簡稱2 SOPS）的男女軍官。他們根據美國的座右銘「和平之路」（Pathways for Peace），專門負責管理和維護構成美國GPS的三十一顆衛星。當衛星從地平線上出現時，此處的主要控制站（Master Control Station）會檢查它是否運作正常，而且無論任何時刻，全球各地的十六個監測站至少有三對眼睛（三名人員）在一整排超高速電腦的輔助之下日夜監控每顆衛星。

其中四個監測站有複雜的天線，可以將訊息上傳到衛星，其中包括重要的訊息，用來校正每顆衛星攜帶的原子鐘，數據可精細到百萬分之一秒。雖然每顆衛星發出其精確位置訊息確實很重要，但它能夠傳送超級精確的時間訊息也是重要得不得了，因為ＧＰＳ的功能不僅是替地球提供導航服務。我們可以說，ＧＰＳ時鐘讓現代世界的經濟得以運行，而且確保它能按時運行，誤差遠遠少於一毫秒（millisecond）。

總結：星羅棋布的ＧＰＳ衛星在地球上空盤旋或掠過，專門提供精確的時間。訊號的「發播時間」（time of transmission）是一個數字，會立即與它的「抵達時間」（time of arrival）相比，馬上算出的時間差異就是「飛行時間」（time of flight）。從四次飛行時間便可算出（將數字乘以光速）四個距離。根據這四個距離來進行三角測量（triangulation），便可得出接收器的精確位置，誤差通常在五公尺以內。隨著衛星的時鐘愈來愈精良，所有的計算都會根據愈來愈精準的時間，因此推算的位置也會愈來愈準確。從基本幾何布置來看，美國的ＧＰＳ以及俄羅斯、中國和歐洲的定位系統都以優雅簡潔的方式布署；然而，這些系統的核心都是極為精密的裝置，能夠提供準確的訊息，而正是如此，ＧＰＳ才能以相當驚人的準確度執行任務。

這些任務遠遠不僅止於將船舶安全引入港口，或者在尖峰時段引導汽車穿越蒙古國首都烏蘭巴托（Ulaanbaatar）的街道。無論是行動電話、農業、考古、研究大地構造、救災、製圖、研發機器人和從事天文研究，隨著作為引導的時間和地點訊息愈來愈精準，任何需要這類資訊的人類活動都能隨之進展。[12]

我們應該相信前面的論點。然而，從哲學、道德、心理、智能（甚至靈性）的角度來看，當人類愈來愈依賴不斷提高精密度的設備和技術，令人不安的現象也伴隨而來。十七世紀時，不滿的工人曾大肆破壞機械，後來有人哀嘆精緻工藝消逝，而現代人跟盯著汽車遠光燈的鹿一樣，受到電子產品的隱形魔法蠱惑而迷惘，世世代代的人都抱持相同的疑惑。（我稍後會討論追求精確讓人感受的好處和實際得到的好處。）

然而，對我而言，有一件事是非常清楚的。即便事隔半個世紀，我仍然記得自己當年替鑽油平台在汪洋中定位時偏離目標兩百呎。沒錯，鑽井開鑿了，也鑽到了天然氣，計畫非常成功。然而，還是偏離了兩百呎。我每次想到這點，都會很失望。那是不準確的。那是不準確的。我這些日子告訴自己：當年巴爾的摩的物理學家團隊正在評估史波尼克衛星發射後的影響，而他們已經在討論一種衛星定位技術。如果我那時可以使用GPS，我應該可以讓鑽油平台停泊在誤差範圍不到十呎的地方，大家都會很滿意。話雖如此，即便巴爾的摩的專家那時已經討論衛星導航十年了，甚至已經踏出建立系統的第一步，還是得再等二十年，美國才會發射一群有用的衛星，讓我和其他一樣的百姓可以使用這套定位系統，有能力把以前的事情做得更好。

誤差不到十呎，就會比誤差兩百呎好很多嗎？畢竟，鑽井隊長說過，差兩百呎「夠好了」。

我有一位日本朋友，他在太平洋西北部的遙遠地區工作，擔任深海研究船的導航員。他在艦橋上有一部GPS信號器，可以跟十二顆GPS衛星通聯（iPhone通常跟三到四顆GPS衛星聯繫），能夠準確得知自己在汪洋中的位置，誤差不到幾公分。他身處於風起浪湧的孤寂大海，得知的位置誤差卻只有幾公分，不是幾碼，也不是幾公尺，甚至不是幾呎。

我深切記得，阿莫科石油的鑽井隊長說兩百呎的誤差夠好了。我告訴那位日本朋友，鑽井工人非常樂觀，他聽了不禁莞爾。他說道，那是六〇年代，但那不是追求精密

⓬十九世紀的人類在製圖上獲得許多重大的成就。我們根據現代GPS提供的數據來檢視昔日的繪圖時，發現它們非常準確，著實令人驚訝。從一八三〇年起，英國地理學家喬治·埃佛勒斯爵士（Sir George Everest）開始進行為期十三年的印度大三角測量計畫（Great Trigonometric Survey of India），聘請了數千名雇工在冰川、叢林、沼澤和炎熱沙漠用鐵鏈和經緯儀（theodolite）進行地理繪測，並且以喜馬拉雅山脈（the Himalayas）和印度南部科摩林角（Cape Comorin）之間一千四百哩的「大弧」（Great Arc）為基準。二〇〇三年，人們使用雷射技術和衛星重新測量「大弧」，發現前述維多利亞時代的測量結果只誤差百分之〇·〇九。此外，他們對印度的垂直測量結果與水平測量結果一樣準確：該團隊算出喜馬拉雅山脈的最高峰（第十五峰〔Peak XV〕）為兩萬九千零二呎；日後的調查顯示，山峰高度為兩萬九千零二十九呎。這座山峰後來被命名為聖母峰（Mount Everest），英語發音為Evv-rest（埃佛勒斯），不同於埃佛勒斯爵士的姓，唸他的姓時，要唸成Eve-rest，重音位於第一個音節。只要談到這座高聳的山峰，不禁讓人想起維多利亞時代的精準測量技術。

度的精神，「夠好了」絕對不代表夠好了。

他提高嗓子說道，以後可能連誤差幾公分也不夠好，或許確認汪洋位置時，誤差不能超過幾公釐。他說道：「精密度沒有極限，要不斷追求絕對的完美。」

這番話語仍然縈繞於耳，猶如新興宗教（或邪教）宣揚的口號。

Chapter IX

第九章

（公差：0.00000000000000000000000000000000000000001）

擠壓緊逼，超越極限

超精密電晶體

有兩個重要因素可決定微小粒子的運動，亦即它的位置和速度，但永遠無法同時準確知道這兩個因素。不可能同時準確得知一個粒子的位置、方向和速度。

——德國物理學家維爾納·海森堡（Werner Heisenberg），《原子核物理學》（*Die Physik der Atomkerne*）（1949年）

從二〇一八年夏天起，每隔幾個星期，三架大型波音貨機（通常是改裝的荷蘭皇家航空公司無窗波音七四七）都會從阿姆斯特丹（Amsterdam）郊外的史基浦機場（Schiphol）起飛，運載一批貴重貨物，飛往美國亞利桑那州（Arizona）鳳凰城（Phoenix）西部沙漠遠郊區（exurb）[1]的昌德勒市（Chandler）。貨物總是一成不變，每架飛機都運載九個白色板條箱，每個板條箱都比一個人還要高。必須出動十幾輛十八輪大卡車才能將這批沉重貨物從鳳凰城機場運到二十哩以外的目的地。所有貨物運抵之後會被人從箱子裡取出，然後用螺栓固定，組成一台重達一百六十噸的巨型機器。這是一部現代工具機，直接承襲自一個世紀或更早以前約瑟夫·布拉馬、亨利·莫茲利、亨利·萊斯和亨利·福特等先輩發明和製造的工具機。

這匹荷蘭製造的龐然巨獸（整批訂單包含十五台機器，要交付到昌德勒。每台機器運抵時，必須跟出廠時一模一樣）與其鑄鐵先祖一樣，乃是製造機器的機器。然而，這部巨型設備不是用來精密切割金屬以製造機械設備，而是要打造人所能想像到的最小電子裝置，而裝置沒有可見的移動元件。

精密度進展了兩百五十年，終於迎來演變之旅的高潮。在此之前，所有製造時追求某種精密度的裝置和發明幾乎都以金屬打造，而且必須實際運動來執行本身的功能。活塞上升和下降；鎖具打開和鎖上；步槍擊發子彈；縫紉機縫緊織物，形成褶邊（hem）

和織邊（selvedge）；腳踏車沿著車道搖晃前行；汽車在高速公路上行駛；滾珠軸承旋轉和打轉；火車轟隆穿過隧道；飛機橫越天際；望遠鏡被人布署；時鐘滴答運轉或低沉作響，指針不停向前移動，永不回頭，每次精準移動一秒。

爾後，大型電腦問世，接著個人電腦普及，後來有了智慧型手機，最後出現以前難以想像的現代工具。隨著科技高速進展，質變時代於焉降臨，精密度的尖端領域已經踏入遙遠的彼岸，彷彿穿越一扇隱形門戶，從純粹的機械和物理世界進入另一個停滯不動的寧靜宇宙：此處的電子、質子和中子取代了鐵器、油料、軸承、潤滑劑、耳軸（trunnion），以及引起典範轉移的可互換零件概念；此外，雖然元件可能會發出強烈光線或產生陣陣高熱，但沒有元件會像機器零件一樣彼此相碰，打造機器時也不必要求每個零件都得精確測量過。此時，精密度已經臻於某種程度的準確性，只牽涉相關性（relevance）且用於近原子（near-atomic）層級，同時適用於幾乎所有的現代電子裝置，而這些裝置遵循迥異的規則運作，可以用來執行人們迄今從未想過的任務。

被送去亞利桑那州執行這類任務的裝置在組裝完畢之後跟小型公寓一樣大，它的正式名稱為NXE:3350B極紫外光（EUV）光刻機（NXE:3350B EUV scanner）。生產這台機

❶譯注：遠離suburb的地區，通常為富人置產的半田園式住宅區。

器的是一家在荷蘭註冊的公司。該公司僅以首字母ＡＳＭＬ自稱，雖作風低調，卻極為重要。訂單的每台機器要價約一億美元，因此訂單總值為十五億美元左右。

下單客戶的營業地點位於昌德勒，家大業大，可輕鬆負擔這筆費用。根據業界行話，這家客戶的工廠是「晶圓廠」（fab，全名叫 fabrication plant），乃是由一大群龐大無奇的建築物組成。由於新的世界秩序興起，製造金屬物件（機械）的工廠（factory）逐漸被生產電子產品的製造廠[2]取代。五十年以來，英特爾公司（Intel Corporation）是現代電腦產業的中流砥柱，目前的資產超過一千億美元。該公司在全球設置許多晶圓廠，昌德勒廠房稱為「四十二號晶圓廠」（Fab 42），英特爾在這些晶圓廠生產電子微處理機晶片（electronic microprocessor chip），這種晶片是全球電腦的運算大腦。如今，電腦產業迫切需要更快速且更強大的電腦。英特爾購置巨型ＡＳＭＬ光刻機之後，便可製造晶片並將大量電晶體（transistor）置於晶片上，製工之精密，尺寸之細小，幾乎難以想像，如此方能滿足電腦產業無止境的要求。

近年來，管理這兩項任務（一是製造晶片，二是製造用來製造晶片的機器）令人矚目，彼此交互影響。如今，英特爾和ＡＳＭＬ共同發展的技術[3]是在極其微小的尺寸上執行，要求的公差也甚小。數十年以前根本難以想像要達到這種精密的程度，會認為過於荒誕，猶如天方夜譚，壓根無法辨到。話雖如此，大家顯然認為達到這種精密程度之後，全人類或許可以獲益良多。英特爾和ASML都會舉手贊同，能達到這點當然很好。

電子世界不斷朝向超精密化發展，英特爾創辦人之一的高登・摩爾（Gordon Moore）可謂箇中推手。摩爾發明的技術能夠用來製造日漸縮小的電晶體，先將數百萬顆電晶體、後來則是將數十億顆電晶體塞到一個微處理機晶片（現今出廠電腦的核心和靈魂）。他憑藉這項技術發了大財。然而，摩爾最為人所知的成就，乃是在一九六五年預測（他當時三十六歲，即將出人頭地）：從那時起，重要電子元件的尺寸每年將縮減一半，電腦的運算速度和效能也會每年加倍，而這種趨勢會每年穩定持續下去。

摩爾提出預測之後，他的同事立即將它稱為摩爾定律（Moore's law）。如今，修正的摩爾定律已經享有至高無上的地位，尤其是因為它經過驗證，大致正確無誤，預測得很準。然而，正如摩爾本人所說，他的定律「推動」了電腦產業，卻沒有精確「描述」這個產業的發展。如今，製造電腦晶片的公司卯足全勁，努力製造公差逐漸縮減的微小晶片，只是為了維繫摩爾定律掀起的風潮。

---

❷晶圓廠的英文又叫foundry，源自於十七世紀的一個詞。這個詞原本指粗陋的鋼鐵廠，後來形容二十一世紀精緻的電子製造廠。

❸這兩家公司相互依賴。二〇一二年，英特爾斥資四十億美元收購ASML百分之十五的股份，認為這家荷蘭公司的研究人員可善用這筆資金，打造更精密卻更便宜的微處理機晶片製造機。

近年來，電子期刊充斥著討論新晶片、新處理器（processor）或新設計主機的文章，不斷指出摩爾定律雖然早已問世三十到五十年，目前仍然有效。在不知不覺之中，明智的摩爾似乎成為令人尊重的花衣魔笛手（Pied Piper），❹引領電腦產業往前邁進、製造更微小卻更強大的裝置，一切都只為了符合他的預測。話雖如此，許多消費者可能會抱持反對意見，甚至信奉「破壞機械運動」，認為無須拚命追求極致，寧可沉澱心靈、享受寧靜時光和滿足於現況，不願老是覺得必須購買最新的iPhone或配備最新和最快微處理器的裝置（民眾可能不清楚微處理器是什麼，也不知道它能做什麼），以便「跟上摩爾的腳步」。

相關數字令人難以置信。正在全球各地運作的電晶體，其數量（大約是十五萬兆〔quintillion〕，❺亦即一五〇〇〇〇〇〇〇〇〇〇〇〇〇〇〇〇）多過全球樹葉的總和。二〇一五年，四大晶片製造商每秒鐘生產十四兆個電晶體。此外，電晶體已經縮小到跟原子一樣小。

話雖如此（這就是斷言：基本的物理常數可能各自有讓物質穩定的設計），我必須指出，傳統的電子設備似乎即將達到某種物理極限。五十年來，摩爾定律大獲成功，預測精準無比，不過它即將失靈。當然，電腦產業不會因此而停止推出嶄新技術，眼下的發展態勢足以證明這點。然而，摩爾定律是否適用於新技術仍有待觀察。

高登．摩爾出生於一九二九年，父親是北加州聖馬提歐縣（San Mateo County）的縣治安官（sheriff）。摩爾一生致力於改進電晶體，而在他出生之際，某位摩爾從未謀面的人剛剛提出電晶體的概念，這個人就是物理學家尤利烏斯．林費爾德（Julius Lilienfeld）。林費爾德在一九二〇年代離開德國萊比錫（Leipzig），遷居麻薩諸塞州（Massachusetts），當時提出一系列製造全電子式閘道器（all-electronic gateway）的構想，但是構想不甚明確且欠缺條理。這種閘道器可運用時稱半導體（semiconductor）的物質，讓低電壓電流控制極高電壓電流，而且可隨意開啟和關閉電流，甚至放大電流，完全不必使用移動元件或耗費過高的成本。❻

在此之前，這類工作是由一種易碎、昂貴且（運作時）高熱的玻璃管（封裝的二極管／體〔diode〕，後來改為三極管／體〔triode〕）：林費爾德夢想有一天這種玻璃管的固態（solid）版本可能會取代它，從而使電子產品更小巧便宜，運作時也不會發燙。一九

❹譯注：童話故事的主角。德國有個飽受鼠患的村落。某天，村落來了個外地人，自稱捕鼠能手。村民向他允諾，若能除鼠患，便重金酬謝。這位外地人於是吹起笛子，鼠群聞聲而至，隨行至河流而淹死。

❺譯注：美國10^{18}；歐洲10^{30}，作者指美國的算法。

❻譯注：電晶體是一種電流驅動的半導體元件，可控制電流的流動，其中基極的少量電流可控制集極和射極較大的電流。電晶體可以用來放大訊號、當作開關或振盪器。

約翰・巴丁、沃爾特・布拉頓和威廉・肖克利（從左至右）發明了「電晶體效應」（transistor effect）而共同獲頒1956年的諾貝爾物理學獎。巴丁後來研究半導體，又在1972年獲頒諾貝爾獎。歷來只有四人曾兩度榮獲這項桂冠，巴丁是其中之一。

二五年，他繪製了「控制電流的方法和裝置」（A Method and Apparatus for Controlling Electric Currents）的圖表，在加拿大替這種構想申請專利。他的方案完全是概念性的，因為無法用當年的技術和材料製造這種裝置，有的只是他的構想和新發表的原理。

時光悄然飛逝，但該構想長存。二十年之後，林費爾德的概念才被人落實。年輕的摩爾學習能力不錯，但並非天賦異稟。當他進入加州大學體系就讀時，能運作的電晶體已經問世且演變發展。

一九四七年，離聖誕節還有兩天之際，貝爾實驗室（Bell Labs）的物理學家約翰・巴丁（John Bardeen）、沃爾特・布拉頓（Walter Brattain）和威廉・肖克利（William Shockley）推出了第一顆可運作的電晶體。值得一提的是，肖克利執拗固執，後來因為支持優生學（eugenics）而遭人譴責。他曾冷靜計算過戰爭傷亡人數，讓杜魯門總統（President Truman）決定在廣島和長崎投下原子彈。這三位學者後來獲頒一九五六年的諾貝爾物理學獎；肖克利致詞時指出，他們提出這項發明之後，「許多目前未預見的發明將會問世。」他只說對了一半。

當時，這項發明還沒被稱為「電晶體」，一年之後，這個術語才被字典收錄。電晶體展現出混合的電子特性，❼英文是transistor，由transfer（傳遞）和resistor（電阻器）組合而成。然而，電晶體的體積也不小；它的原型目前保存於貝爾實驗室的鐘罩（bell jar）內，有導線、各種部件，以及從前鮮為人知的銀色輕金屬（light-metal）元素鍺（germanium）半導體薄片，整體大小等於小孩的手掌。

然而，幾個月之後，這種會產生「電晶體效應」的裝置變得非常微小。到了一九五〇年代中期，第一批電晶體收音機出現於市場，內有小型玻璃套管，特有的三根導線從底部向上凸出（一根將閘電壓〔gate voltage〕導入電晶體；其他兩根分別源極〔source〕和汲極〔drain〕，名稱枯燥乏味。唯有電壓通過閘極〔gate〕之後，這兩根導線才會起作用），成為大街小巷常見的用品。

❼譯注：電晶體是電流驅動的「半」導體元件。

這些玻璃套管和導線體積很小卻功能強大，但嚴格說來，它們還是不夠「微型」（tiny）。一九五四年，以矽晶圓（silicon wafer）製造的電晶體問世，理論上才能將電晶體微型化。最重要的是，到了一九五九年，人們終於打造出第一個完全平坦（flat）／或稱平面（planar）的電晶體。此時，年輕的摩爾已經在加州柏克萊大學（Berkeley）、加州理工學院（Caltech）和約翰．霍普金斯大學研讀多年的科學，開始踏入這個領域。摩爾踏出校園，邁入商業世界，在剛起步的半導體產業打拚，探索可以將哪些發明商業化。肖克利在一九五六年離開貝爾實驗室，前往西部的帕羅．奧圖（Palo Alto）[8]成立「肖克利電晶體」（Shockley Transistors）。摩爾應聘為該公司員工，在肖克利的吩咐下，尋找他預測的第一個「未預見的發明」。

摩爾四處探索，奠定了日後矽谷（Silicon Valley）的基礎，可謂建造了尚未完成的大教堂，迎接即將降臨的半導體信仰。肖克利擁有諾貝爾獎的光環且聲名遠播，有足夠的資金僱用想要的人才。他馬上籌組了一個罕見的頂尖科學團隊，請摩爾擔任首席工程師，同時延攬其他同等聰明的年輕物理學家和工程師。然而，肖克利馬上就將這批員工逼瘋了。不到一年，在他的第一批雇員中，有八個人抱怨肖克利專斷獨行、行事遮掩且過分偏執（肖克利不將矽當作公司研究半導體的中心元素，此舉令人費解，也無法自圓其說），於是便豁了出去。肖克利後來把這群傢伙斥為「八叛逆」（Traitorous Eight），這八人在一九五七年成立一家新公司，日後將顛覆產業。這家新創公司[9]稱為快捷半導體公司，起先製造一大批基於矽的新產品，然後不斷縮小產品，使其具備強大的運算能力，以往只有占據整批空調房間的巨型機器（電腦）才能提供同等的運算能力。

快捷半導體有兩項重要成就，據說其中之一是發明平面電晶體。這種技術問世之後，不僅可使電晶體迅速小型化（miniaturization），也促使摩爾撰寫他著名的預測。然而，出了封閉的半導體領域，幾乎沒人記得誰發明了這種技術。「八叛逆」之一的金・阿梅帝・赫爾尼（Jean Amédée Hoerni）生於瑞士的銀行家族，他是理論物理學家，三十二歲成立快捷半導體，平生熱愛攀岩、登山和思考。

他的發明簡潔優雅，立即改變了電晶體製程。在此之前，電晶體基本上是採用機械製造，先在矽晶片蝕刻微型凹槽，再將鋁導體順沿凹槽置入，製成的晶片便有蝕刻的「山丘和山谷」，形狀猶如西部沙漠的方山（mesa）（快捷半導體的產品因此被稱為凸丘電晶體〔mesa transistor〕），然後被封裝到小型的金屬殼，有三根向外伸出的導線。

---

❽ 譯注：加州城市，位於舊金山灣區西南部，毗鄰著名的史丹佛大學。

❾ 快捷半導體成立之際（這八個離開肖克利的人各投資了五百美元），還沒有「新創公司」這個詞。直到一九七〇年，這個詞廣為人知，一九七六年在車庫創立的蘋果電腦便是典型的例子。

這些電晶體仍然稍顯大而笨拙。史波尼克衛星升空之後不久，美國的太空產業冀望新的電子零件能夠小巧、可靠且便宜。此外，快捷公司的凸丘電晶體並不可靠：蝕刻之後經常會殘留微小的樹脂、焊料或灰塵，然後在金屬殼內四處碰撞，發出咔噠聲，導致電晶體不穩定，甚至無法運作。業界需要能夠順暢運作的小型電晶體。

赫爾尼喜怒無常、個性孤僻且為人嚴肅。他提出了一種構想，亦即在組成電晶體的純矽晶體之上塗覆一層矽氧化物（silicon oxide）當作絕緣體，也沒有「山丘和山谷」或方山，免得製成的電晶體承載多餘的量體。赫爾尼堅信，他的發明將比凸丘電晶體小得多，而且更加可靠。為了證明這點，他叫一名技術人員製造一顆只有點大（直徑僅一公釐）的原型，然後向它吐痰，以此證明任何不良的人類行為都無法干擾它。這顆電晶體表現完美，體積很小、運作順暢，似乎堅不可摧，至少不怕被人羞辱。它也很便宜，立即成為快捷半導體的明星產品。

快捷半導體有兩項顛覆產業的產品，這只是其中之一。另一項產品的靈感來自於另一位從肖克利公司叛逃的員工，名叫羅伯特・諾伊斯（Robert Noyce）。諾伊斯在公司筆記本上[10]信手塗鴉時想到如下的點子：既然平面電晶體即將問世，是否可能在同樣的矽晶片矽氧化物塗層之上放置成熟電路（電阻器、電容器、振盪器與二極體等等）的平面版本元件？換句話說，難道不能「集成」（integrate）電路嗎？[11]

如果辦得到這點，而且如果每個元件已經夠小，而且最重要的是，它們幾乎是扁平的，那麼是否可以運用照相放大器（photographic enlarger）的原理，用照相手法將電路印刷到矽晶片上？

暗房放大器的原理成了這個構想的基礎。放大器根據一小片賽璐珞（celluloid）影像的負片（negative）（例如，三十五公釐的相機底片），然後使用鏡頭來製作放大版本的影像（或者編輯過的部分影像），最後將其印到感光紙（light-sensitive paper）上。諾伊斯在筆記本上寫著，可以反向運用相同的原理。設計師可以在透明介質上繪製大幅的積體電路圖，然後使用類似於放大器的設備，但設備的鏡頭被改裝過，不會放大圖像，而會將圖像縮得極小，最後將縮小圖樣印到矽晶片的矽氧化物塗層上。

當時已有能執行這項工序（稱為光刻法／光蝕刻法〔photolithography〕）的機器。此

---

❿在快捷半導體的辦公室，許多聰明之士會在筆記本上亂塗亂畫，因此公司律師要求工程師請人在信手塗寫的筆記上簽名並見證，以便能將該申請專利的構想歸功於正確的對象。例如，諾伊斯見證了赫爾尼書寫平面電晶體的筆記，並且在上頭簽名。奇怪的是，沒有人見證過諾伊斯一九五九年一月塗鴉的四頁筆記並在上頭簽名，這就表示他撰寫的主題，亦即積體電路（integrated circuit）的概念，從未被正式認可。沒錯，傳聞是由他提出的，但這項傳聞未嘗被正式確認，也不具法律效力。

⓫譯注：製造積體電路。

外，大約就在此時，活版印刷商開始改用聚合物板（polymer plate），運用的便是這種構想。印刷商不靠人工排組鉛字，而是打印工作頁面，然後將頁面送入照相平版印刷機，機器便會複製出一片內容相同的柔軟聚合物。

所有的字母和其他字元（全部的字符）都會凸出於聚合物板的表面，可以用平壓機（platen press）將這些（施墨的）字符壓印到紙上。無論從外觀或觸感來看，這種方法印出來的效果跟老派的手工活版印出的效果一模一樣。為何不改裝這種機器將電路（而非文字）印刷到矽晶片（而非聚合物板或紙張）？

其實，這道工序的機制非常難以處理：電路圖像很小，所有的步驟必然要求最高的精密度和最小的公差，而且成品會很小，起初難以臻於完美，幾乎每次都失敗告終。然而，在一九六〇年代初期，諾伊斯、摩爾和快捷半導體的摩爾團隊辛苦研究數個月之後，終於順利製造出積體電路的裝置，並且讓裝置成為平面：壓平這些電路、減少它們的體積、耗電量和散熱量，以及將它們集中到一塊平面基體（substrate）上，使其成為積體電路。

這是真正的突破。在一九二〇年代，林費爾德首先提出這個構想；肖克利和其他貝爾實驗室的諾貝爾獎得主顫顫巍巍地跨出了第一步；然後，赫爾尼發明了平面電晶體，其內部構造是薄層，而非獨立的晶體，頃刻之間，便能縮小電路，進而生產速度逐漸增加、功能益發強大且尺寸愈來愈小的電子零件。

只須施加極小的電源，便可不斷迅速開啟或關閉這些電路中的電晶體。電腦是根據電晶體的二元狀態（binary state），亦即開啟或關閉，來從事所有的類比（後來改成數位）運算，所以製造電腦時，這些極小的新矽晶片至關重要。如果電晶體數量足夠且運作速度夠快，便可讓電腦功能變得極為強大、運算非常快速、售價甚為低廉。一旦生產了積體電路，個人電腦必將問世。此外，快捷半導體那群聰明之士還根據體積日益縮小但運算逐漸加快的電路，構思和設計出一批接著一批的別種裝置。

話雖如此，快捷半導體財務狀況不佳，反觀其他的新創企業，比如德州儀器（Texas Instruments）[12]有多餘的資金或財大氣粗的母公司，能夠擴展到新興市場。由於快捷半導體無力與對手競爭，某些雄心勃勃的創辦者便選擇離開，重新成立自己的公司，專門設計和製造半導體。摩爾和諾伊斯在一九六八年成立了英特爾，這間公司當時被稱為「快捷的孩子」（fairchildren）。

---

⑫ 德州儀器也發明了積體電路，但使用體積更大的凸丘電晶體，而非快捷半導體的平面電晶體。然而，該公司的傑克．基爾比（Jack Kilby）卻憑藉這項發明而獲得二〇〇〇年諾貝爾物理學獎。當時，諾伊斯已辭世十年；基爾比和諾伊斯是競爭對手，但他在致詞演講中很謙虛，指出諾伊斯和他共同發明了積體電路，理應獲此殊榮。

英特爾成立不到三年，便正式推出全球第一款商用微處理器（晶片上的電腦），這就是著名的英特爾四〇〇四（Intel 4004，唸成forty-oh-four）。值得一提的是，這種新技術引入了新型態的精密度：這顆處理器長一吋，內部有一片微小的矽片，寬為十二公釐，上頭刻有令人嘖嘖稱奇的積體電路，至少印著兩千三百個電晶體。一九四七年時，一顆電晶體的大小與小孩的手掌一樣大。二十四年之後，亦即一九七一年，微處理器的電晶體只有十微米寬，等於一根人類頭髮直徑的十分之一。從寬如手掌到細如頭髮。原本的細小尺寸已經變得微小尺寸。世界逐漸迎來巨變。

英特爾四〇〇四原先是替名為Busicom的日本計算機製造公司而設計這顆微處理器。這間日本公司資金不足，需要降低生產成本，於是打算用電腦晶片當作運算引擎，因此接洽了英特爾。根據英特爾的傳聞，他們當時在日本古城奈良（Nara）的一間旅館舉行腦力激盪會議，一位遭人遺忘的女性設計了計算機的基本內部架構，要求當時具備縮小電晶體獨特能力的英特爾生產必要的小型處理單元（processing unit）。[13]

計算機最終被製造出來，並於一九七一年十一月推出。宣傳廣告將它描述為全球第一台使用積體電路的桌上型機器，具備強大的核心運算晶片，能力等同於房間大小的傳奇「電子數值積分器及計算機」（Electronic Numerical Integrator And Computer，簡稱ENIAC）。[14]一年之後，該公司要求英特爾降低晶片售價，當時每顆晶片的價格約為二十五美元。英特爾同意降價，但條件是要收回在公開市場出售這項發明的權利。這間日本公司心有不甘，但也只能勉強同意。英特爾四〇〇四之後被納入搭載Bally計算機（Bally computer）的彈珠台。這顆微處理器據說也曾用於NASA的「先鋒十號」（Pioneer 10）探測器，不過這純粹是空穴來風。NASA曾考慮使用這顆微處理器，但認為它太先進了。不使用晶片的「先鋒十號」在一九七二年升空，花了三十一年橫越太陽系，總共飛行了七十億哩，最終在二〇〇三年因電池耗盡而與地球失聯。

由於這顆微處理器聲名遠播，英特爾決定將核心業務鎖定在製造微處理器，而摩爾認為（在該公司生產第一顆四〇〇四微處理器的前六年，亦即一九六五年，摩爾便率先發表這項聲明，足見他有某種先見之明），晶片的尺寸每年都會減半，但速度和效能卻會加倍。換句話說，小型物件將成為微小物件，然後轉為次微小物件，最後可能縮小到原子尺寸。摩爾看到英特爾四〇〇四的運作情況和設計時面臨的挑戰之後，修改了預測，認為每兩年（而不是每一年）會發生一次變化。從一九七一年起，這項預測一直很準確，幾乎未曾失效。

⓭ 譯注：指微處理器。

⓮ 譯注：全球第一台通用計算機。

晶片愈來愈小且日益精密，此種過程進展愈來愈快。晶片製造公司（當然包括英特爾）的會計都會從中發現兩個明顯的優勢：其一，晶片愈小，成本愈低。其二，晶片會更有效率：電晶體愈小，所需電力便愈少，運作速度就愈快。到了這種水平，操作成本也會更便宜。

其他追求小尺寸的產業（比如手錶製造商）都無法既縮小產品，又能降低售價。製造薄型手錶的花費可能要高於生產厚肥手錶的成本；然而，由於晶片製造的固有指數性質（exponentiality），而且一旦將單線轉為晶片之後，可以塞入單線的晶片數量就會自動平方，每顆電晶體的製造成本便可降低。若將一千顆電晶體置於一條矽單線上，然後對一千進行平方，無須額外投入成本，便可生產具備一百萬顆電晶體的晶片。這種商業計畫顯然沒有任何缺點。

描述晶片尺寸時，通常會使用一種令人費解的術語「製程節點」（process node）。粗略的講法是，這是兩個相鄰電晶體的距離，或者電脈衝（electrical impulse）從某個電晶體移動到另一個電晶體的時間。半導體專家藉由這種度量便能實際了解電路的功率和速度。許多晶圓電晶體執行的功能與晶片效能毫無關聯，但是對於業外人士而言，使用晶圓的電晶體數量來說明還是比較容易懂。

節點尺寸幾乎跟高登．摩爾預測的一樣在不斷縮小。一九七一年，英特爾四〇〇四的電晶體間隔為十微米，這個間距約等於霧滴大小，而電路板的兩千三百顆電晶體皆相隔這個距離。到了一九八五年，英特爾八〇三八六晶片的節點已經縮小到一微米，亦即等於普通細菌的直徑。時至一九八五年，處理器通常有一百多萬顆電晶體。新世代晶片容納愈來愈多的電晶體，但節點距離卻愈來愈窄。各種代號的晶片，譬如一九九五年的Klamath、一九九九年的Coppermine，以及新千禧年最初十五年接連問世的Wolfdale、Clarkdale、Ivy Bridge和Broadwell，無不參與了這場永無止境的競賽。

這些晶片皆以姓氏來命名。以微米為單位來測量它們的節點根本毫無意義：只能用奈米（nanometer）為單位來測量才有意義，而奈米是微米的千分之一，等於一公尺（米）的十億分之一。當Broadwell系列晶片於二〇一六年問世時，節點尺寸下降到十億分之十四公尺（等於最小病毒的大小），真是不可思議，每個晶圓至少包含七十億顆電晶體。我在撰寫本文時，英特爾Skylake晶片的尺寸等於人眼可見光波長的六十分之一，因此幾乎看不見（使用兒童顯微鏡便可輕易看到英特爾四〇〇四的電晶體）。

新世代的產品會伴隨更驚人的數字，必將包含愈來愈多的電晶體，節點尺寸也會日漸縮小，而所有數據仍然落在摩爾於一九六五年預估的參數範圍內。這個產業已有半個世紀的歷史，如今仍在戮力發展，縝密規劃來獲取經濟效益，同時定睛於摩爾定律，在可預見的未來，年復一年達成（甚至超越）目標。一位自信滿滿的英特爾高層說過，在二〇二〇年製造的晶片上，電晶體的數量可能會遠遠超過人類大腦的神經元（neuron）數量。有了這般龐大的數量，其影響力著實難以估量。

要實現這個目標，必須使用龐大的機器，譬如二〇一八年從阿姆斯特丹運抵英特爾昌德勒晶圓廠的十五台光刻機。荷蘭飛利浦公司（Philips）素以製造電動刮鬍刀和燈泡而聞名，而光刻機製造商ＡＳＭＬ（最初取名為國際先進半導體材料公司〔Advanced Semiconductor Materials International〕）是在一九八四年脫離飛利浦而成立的公司。連結這兩間公司的關鍵是照明，因為ＡＳＭＬ成立之初製造積體電路工具機時，使用高強度的光束來蝕刻晶片上感光化學物。隨著晶片上的電晶體愈來愈小，便改用雷射或其他強力光源。

要花三個月才能製造一片微處理晶片，起初要培育一個非常脆弱的四百磅純矽熔圓柱，然後用細線將圓柱切成餐盤大小的晶圓，每片晶圓的厚度必須精確無比，維持在三分之一公釐厚。然後，使用化學物和拋光機（polishing machine）磨平晶圓的上方表面，使其猶如鏡面般平滑，接著將拋光妥善的晶圓盤送入ＡＳＭＬ光刻機，經歷漫長繁瑣的製程，晶圓盤便可化為可運作的電腦晶片。

每片晶圓最終將被沿著網格線切割，精確割出一千個晶片塊（裸晶〔die〕），每個裸晶最終將容納數十億顆電晶體，不僅構成現代地球上的每台電腦、每支手機、每台遊戲機、每部導航系統和每個計算機不會跳動的心臟，也是地球上方運轉的每具衛星與太空飛行器的核心構件。從晶圓切割晶片時，會對晶圓進行難以想像的小型化（miniaturization）。新設計的電晶體陣列（transistor array）會被極為仔細地繪製於透明熔融矽石遮罩（silica mask），然後向這些遮罩發射雷射光，光束會通過透鏡陣列或從一長排鏡子反射回來，最終將高度縮小的圖案準確印在網格晶圓上，一次又一次準確複製縮小的圖案。

在第一次被雷射穿透之後，晶圓就會被移除，接著被仔細清洗並乾燥，然後再送回機器，又開始使用雷射將另一個更小的圖案印在晶圓上，如此周而復始，直到三十或四十、甚至高達六十層極小的圖案層（每一層都包含複雜的電路圖）被刻到晶圓上，一層疊著一層。完成最後一道蝕刻工序之後，晶圓便會重現，此刻的晶圓已不斷被雷射照射、蝕刻，同時歷經洗滌和乾燥，應該疲憊不堪，但是跟三個月之前以處女之身進入光刻機時相比，幾乎沒有更加肥厚，這就表示光刻機製工極為精細。

清潔至關重要。試想一下，雷射正在穿越繪製圖案的遮罩時，遮罩上卻有微小灰塵，此時會導致何種後果？雖然肉眼可能看不見小於可見光波長的塵埃粒子，一旦它的陰影透過所有的鏡子而通過所有的透鏡，可能會在晶圓上成為一大塊黑點，讓數百片晶片慘遭破壞，價值數千美元的產品便會泡湯。ＡＳＭＬ光刻機殼內的情況便是如此，而這就是為何倉庫大小的光刻機製造廠要比外界乾淨數千倍。

各種製造程序都有國際認可的著名清潔標準。ＮＡＳＡ工程師是在馬里蘭州（Maryland）戈達德太空飛行中心的無塵室組裝韋伯太空望遠鏡。有人可能認為，這間無塵室是乾淨的，但它其實只符合「ＩＳＯ七號」（ISO number 7）潔淨標準，亦即每立方公尺的空氣中有三十五萬兩千個半微米尺寸的顆粒。荷蘭ＡＳＭＬ工廠的內部比這乾淨許多，要求更嚴格的潔淨度，必須符合「ＩＳＯ一號」（ISO number 1）的標準，也就是每立方公尺的空氣只能有十個只有十分之一微米大小的粒子，大於這種尺寸的粒子都不能存在。人類在正常環境中，身旁充斥汙濁的空氣和蒸汽，跟前述情況相比，清潔程度要低上五百萬倍。現代積體電路領域就是這般苛求，追求的精密度似乎進入毫不真實的世界，令人難以置信。

憑藉最新式的光刻設備，我們如今能製造出包含大量電晶體的晶片：一個電路上有七十億顆電晶體，一億顆電晶體被圈進一平方公釐的晶片空間內。然而，如此巨大的數目卻伴隨著警訊。我們肯定會達到極限。第一班火車在一九七一年駛離車站，走了將進半個世紀，即將抵達宏偉的終點站。這種情況似乎愈來愈有可能發生，尤其因為電晶體之間的空隙日益縮小，正快速直逼原子的直徑。此外，由於空間這般狹小，我們馬上會發現電晶體的某些特性（無論是電氣、電子、原子、光子或量子方面的特性）將會滲透到相鄰電晶體的場域。簡而言之，將會出現短路（short circuit），這種短路可能不會激起火花，也不引人注目，卻會導致故障，使得晶片的效率和效用大打折扣，而以晶片當作核心的電腦和其他裝置也難逃池魚之殃。

韋伯太空望遠鏡的主鏡。這面鏡子的直徑超過二十四呎，可從離地球一百萬哩處窺探四周，大幅提升人類探索宇宙邊緣的能力，甚至讓人得以窺探宇宙剛形成的時期。這架望遠鏡預計在2019年發射升空。（編按：現已延至2021年3月。）

警鐘已經敲響。然而，對於痴迷於晶片的人（或者堅信之士，認為只要嚴格遵守摩爾定律，逐字逐句跟隨其預言，世界將更加美好），耳邊還迴響著熟悉的咒語：「只要再一次就好。再試一次就好。」再增加一倍的功率，再減少一半的尺寸。在這個特殊的領域，別說「不可能」，也不要聽到這句話，更不要留意這件事。進入分子領域之後，即將面對新規則，但這些新規則與舊規則相悖。電腦產業若要遵循新規則，就得被迫放棄擴展版圖的雄心壯志，因為這些年以來，新規則遠遠難以掌控。

然而，晶片製造機製造商（尤其荷蘭廠商。他們在這個產業投資了數十億美元，不想血本無歸）正盡力遵守規則，滿足晶片製造商的願望，努力達到某些人認為難如登天的夢想。他們的新一代設備確實能讓晶片製造商生產更小的晶片，超越「可能達到」（possible）或「審慎應對」（prudent）（甚至兼顧兩者）的境界。

新機器不再採用可見光雷射，改用所謂的極紫外光（extreme ultraviolet，簡稱EUV）輻射，其波長為一百三十五億分之一公尺。根據理論，如此便能製造原子尺度的電晶體，達到極為尖端先進的超亞微觀（ultra-submicroscopic）精密度，同時保有某種商業優勢。

處理EUV輻射絕非易事。這種輻射只能在真空傳播。它無法被鏡頭聚焦，而且不能與常見的鏡子搭配運用，只能使用名為布拉格反射器（Bragg reflector）的多層昂貴設備。

此外，最好由電漿（plasma）產生ＥＵＶ輻射。電漿是一種熔融金屬的高溫氣態形式，必須用傳統的高功率雷射擊打合適的金屬來產生這種離子體。

某間美國公司（ＡＳＭＬ隨後併購）已經開發出獨特的技術來產生特殊類型的ＥＵＶ輻射。有人指出，這家公司研發的方法幾近瘋狂，而這點不難理解。

他們先將極為純淨的金屬錫加熱到熔化，再將這炙熱液體噴射到真空室之中。高速噴出的細流看似連續，其實是由每秒快速移動的五萬顆液滴組成。然後用第一道雷射光擊打這些液滴，使其成為粉餅狀，藉此產生更大的表面積，讓第二道極強的二氧化碳雷射（carbon dioxide laser）得以照射每顆扁平液滴：此時，每顆液滴會立即成為高熱電漿，高速發射另一道所需的ＥＵＶ輻射。（被照射的液滴也會產生廢錫碎片。如果不偶爾以高速噴射的氫氣將它們吹掉，這些廢錫可能會固化。）

然後，在這種高熱環境下產生的ＥＵＶ輻射會穿越繪製電晶體陣列的精緻遮罩（亦即新的極小型積體電路），然後沿著布拉格反射器（每台機器的光學精密度極佳）的階梯路徑向下移動，然後照射到矽晶圓，開始蝕刻晶圓，公差極小，只有五十（甚至七十）億分之一公尺。如果一切正常（我在撰寫本文時，情況似乎如此），透過這種古怪方式製造的第一批超級複雜晶片將於二〇一八年問世。屆時，已經提出五十三年的摩爾定律又將再度成為追求的焦點。

然而，所有人都在問，還要堅持多久？有了ＥＵＶ光刻機，摩爾定律又能暫時奏效，但這道緩衝隨後必定被全速撞擊，一切都將戛然而止。換句話說，實情即將敗露。Skylake電晶體大約只有一百個原子的厚度。我們知道，電腦運算的關鍵是零與一，產生這種二元態的電晶體開啟與關閉雖然運作正常，但這些微小的元件只有如此少量的原子，著實難以儲存或運用數位訊號，因此愈來愈難以辦到這點。有人提出克服這些限制的方法，運用一些所謂的「傳統」晶片，讓晶片逐漸成為三維型態：將晶片堆疊於晶片之上，同時使用成排超精確對齊且極為細小的導線連接每個晶片。如此一來，晶片的電晶體數量仍可暫時持續增加，而且不必減小單一電晶體的尺寸。

人們還討論過其他材料與別種架構。有人提議使用奇特的單分子厚物質石墨烯（graphene）來製造晶片。所謂石墨烯，乃是一種純碳的二維薄膜狀物質。也有人建議用二硫化鉬（molybdenum disulfide）、黑磷（black phosphorus）和磷酸硼化合物（phosphorus-boron compound）來取代矽，以便持續讓小型化列車轟隆前行，達到任何設定的目標。維爾納・海森堡在一九二七年描述過次原子世界有怪異的模糊性質。如今興起的量子計算（quantum computing）就是以這種模糊性質當作基礎來運用。人們吹捧這個愈來愈吸引人的領域，宣稱它是科技發展的下一步。

然而，在這個層級上，測量會愈來愈不穩定，模糊性勝過了準確度，精密度遁入矛盾悖論的世界，界線根本毫無意義，數字化成量子迷霧，只剩某些真實數字需要認真看待。或許最重要的是所謂的普朗克長度（Planck length），這是固定的計算維度，在這個維度上，典型的時空觀念開始消逝，物理尺寸的概念變得毫無意義。

這個長度有一個實際值。如果你相信已知宇宙中有兩個確定常數，一是光速，二是牛頓的重力常數（gravitational constant），而它們本身是恆定的，那麼普朗克長度至少有一個數值。根據計算，普朗克長度為〇．〇〇〇〇〇〇〇〇〇〇〇〇〇〇〇〇〇〇〇〇〇〇〇〇〇〇〇〇〇〇〇〇〇一六二二九（三八）公尺，因此大約比氫原子的直徑小上二十個小數位數。一旦達到這種微距，只要同樣的常數（光速和重力常數）也是恆定的，便可算出時間的範圍（extent of time），推算出光子橫越一個普朗克長度所需的時間：[15]最佳的估算值是5.39×10^{-44}秒。

此時此刻，精密度的故事被顛覆得亂七八糟。超過某一點之後，完全不可能再往下探索、探索再探索。雖然全球各地的某些國家度量中心和一些實力強大的國家和大學實驗室正在鑽研某些技術，足以用來滲透原子極限：例如，可用一種稱為光場壓縮（light

---

[15] 譯注：普朗克時間（Planck time）。

squeezing）的技術來實際測量（而非計算，前述兩個極小常數就是估算出來的）次原子層級的尺寸，大家幾乎都承認有個極限，超過這個極限之後，物體便難以測量，因此就無法製造。

下探到近原子的微小世界，可能會碰到真實且經過證實的侷限。然而，在光譜的另一端，依舊存在無限可能。與這個極端顛三倒四世界相對的另一端，依舊可以製造超精密裝置和儀器。檢視遙遠的天體仍然具有價值，正如我們精確打造韋伯太空望遠鏡，打算利用它去窺探宇宙邊緣。審視困擾現代人的宏偉宇宙問題時是有用和恰當的。

華盛頓州（Washington State）和路易斯安那州（Louisiana）的雷射干涉儀重力波觀測站（Laser Interferometer Gravitational-Wave Observatory，簡稱ＬＩＧＯ）的場址正在興建巨型儀器，專家在此測試精密工程的確切極限，而印度西部的平原上也即將建造這種儀器。從各方面來看，ＬＩＧＯ碩大無比，可謂站在積體電路的對立面：前者延伸數公里，後者卻只有幾奈米長。話雖如此，製造這兩者時，都必須追求大致相等的清潔度和準確度。然而，ＬＩＧＯ位於孤獨之境，審視宇宙亙古不變的基本問題，或許是因此而更為突出。

愛因斯坦在一個多世紀以前曾經預測，遙遠的宇宙事件可能在時空結構中造成漣漪，他稱之為重力波（gravitational wave）。如果重力波經過或穿越地球，將會改變地球的形狀。設立ＬＩＧＯ場址，就是為了確定是否能夠測量這種地球外形的極小變化，姑且不論重力波是否存在。

為了證實地球會產生微小變化，必須建構超靈敏的巨大干涉儀。因此，ＬＩＧＯ便在一九九一年誕生（說得更準確一點，美國政府批准了興建經費），其組成部分號稱人類有史以來最精確製造的物件。這也證明一點，就是不僅在近原子的微小層級得運用最高精密度來檢視物件，在大規模尺度上檢視宇宙外圍的遙遠天體時，也必須仰賴最高精密度。

傳統的干涉儀運用已知顏色的強大純光，而人們知道這種光的波長。光透過鏡頭照射到一個裝置（基本上是半鍍銀的鏡子），裝置會將光分成兩道光束。然後，這兩道純紅管狀光束沿著兩條精確呈九十度的路徑被引導出去，朝著鏡子射去，鏡子又會反射光束，使其射回分開光的第一面鏡子。光線在此會重新結合且彼此疊加，朝著探測器射去。

如果兩道光束具有完全相同的長度，紅光重新組合之後，其圓形圖像將會放大；光線會像被分成兩半之前一樣明亮。然而，如果兩個光束的長度不同，它們將相互干擾，探測器將會記錄顏色環，讓觀察者和分析者知道長度的差異有多大。

ＬＩＧＯ基本上是一種實驗設施，使用一對（很快會使用三個）設計極為簡單的巨型干涉儀。只要使用過干涉儀，在華盛頓州中部沙漠上空或在路易斯安那州中南部蔥鬱的森林上方飛行五哩，一眼便能認出這兩個ＬＩＧＯ儀器：準確形成九十度的兩個長臂，相交之處有棟建築，內部必定設置分開光線的鏡子，雷射光源以及探測器和分析裝置則位於延伸建築與小型結構裡面；北部華盛頓州有成片的沙漠灌木，路易斯安那州迪克希（Dixie）的內陸則有山毛櫸（beech）和木蘭屬植物（magnolia）的林地，兩地都是不受干擾的寧靜自然區。這兩條垂直通道（長臂）猶如納斯卡線（Nazca Line）[16]切割了地貌，模樣極不協調，令人印象深刻。

ＬＩＧＯ實驗的目的，乃是確認兩座觀測站的兩個長臂是否改變彼此的相對長度。如果確實有所改變（即使程度極小），可能是由通過地球的重力波所造成。

這些儀器在地面上是工業規模的龐然大物，兩條長臂（大小等於地鐵通道，延伸到遙不可見的地方）彼此連結，該處群聚嗡嗡作響的馬達，和複雜到令人眼花撩亂的電子裝置。採用機油的技術和採用矽的技術在此完美搭配。真空泵（vacuum pump）抽乾空氣，雷射發生器（laser generator）產生雷射光，伺服馬達（servomotor）進行微調整；此外，光束四處投射，高速在鏡子之間來回奔波，每秒高達數百回，與此同時，控制室電腦日以繼夜運轉，分析持續串流而入的數據。從事這項實驗，乃是抱持一丁點希望，期待能夠發現充滿雷射光束的管道（長臂）偶爾會改變彼此的相對長度。

二〇一五年九月十四日，觀察者首次偵測到愛因斯坦將近一個世紀之前預測的現象。利文斯頓（Livingston）控制室的電腦注意到這個現象：在那個星期四凌晨五點五十一分，路易斯安那州要半小時之後才會天亮，河口的短吻鱷當時仍在沉睡，此時訊號出現一個異常奇特的變化。雖然當地的觀察者可能疲憊不堪，但這是由廣大民眾參與的計畫，亦即「LIGO科學協作」（LIGO Scientific Collaboration），其他地區的人當時精神比較煥發，眼神也比較銳利，因此適時注意到了這點。華盛頓州的漢福德（Hanford），當時為凌晨三點五十一分，正值夜深人靜；但萊布尼茲（Leibnitz）則是十二點五十一分；德里（Delhi）是下午十七點二十一分；東京是晚上二十點五十一分；墨爾本（Melbourne）的莫納什大學（Monash University）是深夜二十二點五十一分。

在每個遠處「松鼠洞」（觀察點）的人都注意到這個現象。利文斯頓的人發現訊號突然飆升，漢福德的探測器也複製這個訊息變化。並非所有的探測器都開啟：觀測站正進行工程試運轉，數個月會進行一次這種試作，嚴格測試各個元件，確保元件精密且準確。觀測站通常（並非因為觀察重力波時，情況大都很正常）只在觀測時段才會去

⑯譯注：位於秘魯納斯卡沙漠的巨大地面圖形。

LIGO在美國有兩個觀測站，一個在路易斯安那州，另一個是圖中空拍的觀測站，後者位於華盛頓州中部的沙漠。印度西部的某處乾旱地區正在興建第三個觀測站。

觀測。在先前的十三年，從未在觀測時段看見或聽見任何異樣情況（第一座基本的LIGO建於一九九〇年代末期，在二〇〇二年開始偵測重力波），而這項計畫也花費了納稅人的數億美元稅金，卻拿不出足以吹捧的成績單。眾人即使並非心急如焚卻閉口不談，至少彼此之間也很有默契，渴望獲得些許成果。

一位半夜在帕沙第納（Pasadena）觀察的人發出第一條消息，標題為「八號工程試運轉非常有趣的事件」（Very Interesting Event on E[ngineering] R[un] 8）。消息一出，整個協作社群便豎起耳朵，紛紛表示懷疑。

他們指出，這不太可能。設備正處於試運轉期，機器必定會不時發出假數據。此外，部分的系統設定是要在觀察者與機器發出所謂的「注入」（injection，亦即匿名「注入」系統的錯誤結果，讓天體物理學家絞盡腦汁分析而徒勞無功）時，避免眾人「操之過急／過早行動」（jumping the gun）。

幾天過去了，然後幾個星期和幾個月也過去了。在此期間，全球各地的觀察者都被徵詢過意見。每個人都在問：你發過「注入」訊息嗎？每個人都接連回答「沒有」，且不斷學習而累積智慧、從而技術日漸高超的分析師和數學家，一遍又一遍解析這兩座觀測站和其他小型中心送出的結果，懷疑的言論便逐漸消散。LIGO專家知道，自己掌握了確切證據。他們在《物理評論快報》（*Physical Review Letters*）上發表一篇科學論文，然後在二〇一六年的二月十一日於華盛頓特區舉行一場新聞記者會，現場人山人海。這些專家宣布一項撼動科學界（至少掀起一陣漣漪）的消息，而這項消息也震撼了外界。

國家科學基金會（National Science Foundation）的主席先彬彬有禮地致詞（從啟動這項計畫以來，該基金會在四十年內大約投入十一億美元，承擔了基金會歷來最大的一連串金融風險），然後時任LIGO主任的加州理工學院教授大衛·雷茲（David Reitze）接下麥克風，身旁站著展現長輩風範的天體物理學家兼同事基普·索恩（Kip Thorne），正式宣布以下重大消息：我們使用「有史以來最精密的測量設備」，發現了重力波。說得更準確一點，我們確認重力波確實存在。

雷茲說道：「我們辦到了。」會場爆出熱烈掌聲。新的天文時代已經開啟，一種探索神奇且複雜宇宙的新方法已經誕生。和平的新時代也已經降臨。有人說，此時猶如伽利略在四百年前首度透過望遠鏡觀察夜空，熱淚盈眶之際，充滿了喜悅和驕傲。

一百六十噸荷蘭製ASML光刻機可將七十億顆電晶體安置在不大於指甲的矽晶圓上，而跟飛機庫和火車站同樣大的LIGO儀器可偵測某位作家所謂的「重力低語」（gravity's whispers）。只要近距離親身接觸過這兩種儀器，必定會感到一股嘲諷的意味。

這兩套機器都是為了處理（觀測）微小、微弱、微觀、原子尺寸和宇宙物質，但是設計卻與維多利亞時期的機械同等宏偉，而且體積碩大無比，遠勝昔日的巨型機具。遙想當年，精密度剛剛誕生，身世撲朔迷離，起源於何時，無人知曉，當時的機器專門處理蒸汽、鐵器、車床、螺絲、調速輪、飛輪和高熱，而且會不斷產生噪音且震動不停。古人運用精密度，利用小型機器建構大型機器，現代人則使用大型機器製造或觀測微小物件。

更諷刺的是，歷來第一個自稱精密的是圓柱體汽缸，乃是一七七六年由一名昆布蘭（Cumberland）鐵匠將一整塊堅固鐵器鑽孔而製成。這個汽缸是專為瓦特的蒸汽機所製造，可謂推動工業革命的核心物件。如今，LIGO的核心元件是雷茲口中「有史以來最精密的測量設備」。它也是一個圓柱體，卻是實心的，有別於威爾金森鑽空的圓柱體。LIGO圓柱體重四十公斤，稱為測試質量（test mass），由熔矽石製成，幾乎能完全反射撞擊它的三百萬個光子。這顆矽石被加工、磨平並拋光至完美無瑕的平整度。它被四百微米厚的矽細絲網懸掛於支架內，並且透過一系列的玻璃和金屬沉錘以及磁鐵和線圈來平衡，如此便可讓雷射光進行測試和測量，而雷射光瞬間會撞擊它兩百八十次，從中測量管道的長度，藉此檢測重力波是否曾通過管道：迄今為止，這種現象發生過四次。

威爾金森的汽缸安裝在瓦特的蒸汽機內，精密程度等於英國一先令銀幣的厚度，約為十分之一吋。在此之前，從未有人達到這種精密度；然而，在此之後，世界不曾走回頭路，不斷追求更高的精密度。

兩個半世紀之後，LIGO的工程師也將測試質量打造成圓柱體，成分是熔矽石：這是沙子的一種純粹形式，無論從字面或隱喻來看，都屬於基本物質，猶如威爾金森使用的鐵。

華盛頓州和路易斯安那州LIGO儀器的測試質量在製造時非常精密，因此被它反射的光可以測量到質子直徑萬分之一的精密度。它們也能夠非常精確地計算出地球離相鄰的南門二半人馬座α星A（Alpha Centauri A）[17]有多遠，算出的距離是四．三光年。

四．三光年等於二十六兆哩，亦即二六〇〇〇〇〇〇〇〇〇〇〇〇〇哩。現在已經確認，LIGO的圓柱狀測試質量可以用來測量大到這般遙遠的距離，也能用來測量小到一根人體頭髮的寬度。

這就是精密度。

⓱ 譯注：南門二是離太陽系最近的星系。

Chapter X

第十章

維持平衡，尋求均勢
精緻的日本傳統工藝

人是否具備一流的智慧，端賴能否同時抱持兩種對立概念，心智也能正常運作。

——美國小說家法蘭西斯．史考特．費茲傑羅（F. Scott Fitzgerald），《崩潰》（*The Crack-Up*）（1936年）

迄今為止，我們周遭有許多極為普通的物件日益精密（現今追求科學真理的人認為，日益提高精密度至關重要），卻衍生了一連串的哲學問題。人生在世，健康和幸福，缺一不可，而現代人冀望臻於完美，是否能確實從中獲得健康和幸福呢？追求完美有好有壞，但箇中缺點近來已悄悄滲入我們的生活。這樣做是否利多於弊？我們每天使用精密物品，享受便利的生活，是否因此更加快樂和滿足？威爾金森、布拉馬、莫茲利與肖克利等人不斷提高準確度，讓現代人從中獲益，我們是否應該膜拜和景仰這些先賢先輩呢？

此外，是否有一群人（某個社會或國家）會抱持稍微不同的看法？這些人可能會質疑精密的優點，認為追求精密並非最佳的做法。是否會有某個民族抱持與「追求精密度」南轅北轍的觀點？換句話說，這個民族可能熱愛「不精密」。是否會有某個民族同時抱持這兩種對立概念，但各行各業依舊蒸蒸日上呢？

我認為，日本就是這種民族。

無論古今，日本以嚴格追求完美而聞名。其中最著名的，或許是京都古寺。這些寺院建築宏偉，完美無瑕，實為寶庫。每根梁柱、每個尖頂飾、每處尖塔，以及每扇木門，無不精雕細琢。日本人遵奉完美，認為建築若要萬世長存，務必建構得盡善盡美。

若有幸親臨流傳至今的日本古寺，仍將深感敬畏，沉浸於肅靜的氛圍。

日本古代如此，現在亦復如此。多數人認為，現代日本具備嚴苛製造精密物件的專業知識，因此能掌控當代世界。例如，日本人能生產磨平和拋光完美的鏡片；他們製造的相機公差甚小，其他製造商難望其項背；他們生產的引擎、測量裝置、太空火箭和機械手錶，品質高超，受各國人士欽羨（德國人和瑞士人特別尊崇）。日本就是精密的代名詞。還有更誇張的事情：凡事追求精密，可謂全日本恪守的圭臬（日常的鐵路運輸服務尤其講究準點。在二〇一七年年底，一輛〔筑波〕快線列車提早離站二十秒，日本鐵道公司為此還公開致歉）。

正如京都所示，日本人敬奉精密，並非什麼新鮮事：對許多日本人而言，有數百年歷史的鋒利武士刀是令人讚嘆的工藝品，絕不亞於尼康、佳能、精工（Seiko）、三豐（Mitutoyo）和京瓷（Kyocera）製造的現代產品。如今，日本人會對現今精密加工的物件與昔日手工精製的工藝品同樣抱持極高的敬意嗎？

因此，我前往東方一探究竟。我抵達東京之後，前去北方的兩個城鎮探訪，想替這個難題找出答案。我入住於東京火車站附近的旅館，然後兩度搭乘火車，前往本州的鄉村地區。盛岡市（Morioka）向外無序拓展，我首先參觀該市的精工手錶廠，打算從中探尋蛛絲馬跡。

岩手山（Mount Iwate）是一座有傳統形狀的活火山。盛岡市位於本州北部，人口為二十五萬，依偎在岩手山斜坡。盛岡火車站有不少禮品店，販售當地最受歡迎的產品，那是一種圓胖的手工黝黑鐵茶壺，稱為「鉄瓶」（tetsubin）。數個世紀以來，當地鐵匠一直鑄造和錘打這種器皿，這點至少提醒我們一點：日本人會在平凡的日常生活中體現美學。

如今，日本處處展現高精密度的現代科技，比如大家熟悉的子彈列車。這種閃閃發光的高速交通工具，製工無比精緻、行車平穩順暢、運作安靜無聲，同時迅速安全可靠，而且絕不誤點。然而，相當多的日本人仍大聲頌揚工藝，欽佩那些製造、銷售、購買、蒐集或僅僅選擇購買洋溢古典美物件的人士（無論這些古物外觀如何普通、製工何等不完美）。盛岡的手工「鉄瓶」，其品質與設計在日本遠近皆知。日本人只要看見你新買了一尊鉄瓶，都會齊聲喝讚，知道你去了何處。

然而，「鉄瓶」只是從古流傳下來的物件。盛岡市近代則以另一種更新的產品而聞名遐邇。這種產品跟手工「鉄瓶」和精確鍛造的火車一樣，反映出日本對高品質稀罕物件無比尊重的奇特二重性（duality）。從二戰以來，盛岡一直是精工製錶公司的製造總部。此處可清楚看到，精工人員製造產品時，付出的努力與抱持的態度有（迴異的）二重性，在精工廠區主要建物二樓的一面樸素牆壁兩側，明確呈現這種情況。

這間公司如何起源，箇中傳聞甚為迷人。精工創辦人服部金太郎（Kintaro Hattori）於十九世紀末出生於東京市中心，當時日本正經歷翻天覆地的變革。因此，金太郎受到兩種迥異風俗習慣的影響。他出生於一八六〇年，當時睦仁天皇❶仍隱居在數千里之外的京都深宮大院，高深莫測。德川幕府❷仍然從時稱江戶❸的首都統治全日本。金太郎八歲時，日本全境起了變化，跌跌撞撞邁向現代化：最後一位幕府將軍早已宣布退位；天皇已移駕到改稱東京的（東方）首都；日本在各種層面進行改革和現代化（在許多意義上，至少代表暫時西化）。

在萬千變革之中，有一項特別讓年少的金太郎感到興趣：時間的流逝。這個男孩迷戀時鐘，而對當時的日本而言，時計是非常複雜的機械。日本人認為，計時非常獨特。

❶天皇駕崩之後便不再使用姓氏，改用生前統治時代的年號：因此，睦仁便成為明治（Meiji）天皇；人們諱稱嘉仁（Yoshihito），稱他為大正（Taisho）天皇；薨逝的裕仁（Hirohito）如今被稱為昭和（Showa）天皇；現任天皇明仁（Akihito）晏駕或退位之後，將改稱平成（Heisei）天皇。

❷譯注：直譯為將軍職位。德川／江戶幕府的政權從一六〇三年延續到一八六八年。

❸譯注：東京舊稱。

鐘錶匠從造訪日本的耶穌會會士學得機械鐘錶的基礎知識，但這些神職人員看到日本當地模糊的計時之道便深感困惑，只能舉雙手投降。舊時的日本計時長度不盡相同。按照西方的標準，鐘響次數沒有規則，令人感到奇怪：日落時響六聲，午夜時響九聲，黎明前先響八聲，然後七聲。時間長短也有不同，取決於季節為何，每個時鐘內至少需要兩個擺桿機制，還需幾個鐘面。一旦西方時間逐漸導入舊系統，就需要更多的鐘面（多達六個），讓革新人士和老一輩都能同時知道當下的時間。從一八七三年起，年輕的金太郎便在一位銀座鐘錶匠的底下當學徒，親身接觸各種計時系統，不同的系統要求不同的準確度，而且彼此衝突。他萬萬想不到，自己日後會從中闖出一番事業。

到了一八八一年，金太郎有了些許積蓄，也向家裡借了一點錢。他以此為押金，在京橋（Kyobashi）租了一間小店，販售手錶、鐘錶和珠寶，店面離全新的東京火車站不遠：日本於一八七二年首度請英國人興建一條從東京到橫濱的鐵路，每天有九趟班次。當時，日本也開始接受西方的計時標準。金太郎打從開店那一日起，便很歡迎顧客送修老式的和時計（wadokei），但是他更喜歡販售顯示十二小時與六十分鐘／秒的西式時鐘或懷錶。這類時計突然風靡一時，讓這位年輕人賺得荷包滿滿。話雖如此，錢可能沒有賺太多，但東京的中產階級通常有閒錢購買懷錶，而且多數的企業家逐漸換穿西服，蔑視幕府（將軍）的舊習俗，喜歡從背心口袋掏出帶錶鏈的懷錶查看西式時間。

金太郎的公司業務昌盛。不到四年，他便從瑞士和德國進口最先進的鐘錶和懷錶。他還成立了一家製作鐘錶的公司，稱為「精工舍」（Seikosha），意指「工藝精湛之家」。金太郎投資謹慎，擴張緩慢，穩中求勝（致力於垂直整合的經營理念，亦即擁有或控制多數提供零件或原物料的上游公司），因此蓬勃發展。

要講述金太郎如何崛起，非三言兩語能夠道盡。他設立一間美式工廠大量生產鐘錶，採用了兩個世紀前從英國誕生的可互換零件的原則。到了一九〇九年，金太郎完全落實垂直整合的概念，讓每個鐘錶零件都由他擁有的公司製造，至今依舊如此。到了二十世紀之交，他的公司已成為日本最大的鐘錶量產商，同時開始出口鐘錶，主要是將日製掛鐘銷售到中國。生產掛鐘之後，他在一九一〇年設立了量產懷錶的生產線，這條生產線稱為「帝國」（Empire），現在有人可能會認為，這個名稱是不祥的預兆，暗示日本帝國即將興起。時至一九一三年，該公司推出第一款小而堅固的手錶Laurel（桂冠），名稱聽起來比較單純無邪。這款手錶是設計用來戴在手腕上。佩戴這種腕錶的士兵具備優勢，可以算準時間，一起從戰壕衝出去殺敵。

金太郎先在東京購物區銀座建造了一間大型的旗艦店兼展場，以此展示公司商品。這間店面有一座首次出現於日本的鐘樓，[4]因為金太郎認為，只要路人抬頭看時間，便會看到「服部時計店」的大字，從而牢牢記住公司的名稱。

然而，這棟宏偉建築跟東京的多數建物一樣，毀於一九二三年的關東大地震以及後續的火災。金太郎決定重建店面，而且根據今日精工管理階層的說法，他還要更換放在維修店而損毀的一千五百只懷錶。在東京東北部的精工博物館中有一個展示櫃，櫃內擺著一團據說是當年熔化的懷錶殘骸；據說損壞的懷錶全部都免費更換。重建的精工總部至今仍然矗立於銀座最繁忙的街角。雖然它早已轉售給一間百貨公司，但身為當地地標的鐘樓仍然高掛明亮的時鐘，下方永久展示著Seiko（精工）的名稱。綜觀該公司的歷史，短暫使用的「精工舍」先被「服部時計店」取代，「服部時計店」接著又被「精工」取代。「精工」被認為代表性足夠，因此沿用至今。

日本國有鐵道經營過日本龐大且準時的交通網絡，這個公共事業體曾選用精工懷錶當作官方時計，而且銀座和其他地區的手錶都以優雅的和光（Wako）百貨公司（左邊為古馳〔Gucci〕，右邊是御木本〔Mikimoto〕珠寶）上方時鐘為準來校對時間，我們可以說，全日本都圍繞著「精工時間」運轉。許多日本人用這間公司的名稱來指「精密度」，因為沒有其他國家能比日本更熱衷於追求精密。

然而，二重性仍然存在。日本人的心靈深處似乎隱藏這種衝突，只是未嘗說出口。他們為了過現代生活而需要追求完美，但長久以來卻喜愛不完美的事物，彼此不時心平氣和地爭論，到底社會應該賦予這兩方面多少的分量。日文有個詞語「侘寂」（wabi-sabi），意指重視天然、粗糙或未經加工。這種審美觀認為，「不對稱、粗糙與無常」和「準確、完美與精密」同等重要。我前往日本北方，就是要探索這種觀點：無論精密度本身是否能增進普世利益，也無論是否仍有第三種觀點，我都想深究這種特別的看法。

這種平和的爭論特別在精工內部完全暴露出來，展現在該公司（應該說二十世紀全球）最偉大的發明之一。精工在一九六九年聖誕節當天以Astron為代號推出的石英數位腕錶，將這種分歧觀點完全公諸於世。

石英是一種晶體，一旦被包覆於電場之內，便會劇烈振盪，而且它會以每秒振動一次的準確頻率振動，因此調整石英之後，便能輕易用它來精確顯示時間的推移。在一九二〇年代末期，人們首度發現這種現象，此後便利用它來計時，然而，提出這種計時概念之後的好幾年，這種（石英）時鐘必須裝在至少與電話亭大小相同的箱子裡。精工在一九五〇年代便祕密進行實驗，打算將這種技術小型化，實驗代號是59A，名稱毫無創意。一九五八年，該公司提供名古屋廣播電台一座石英鐘。這座時鐘必須放在大小等於

❹譯注：位於銀座四丁目街角。

文件櫃的盒子裡。到了一九六〇年代初期，精工石英鐘已經夠小，可以安裝在第一代子彈列車（bullet train，日本載客的高速列車）的駕駛艙內。一九六四年，精工贏得當年奧運會的時計合約。人們愈來愈相信，該公司的工程師遲早能製造出小到能塞進腕帶的（石英）機芯。五年之後，精工辦到了。Astron腕錶外觀復古，非常迷人，但內部徹底數位化，無齒輪、無彈簧，也幾乎無轉輪，完全符合外界期待：價格便宜、堅固耐震、耐熱防水且極為準確。它曾是歷來最精密的時計。

說這只腕錶耐震，純粹著眼於機械層面。精工推出這項產品之後，衝擊了經濟和社會，進而震撼全球製錶界。不到五年，瑞士製錶產業幾乎陷入困境。突然之間，似乎沒人想買會發出滴答聲的嘈雜時計，機械手錶不僅沉重，還得每日調校才能準確報時。相較之下，花更少的錢，便能買一只不必上發條的精工腕錶，這種錶沒有轉動指針的盤面，而是顯示不斷開展的數字，報時到幾分之幾秒，而且達到先前只能在實驗室辦到的精確度。鐘錶界把這種現象稱為一九六九年石英革命（quartz revolution，亦稱石英震撼／危機）。在此之前，瑞士曾有一千六百家鐘錶店。到了一九七〇年代末期，只剩下六百家，鐘錶界的勞動人口已經降到先前的四分之一。

但是，精工從未替這項發明申請專利。該公司的科學家很樂意承認，石英計時機芯的構想有許多來源。精工期待其他飽受衝擊的製錶同業能夠跟上腳步，而這些廠商確實辦到了。瑞士時尚手錶製造商斯沃琪（Swatch）於一九八三年成立，掀起一陣風潮，重振瑞士雄風。然而，到了此時，精工已經站穩腳步，以驚人的速度推出石英錶，從中賺取了可觀的利潤。

然而，精工的管理階層（精工在一九八〇年代上市，服部家族的後代只扮演監督角色而備受尊崇，但他們依舊屬於公司高層）良心飽受煎熬，因為該公司對於製錶「工藝」（craft）甚感敬畏。

此處衍生出一項困境，不僅明確困擾著精工，也反映在更廣大的日本民眾身上。我先前從LIGO觀測站駕車橫越漫長的沙漠地帶前往西雅圖機場時，也因為這項困境而思索一個哲學問題。

對於更廣闊的世界而言，我們確實過度追求精密度了嗎？如今致力於追求機械精準度，有可能掩蓋另一種珍貴卻迥異的價值觀，使其逐漸消失無蹤嗎？

我曾在初秋參觀精工位於盛岡的主要工廠。當天下著雨，低雲遮掩了岩手山美景。某位精工高級管理人員從南方陪我搭火車北上，不斷因天氣不佳而向我致歉，但我告訴他這種天氣很舒服，因為東京暑氣蒸騰，實在令人難受。工廠位於城鎮西邊，坐落於一個遍植竹子的園區，細雨微冷，雨滴從樹梢輕輕滴落，霧氣氤氳，掩映蜿蜒小道。

工廠外觀現代，樸實無華且十分安靜。無論在接待處或聽取簡報的各個房間，一切都異常安靜，似乎當天正值假日，員工都放離廠假，這些人只是被找來專門向我報告的。

我不該如此擔心。在上方製造手錶的樓層，有許多人員和機器。然而，那裡仍然非常安靜，沒有一個需要戴耳塞或口罩的房間，處處安靜無比、異常整潔且效率極高。這裡不像一座工廠，反而像一間學院，猶如製錶宗教的大教堂，不是粗鄙的俗世工廠。

有四個人先護送我到工廠的製造電子零件的一側，看看正在加工的石英錶。那裡有一道長廊，透過玻璃窗可觀看很長的一條生產線，座台高度及腰，機器人正在組裝零件。生產線在倉庫大小的廠房內彎曲延伸，不同區塊用來生產不同型號的手錶，但製造過程大致相同。零件從進料斗（hopper）送入軌道，然後就像被插入移動鐵軌的火車車廂，會在適當時刻被送入通過的生產線，一旦重量傳感器檢測到半成品上欠缺某種零件，生產線的工具便會執行微小任務，將特定零件準確固定到手錶的特定位置。裝好第一個零件的半成品，接著會被送往另一個位置去安裝第二個零件，之後又送去安裝第三個零件，以此類推。身穿白衣的工人會監控蜿蜒延伸的長排機器（廠房要盡量避免灰塵），他們會在這裡調整一下，又在那裡添加一滴潤滑劑，而且每隔幾分鐘就會稍微躬身，檢查永不停歇的生產線的發動機是否運作正常。

這條生產線日夜不停運作，每小時製造一千多只手錶，滿足精工巨大出口市場無止境的需求，順道賺取最大筆的利潤。這些機器如同巨大的模型鐵路，切割、擠壓、加熱、刻劃、鑽孔、除去毛邊（burr）、❺擰緊螺絲、將鐘面固定於機件、將玻璃置於錶盤之上、將錶帶置入托架，以及將完成的手錶放入盒子，不時發出嗡嗡聲、咔噠聲、嘶嘶聲和嘎吱聲，場面令人著迷。話雖如此，這一切似乎跟製錶沒什麼關係，招待我的人想必已看出我有一點無聊。一位陪同我參觀的人笑著說道：「在這面牆壁後面，會有你想看的東西。」

一九六〇年，精工仍在製造機械錶，他們當時推出一款名為Grand Seiko的頂級錶款。這款手錶是按照嚴格的標準手工製作，外觀老式，但設計時顯然並非刻意人工復古，因為它的設計師是老派的人。這款錶賣得很好，從有點瞧不起精工的瑞士評審機構獲得各種證書。然而，這款時計從未在海外發行，日本以外的人幾乎不知道有這項產品。

然後，石英革命便爆發了。精工於一九六九年發明了石英錶，隨即全面生產Astron及其後繼錶款，立即大有斬獲，但後來卻發現自食惡果。Grand Seiko機械錶馬上成為廢品。價格是其中一個因素。準確性是另一個因素：石英錶一年只會誤差幾秒鐘，但更昂貴的

❺譯注：切割金屬板產生的鋸齒狀刻紋。

一小批技術人員跟組裝廉價手錶的機器位於同一個樓層，以手工組裝Grand Seiko機械錶。這個團隊（圖中技工被要求活動筋骨）使用精工在日本生產的零件（從指針到游絲〔hairspring〕），每天大約製造一百只手錶。

機械錶（機芯）若一天只快或慢五秒鐘，就算很厲害了。所有日本人和全部的精工員工都立即對這款手錶失去興趣，因此銷量大幅下滑，產量大幅削減，多年來手工製作這些手錶的老員工被解僱。到了一九七八年，整個生產線慘遭廢棄。

幸好（這似乎是一個關鍵時刻，日本人對工藝的堅持開始浮現），不到十年，董事會決定開始「重新生產」機械錶。一九八○年代，該公司嘗試打造Grand Seiko的石英錶款，但做得三心二意，這種半套做法最終徒勞無功。雖然沒有進行過調查與利用焦點團體訪談（focus group），❻精工還是了解日本人始終熱愛手工製作的機械錶，因此願意花大錢去維繫能再度打造機械錶的工藝。

一九八〇年代中期的管理人員保留了解僱製錶師的名字和地址，以便能夠找到人去修理銷售到各地的Grand Seiko機械錶。精工放出消息要找回技工，這群人便立即成群返回公司。這群年輕製錶師度過了這段時期，期間再度以手工組裝手錶，同時訓練出一批年輕技工，而這些年輕人至今仍留在工廠，在二樓牆壁另一側的工作房工作。

那裡看不到生產線，也看不到機器人。坐在走廊落地窗前面的大沙發上，可以看見二十多個封閉式工作站，那些是小型的房間，有烏木牆壁，配置兩百七十度的工作台，上頭放置現代鐘錶匠所需的各種工具：強力燈光、放大鏡、電腦螢幕、個人工具架、鑷子、小型螺絲起子、小虎頭鉗、磨光機、除塵刷、鉗子、顯微鏡、超音波清潔器（ultrasonic cleaner）、微型寶石軸承盒、錠子、齒輪、主發條和計時器。這些工具安排得當，整齊清潔，易取易用。男女技工頭戴白色棉帽，身穿白色棉袍，坐在量身訂製的椅子上。椅子調到適當的高度，讓人可以平放前臂，同時舒適擺放雙手，以便用手工組裝

---

❻譯注：一種研究方法，研究人員邀請一群同質背景的參與者，由一位主持人帶領，自由進行討論，從中找出他們對產品、服務和品牌的意見。

腕錶。

當我走到落地窗時，每位製錶師都透過照亮的透鏡，默默盯著眼前極其微小的手錶零件。這些人訓練有素，可以達到百分之一公釐的公差，偶爾甚至能做得更好。所有的零件（從平衡擺輪到游絲，從輪系板到擒縱輪，從上鏈錶冠到擒縱叉）都是在同一棟建築物另一面牆的後面以手工製作。這些技工使用小鑷子，將零件裝入這個或那個微小孔洞之中，或者塞入另一個微小的螺紋槽口。多數人彎著腰，埋首工作。偶爾，某位製錶師會抬起頭來，瞥見過往的訪客，先是咧嘴一笑，然後又躬身埋頭做事。

工作房每個小時都會休息十分鐘，讓這些技工活動筋骨。這些人會起身，伸展身體，接著手工打造最不浮誇的美麗腕錶。這些時計可能不如百達翡麗（Patek）、勞力士（Rolex）或歐米茄（Omega）的腕錶那般出名，卻能不斷榮獲所有的瑞士計時獎。明眼人都知道，它們的品質無與倫比。

一位製錶師出來透氣：他略顯臃腫，和藹可親，年紀四十五歲，名叫伊藤勉（Tsutomu Ito）。他自稱游絲專家。他喜歡游絲被觸摸時彎曲的模樣（當然，游絲必須製造得很完美）。他一輩子都替精工工作，而且會持續做下去，直到雙手不聽使喚或眼力不行為止。幸好，他目前手眼都還行。他被封為大師，整座廠房只有兩人有此封號。

伊藤起初在電子錶部門任職，協助維護石英錶生產線，但他一直想被調到機械錶工作房，因為後者要求技工追求完美，但前者只重視機器人是否有效率。他現在每天製造兩只手錶，有時可完成三只。他晚上下班後會去玩飛蠅釣（fly-fish）。[7]沒錯，他會設計、製作並綁上自製的假餌。他還蒐集世界各地的精美腕錶。伊藤發現我佩戴勞力士探險家（Rolex Explorer），卻不評論這款手錶品質如何。我問他喜歡石英錶嗎？他說，石英錶比他製造的手錶更準確。我又問他會戴石英錶嗎？他搖搖頭，心想我怎麼會問這種問題。然後，他笑了笑，看著自己的手錶，那是一只Grand Seiko機械潛水腕錶。他站了一會兒，馬上要返回座位去調整一個游絲，不過這件工序特別難處理。伊藤希望下班前能夠完工，否則回家就晚了。我們握手道別，他看了我的勞力士，露出略帶諷刺的微笑。

精工每週運轉七天，每天生產兩萬五千只石英錶。倘若順利的話，伊藤先生和他的二十多名同事從週一工作到週五，大約能製造一百二十只機械錶。接待區有個小玻璃櫃，展示了最新款式的腕錶。上頭有個標示指出，只要向接待員提出申請，便可請對方打開櫃子瞧瞧這只手錶，而且可以用Visa卡購買。我猶豫了一秒（Grand Seiko機械錶指針跑一個刻度的時間），問道：可以用我的勞力士交換嗎？大廳的隨行人士立即爆出一陣

[7] 譯注：利用皮、毛或線製成昆蟲造型的毛鉤，藉此吸引浮游於水面之魚，使其誤認為是蠅蟲而跳躍上鉤。

笑聲。這應該表示「不行」。我步出大門，走進微雨之中，凝視著其中一條竹林小徑，只見迷人景色遁入涼爽的秋霧之中。

幾天之後，我從東京二度北上，前往南三陸町（Minamisanriku）的沿海漁港，但沿途風光卻遜色許多。二〇一一年三月十一日，日本發生東北地方太平洋近海地震並引發海嘯，南三陸町是其中一個慘遭毀壞的城鎮。事隔六年多，它仍在復原當中。

南三陸町在那個寒冷的下午被海嘯襲擊之前，曾是運轉順暢的繁榮漁港，雖然當地人口逐年減少，重要性也日漸下滑。即使南三陸町位於一個大型避風港灣的最頂端，當地漁民根本不必去太平洋捕魚。沒有這個必要。岬角懸崖之外有兩股洋流混合，一股是暖流，另一股為寒流，營造了可捕獲各種海洋生物的環境。

當地漁民養殖牡蠣、扇貝、章魚和鮭魚，以及一種特別醜陋的生物，叫做海鞘（hoya），俗稱「海鳳梨」（sea pineapple），比較大膽的東京廚師特別喜歡用這種生物做菜。捕獲的海鞘會被送到前往仙台鐵路樞紐站的夜間火車，接著用南行特快列車送到兩百哩以外的東京：築地清晨市場的買家會以高價購買海鞘。因此，南三陸町居民富足愜意，生活穩定，可惜他們最終還是體會到懸崖之外的汪洋竟然能大肆破壞他們的家園。其實，早在一九六〇年便有一次海嘯曾重創當地。那次海嘯是由智利的地震引起，當地人便挑選復活節島人像（Easter Island moai）當作該鎮的吉祥物，與另一個更受尊重的章魚一起作為護身符。

在二〇一一年三月十一日的那個星期五，不到一個小時，南三陸町長久以來的建設與居民慘遭蹂躪，全都化為碎裂的漂流木、扭曲的鐵件，以及破碎和溺斃的屍體。從表面來看，類似的狂暴天災也破壞了其他東北沿岸的社區，但南三陸町受災卻特別嚴重：有一個悲劇特別出名，讓更多人得知此地飽受痛苦。名叫遠藤未希（Miki Endo）的二十四歲女子受僱負責警告社區居民海嘯巨浪即將來襲。在三月的那個寒冷日子，遠藤待在危機管理科中心通知居民撤離，即使冰冷的洪水在四周湧起，她依舊堅守崗位，如同鐵達尼號（Titanic）的音樂家，堅持做好本分，不斷發出警報，播放警告音樂，並且用市政府的喇叭廣播海浪的高度與位置，直到洪水造成電源短路，喇叭無法使用為止。

影片顯示，水愈漲愈高，逐漸淹沒三層樓高的中心，只見人員都聚在大樓的平頂屋頂避難。其中一些人爬到無線電天線，最後只剩下一兩個人沒事；這些人咬牙堅持數小時，直到水位開始下降。在他們身後，巨大的灰色瀑布湧入鎮醫院的上方窗戶，宛如世界末日。然而，廣播聲已經停止，遠藤想必已經淹死。時至今日，她仍然是鎮上的女英雄，因為她生前不顧危難，堅持發出警報，最終慘遭洪水滅頂。

遠藤在中心慘遭滅頂，而這棟建築物只剩下鏽蝕的紅色鐵框。目前正在激烈辯論，討論是否保留這棟建築以資悼念死者，猶如廣島保存的原爆圓頂館。許多當地人希望將它拆除，但該鎮尚未拍板決定。

南三陸町總人口為一萬七千人，這次災難大約造成一千兩百人死亡，遠藤只是其中一位受難者。成千上萬的人躲到漁港周圍的陡峭山巒避難，這些人要不是住在松樹、雪松以及竹林內，便是在天寒地凍中死命開車往山上逃命。那天下午下了雪，但幸好只下了一丁點，否則在這些道路上開車需要替輪胎裝防滑鏈條。他們從高處無助地看著七波大浪淹沒社區，一切被破壞得滿目瘡痍。然後，這些人下山返家。據說他們耐心十足，沒有絲毫抱怨，便清理斷垣殘壁，開始工作。

有人可能會問，他們從山上下來之後，要拿什麼工作？海浪平息之後，還殘存什麼？當然，殘存的是先前精密製造的珍貴物件。

利用鈦、鋼或玻璃製成的珍貴物件在南三陸町成了廢物。有超精密引擎的船舶已經觸岸失事；裝滿精確儀器和裝置的汽車像糠一樣被四處棄置；以微處理器當作核心且擁有數百萬顆微小電晶體的電子設備都已經損壞；各種建物，好比遠藤工作的大樓，已經被扯斷、扭曲且鏽蝕。處處滿目瘡痍，證明精密之物只是短暫存在的。

樹木、雪松和松樹更是完美無瑕，這些植物也遭到破壞而斷裂和倒塌。許多人是被倒塌的樹木壓死，或者被漂浮木塊帶走，隨著潮起潮落漂到外海，最終失去蹤影。

然而，不精確的物體仍在。在該鎮周圍的森林裡，仍然有許多生長茂密的竹林。雪松已經消失了，裂成了碎片。松樹也遭到毀壞。但竹子仍然存在，它不精密，也不完美，卻倖存下來。

中國人和日本人在日常生活中經常使用竹子（將竹子做成竹籃、衣服、扇子、棚子、弓箭、帽子、盔甲，甚至拿來當作建築材料）。竹子生長快速且十分強韌，普通人會誤以為它是樹，但竹子其實是一種草。竹子素以強韌聞名，折斷後總能重新長回去且生長茂密，對人類而言，竹子用途甚廣。無論竹子歷經多少次海嘯，被折彎之後，依舊能反彈回去，而且繼續生長。在南三陸町，竹子仍然屹立不搖，即便遭到蹂躪迫害，依舊沒有低頭認輸。竹子從種子發芽成長，迅速重新出現，一旦太陽升起，一天便能長三呎長。當春天降臨大地，天氣稍微回暖，竹子就可以拿來使用了。竹子不完美，卻非常有用，這點毫無疑問。

二〇一七年秋天，我離開紐約前往日本，當時大都會藝術博物館（Metropolitan Museum of Art）正在舉辦一場完全展示竹子藝術的展覽。大部分的展出內容（數千種藝術品，因為策展用心，展覽廣受歡迎）偏向裝飾性，而非實用性：有許多花籃、品茶用具、禮品盒子和小件頭飾。但是展覽還是向遊客展示所謂「人間國寶」（Living National Treasures）的作品，這種封號是日本獎勵和讚賞社會中製造頂級手工製品藝匠所頒發的獨特頭銜。

有了這些官方認可的藝術家，日本便與他國有難以言喻的差異，而這種獨特的特質標誌著日本人對尺寸完整性（dimensional integrity）的普遍態度。日本全國上下確實看重精密之物，但官方同時也認可手工藝有無法估量的價值，認為手工藝品和適時的不精密具備真正的價值。

「人間國寶」代表一群藝匠，有男有女，通常年近古稀，一生鑽研不精密的技能，好比製造漆器和陶瓷、從事木工與打造金屬品，而且榮獲政府認可，地位崇高。

他們的核心技能是耐心，包括要耐心學習技藝與耐心製作藝品。

例如，「漆」（Urushi，日語うるし）乃是古代漆金工藝的日語名稱。這足以證明，在七千多年浩瀚的日本歷史中，這種技藝不斷改良，用來製作不完美的工藝品。漆金工藝的核心天然材料是一種高大落葉喬木漆樹（Toxicodendron vernicifluum）[8]的劇毒汁液，這種樹木通常在中國和印度才有人知曉，但數個世紀以來，日本和韓國受到嚴密保護的森林中一直種植這種植物。工人會拿著小刀片和水桶，仔細收集樹液。他們會在每棵樹上割出羽毛狀的小凹槽，在樹木的傷口癒合之前收集樹液。此後，直到下一個採收季節之前，工人不會再去割傷樹木。工人通常會從每棵樹收集半杯樹液，讓水桶裝著黏稠濕潤的樹液。他們會添加顏料，從深紅、深黃到菸草棕，然後將桶子密封，直到漆金藝匠開始使用樹液，用其拋光和裝飾。

通常以木材為基底（通常將樟腦和檜木放一起，風乾長達七年，以確保沒有翹曲或裂開），然後切割、塑形和剃刮，直到木材薄到幾近透明：可以透過木材薄片看到光與暗的變化。即便不能透過薄片讀出《朝日新聞》的小字號印刷，也能夠辨別藝術家的手指。

然後，搭配動物毛刷和細長扁平刮刀，將「漆」塗在這個脆弱的木質基材上，盡可能塗覆最薄的塗層，每一層會在溫暖潮濕的空氣乾燥，一邊促進氧化，一邊刺激各種酶釋放，這些酶有助於讓塗層硬化，一層接著一層，都會成為永久性的薄層。塗覆的薄層也許會多達二十層，一層疊在另一層之上，每層都經過平滑和拋光工序，讓下一層可塗覆在平整的塗層上，上一層的光滑度會反映到下一層的光滑度，直到獲致堅硬且光滑細膩的質地，而且表層能夠遮掩並強化底下幾乎看不見的木質結構。

接著再多次進行乾燥與熟成步驟；用木炭和皂石（soapstone）碎片、麂皮和黏土浸濕

❽正如其新的屬名所示（以前稱為漆樹屬〔Rhus〕），這種樹木的葉子有毒。在森林作業的工人若不謹慎，可能會感染皮疹。這種皮疹跟碰觸美國野葛（poison ivy，一種近親植物）引發的皮疹很類似，但是卻危險許多。

的絲綢拋光。此時，表面會閃閃發亮並反射光線，但不像是在閃光或發出光澤，而是有一種近乎活物的質地，觸感極為柔軟，此時此刻，終於能夠塗上最好的塗料、金粉或銀線，以此完成最後的覆面工序。最後一道裝飾工序可能歷時數週或數月，這自然不必贅言，因為漆金藝匠要將他的墨水瓶、便當盒、水壺或茶碗（尤其是茶碗）化為永恆的優雅藝品，如此方能在未來的幾個世紀展現日本工藝傳統。

耐心搭配精緻材料，同時融合藝匠的永恆遠見，此乃製作日本最精湛工藝品的基本要素，而藝匠此時會退居幕後，刻意將自身工藝推向舞台。對於多數有文化素養的日本人而言，無論是否利用精心打造的金屬，或者採用精心雕刻、連接和拋光的木材所製造的精美漆器或瓷器來表現工藝都不重要，重要的是製作過程是否充滿耐心、細心和溫柔，說穿了，就是要心存敬畏與愛。人類的參與是關鍵，但人絕非主角，日本的藝匠只想一點一滴與材料合作。他們不使用任何機器，只用歷代維護和改善的精緻手動工具。這些工藝成果反映出日本與大和民族的觀點：從一個漆器茶碗，便可得知日本數個世紀以來如何戮力追求極致工藝。

在某種程度上，這些工藝都在展現無常。很少國家會像日本一樣，如此經常公開表明，必須同樣重視、尊重和欽佩精密度和不精密，而且既要重視機器，也要看重工藝。這些日子以來，南三陸町山丘上長滿竹子，我在撰寫本文時，大都會藝術博物館也在展示竹子藝品；日本人一方面尊重鈦，[9]另一方面當然也會尊重這種古老的日本植物（沒錯，他們也會尊重透過人類思想和雙手製作的竹藝品）。

現代人通常更著迷於精細琢磨的邊緣、呈現完美球面的軸承，以及工程界以外無人知曉的平坦度；然而，人類若能學會去體認自然秩序也同等重要，這樣或許會過得更好。如果不這樣做，自然界遲早會反撲，叢林的綠莽（沒錯，幼竹的綠絲）最終將會包覆人類的發明物，無論這些物件的公差是英國一先令銀幣的厚度，或者只有質子直徑的幾分之一。

無論多麼精確，萬物面對不精確的自然界，都將衰退敗落，無一能夠倖免。

[9] 譯注：暗指現代科技。

Afterword

後記

測量一切

歷經時間淬礪，方能臻於完美。

——英國約瑟夫・霍爾主教（Joseph Hall），《作品》（*Works*）（1625年）

人類步入文明以來，隨時都在測量事物。這條河離那座山有多遠？這個人有多高？那棵樹有多高？若以物易物，我可以換取多少牛奶？那頭牛有多重？需要多長的布料？日出之後，時間過了多久？現在幾點了？生活多少都得仰賴測量結果。社會組織剛成形時，若要評判社會是否有進展，最明確的方法是檢視人們建立、描述、認同和使用測量系統到何種程度。

在早期文明之中，命名測量單位當然是最原始的商業秩序之一：巴比倫人的庫比特（cubit，又譯腕尺）[1]或許是最早的長度單位；爾後，羅馬人提出安息亞（uncia）[2]為測量的基本單位，後來用穀物／麥粒（grain）、[3]克拉（carat）、[4]土瓦茲（toise）[5]和斤（catty），[6]還有英格蘭早期使用的碼（yard）和半碼（half yard）、跨距／翼展（span）、[7]一指之寬（finger）[8]和納爾（nail）。[9]

然而，在精密度的後期發展階段，不必命名眾多奇特的測量單位，只需要某些可信賴的標準，用人們指定的單位來測量長度、重量、體積、時間和速度。

發展出標準必然遠比提出單位更晚發生。多年以來，人們一直針對標準在爭論不休，彼此意見時有改變。總的來說，可以將標準分為三個部分：標準是否或者應該根據有形的人體部位，比如用拇指或指關節來代表吋；或者根據被創造的物體，好比人造的黃銅棒或白金圓柱體；或者應該根據自然界的絕對層面，亦即被仔細觀察的事物，恆定不變且永久存在。

一五八二年，伽利略注意到某個極為平凡的現象而邁出了第一步，但這一切可能純屬謠傳：聽說他坐在比薩（Pisa）大教堂的座位上，看見掛在教堂正廳上方的燈籠以規律速度來回擺動。他用鐘擺進行了實驗，發現擺動速度不取決於鐘擺墜子的重量，而是取決於鐘擺長度。擺臂愈長，左右擺動的時間間隔愈長，鐘擺擺動愈慢。若使用短鐘擺，便會出現快速滴答聲。伽利略透過觀察，看出長度和時間彼此關聯：有了這種關聯，就不是只能根據四肢、指節和跨步來得出長度，也能藉由觀察時間流逝來測量長度，此前沒人想到這點。

---

❶ 譯注：約四十五公釐，從肘到指尖的長度。
❷ 譯注：拇指寬度。
❸ 譯注：長度單位，三顆大麥粒，以縱長方向頭尾相連成為一吋。
❹ 譯注：重量單位。
❺ 譯注：法國大革命前的長度、面積和容積的計量單位。
❻ 譯注：中國與東南亞的重量單位，約為六百公克。
❼ 譯注：兩臂水平伸開時，左右兩手中指的距離。
❽ 譯注：計量玻璃杯中威士忌的單位，約為四分之三吋。
❾ 譯注：英國舊制布匹長度單位，約為五．七一五公分。

一個世紀之後，英國聖公會的神職人員約翰．威爾金森提議使用伽利略的發現來創造全新的基本單位，這種單位與英格蘭當時的傳統標準毫無關聯。當時的傳統標準是一桿（rod），英格蘭官方用它換算為碼（yard）的長度。威爾金森在一六六八年發表一篇論文，文中提出製作非常簡單的鐘擺，來回擺動剛好間隔一秒。當時，無論鐘擺長度為何，都將成為新的單位。他進一步闡述這種概念：可以用這個長度創立一個體積單位；先用蒸餾水填滿創立的體積，然後再創造一個質量單位。這三個新創立的長度、體積和質量單位都可以被除以或乘以十。因此，威爾金森牧師至少在名義上可稱為公制（metric system）概念的發明者。可惜的是，檢視威爾金森這位非凡人物[10]的構想所成立之委員會卻從未提出報告，他的提議便逐漸遭人遺忘。

威爾金森的部分提案確實在英吉利海峽對岸的巴黎引起共鳴（雖然一個世紀之後才發生），受到有權有勢的法國主教兼外交家德塔列朗（Talleyrand）鼎力支持。法國大革命爆發之後兩年，德塔列朗向國民議會（National Assembly）正式提案，該案完全複製威爾金森的構想，只有稍微調整，讓來回擺動時間為一秒的鐘擺懸掛於北緯四十五度線上的某個已知位置。（鐘擺處於不同的重力場〔gravitational field〕，就會以不同方式擺動：將鐘擺放在同一個緯度上，這種問題便可迎刃而解。）

法國大革命之後，處處洋溢改革熱情，而德塔列朗的提案與當下的氛圍相衝突。當時某些激動的煽動人士提出法國共和曆／法國革命曆（Republican Calendar），[11]因此法國民眾陷入瘋狂境地，被新命名的月分（比如果月〔Fructidor〕、雨月〔Pluviôse〕和葡月〔Vendémiaire〕）、為期十天的星期（始於第一天〔primidi〕，終於第十天〔décadi〕）以及十小時的日子搞得暈頭轉向。此外，一小時被分為一百分鐘，一分鐘又分為一百秒。由於德塔列朗提出的「秒」與法國大革命提出的「秒」（比法國舊制度〔Ancien Régime〕[12]的傳統「秒」短了百分之十三．六）不匹配，國民議會被新的正統觀念綁架，因此徹底否決德塔列朗的構想。

還要再過兩個多世紀，法國才會完全認同「秒」是極為重要的。十八世紀的法國議

---

[10] 威爾金森曾經擔任牛津大學瓦德漢學院（Wadham College）的院長以及劍橋大學三一學院（Trinity College）院長。他博學多聞，如今卻鮮為人知。威爾金森不僅牧養教會和管理大學，也與天文學家克里斯多佛．雷恩（Christopher Wren，設計了倫敦聖保羅大教堂〔St. Paul's Cathedral〕）和愛爾蘭自然哲學家勞勃．波以耳（Robert Boyle，提出波以耳定律〔Boyle's law〕）結交往來，生平熱衷於研究科學：他推測月球可能有生命、幻想宇宙有新的行星、設計過潛艇、飛機和永動機器。他出過一本書，書中提出基於鐘擺的公制系統，而且認為拉丁語有所不足，因此也在該書中提倡一種新的普世語言。他在瓦德漢學院任職期間，發明了透明蜂箱，以便在不打擾蜜蜂的情況下收集蜂蜜。

[11] 譯注：法蘭西第一共和國時期的曆法，在法國大革命時期所採用，旨在切斷宗教對曆法的關聯，排除天主教對百姓的影響。

[12] 譯注：指十五世紀至十八世紀的法國，始於文藝復興末期，終於法國大革命。

員當時認同長度的概念，不中意時間的想法。

這些議員駁斥德塔列朗提出的構想，轉而擁抱另一個與自然界有關的全新構想。[13]他們認為，這個想法帶有革命意味，更為合適。他們指出，要麼測量地球的子午線（meridian），要麼測量赤道，然後將其等分為四千萬分，每個部分都是新的基本長度單位。議員激烈辯論之後，選擇了子午線，部分原因是它通過巴黎；他們還下令，為了易於管理，不必測量全部的子午線，只要測量從北極到赤道的部分；換句話說，只有測量四分之一左右。這四分之一的子午線要劃分為一千萬個部分，然後將劃分的長度命名為「公尺」（meter，源自於希臘名詞μέτρον，意思為尺度或測量〔measure〕）。

國民議會立即委託專家進行大規模調查，以確定所選子午線的長度，但是只有測量其中的十分之一，弧度約為九度（四分之一的子午線有九十度，除以十就剩下九度），而根據今日的測量結果，長度約為一千公里。然而，當時必須以法國十八世紀的長度單位來測量：這個單位是土瓦茲（約六呎長），分成六個「國王的步子」（pied du roi），每個「步子」（pied）又分成十二個「拇指」（pouce），「拇指」又進一步劃分為十二個「線」（ligne）。然而，這些單位並不重要，因為重要的是要知道（子午線）的總長度，然後將其劃分為一千萬個部分。無論結果如何，它都會成為當時所需要的測量單位。法國發明的這種單位最終將傳揚到世界各地。

要調查的子午線從法國北部的敦克爾克（Dunkirk）到南部的巴塞隆納（Barcelona），這兩個港口城市都位於海平面。這個約為九度的弧度大約位於子午線的中間：敦克爾克在北緯五十一度，巴塞隆納位於北緯四十一度，兩者中間是北緯四十五度，該處是吉倫特省（Gironde）的一個村莊，名為聖梅達爾德基濟耶爾（Saint-Médard-de-Guizières）。人們認為，由於地球是扁圓的，亦即地球的鼓起處會影響外形，因此比較像柳橙，而不像足球。這種情形很明顯，因此更有利於計算。（為了進一步驗證地球的形狀，法國科學院〔French Academy of Sciences〕又派出了兩批探險隊，一批前往秘魯，另一批到芬蘭的拉普蘭〔Lapland〕，看看高緯度的一度有多長：所有結果都證實牛頓幾百年前預測的沒錯，地球確實呈現柳橙的形狀。）

法國天文學家皮埃爾．梅尚（Pierre Méchain）和法國數學家兼天文學家讓．巴蒂斯特．德朗布爾（Jean-Baptiste Delambre）率隊在法國與西班牙利用三角測量去測量子午線。他們冒險犯難，歷經六年的動盪不安，見證了後革命時期最恐怖的局勢。這兩位專家歷經千辛萬苦，多次僥倖逃離虎口，沒慘遭暴力迫害（但不是牢獄之災）。礙於篇幅，無法詳述他們的冒險故事。然而，這項壯舉促成了至今通用的公制。對於日後的精

13 譯注：藉此擺脫宗教制約。

密工程師和全球的工程師而言，測量結果出爐之後，法國人所做的事情才是重要的。而這就涉及製作青銅或白金棒。

調查報告於一七九九年四月出爐。根據調查結果計算之後，子午象限（meridian quadrant）的長度為五一三〇七四〇土瓦茲。該做的就是根據這個數字的百萬分之一（亦即〇．五一三〇七四〇土瓦茲）來切割或鑄造棒子與棍子。從此之後，這個長度就是法國在大革命之後奉行的標準尺度（standard measure，亦即標準公尺〔standard meter〕）。

委員們隨後命令工匠用打造這個長度的白金棒，將其稱為「標準」（étalon／standard）。一位名叫馬克．埃帝安．傑奈第（Marc Étienne Janety）的前宮廷金匠，先前為了躲避恐怖統治的放肆越軌行徑而逃往馬賽（Marseille）避難，等他雀屏中選之後，便從馬賽被召回去打造這根棒子。他的心血結晶長存至今，那是一根純白金棒，名為公尺原器（Meter of the Archives），寬二十五公釐，厚四公釐，長度恰好為一公尺。一七九九年六月二十二日，這根標準公尺的白金棒便正式上呈給國民議會。

還不只這樣：除了當作標準公尺的白金棒，幾個月之後還出現一個純白金圓柱體，號稱質量「標準」，亦即公斤。這個圓柱體也是由傑奈第打造，高三十九公釐，直徑三十九公釐，存放於一個乾淨的八角形箱子，箱子上頭貼了標籤，有根據拿破崙日曆[14]的詳細說明：本公斤乃根據第三年芽月（Germinal）[15]十八日頒行之律法鑄造，於第七年收穫月（Messidor）[16]四日上呈（Kilogramme Conforme à la loi du 18 Germinal An 3, présenté le 4 Messidor An 7）。

長度和質量這兩種屬性已經緊密結合、不可分割。一旦確定了長度標準，便可根據長度來確定體積，然後使用標準物質填充該體積，進而確定質量。[17]因此，在十八世紀末期，飽受動盪的巴黎根據簡約的規格，創造了嶄新的質量標準。新出現公尺的十分之一（嚴格來說，就是分米〔decimeter〕），可定為精確製造立方體的一側。這個分米立方體稱為「公升」（litre）量器，可以用鋼或銀去精密製造這種器具，造好之後，便可用純蒸餾水填充量器，而且要盡量讓水溫維持在攝氏四度，因為水處於這個溫度時密度最穩。以此得到的體積（一公升的這種水）便可定義為具備一公斤的質量。

然後，金匠傑奈第精心鑄造且適切調整出一個白金物件，直到它用天平稱重時，重量準確等於一立方分米水的重量。由於白金密度幾乎是水密度的二十二倍，因此那個白

---

[14] 譯注：拿破崙稱帝之後，在一八〇五年年底廢除共和曆，恢復使用格里曆。

[15] 譯注：共和曆的七月，從三月二十一日到四月十九日。

[16] 譯注：共和曆的十月，從六月十九日到七月十八日。

[17] 先前提過，威爾金森建議使用鐘擺來決定長度，但是他也曾率先聯結長度和質量標準，同時提出使用水來得到標準質量的概念。

金物件要比一立方分米的水小得多。從一七九九年十二月十日開始，它就代表公斤。

因此，公斤原器和（確認公斤的）公尺原器構成了新體系的基礎，而該體系隨即成為全球重量和長度的新標準。公制至此已經正式誕生。

巴黎市中心瑪黑區（Marais）的法國國家檔案館（Archives Nationales de France）內有一個鋼製保險箱，裡面保存這兩個創造公制的代表物件。一個位於黑色皮革覆面的八角形箱子，另一個則位於紅褐色皮革覆面的瘦長箱子。

然而，這些美麗的物件終究有瑕疵（測量界經常出現這種情形）。

這兩個物件鑄造之後兩年，人們重新測量打造它們所根據的子午線。令人懊惱和沮喪的是，梅尚和德朗布爾在十八世紀時耗費六年的測量結果竟然有誤，因此他們計算子午線長度的結果當然就會出錯。誤差不大，而根據最新的計算結果，公尺原器短少了十分之二公釐。既然標準公尺出錯，立方公尺和立方分米自然出錯，跟一公升水等重的白金物件（等於公斤）當然也就不對了。

因此，人們便安排繁瑣的過程去打造一套全新的原器，運用十九世紀末的頂尖科技，讓這些原器盡量趨於準確完美。國際社會花了七十多年才認可這些原器，而且又花了許多年去製作必要的備份桿棒和圓柱體。製作這些物件的機制足以說明從威爾金森替瓦特的汽缸鑽鑿孔洞之後，精密度的概念在十九世紀進展了多少。將這些代表標準的原器打造得近乎完美則是一種痴迷的行徑。

一八七二年九月，五十名國際代表（全是白人男子，幾乎個個留長鬍子）齊聚巴黎，參與首屆「國際計量委員會」（International Metre Commission）會議來開啟這個過程。他們在名叫「原野聖馬丁」（St. Martin des Champs）的前中世紀小修道院聚會，這間修道院後來改建為法國國家技藝學院（Conservatoire National des Arts et Métiers），成為全球最重要的科學儀器寶庫之一。[18]

決定未來世界測量體系的國家是當時的西方強權，包括英國、美國、俄羅斯、奧匈帝國（Austria-Hungary）與鄂圖曼帝國（Ottoman Empire，又譯奧斯曼帝國）。諷刺的是，中國和日本被排除在外。他們參與會議以及相關的研討會（最著名的是「計量外交研討會」〔Diplomatic Conference of the Metre〕，會中主要商討國家政策，而非討論製作計量原器的技術問題），討論毫無休止，似乎沒有盡頭。

---

[18] 技藝學院保管了一八五一年首度展示的傅科擺（Foucault's pendulum，譯注：以法國物理學家里昂．傅科〔Léon Foucault〕命名的簡單設備，可用來證明地球自轉）有數十年之久。然而，二〇一〇年五月中旬發生了一場意外，傅科擺不幸摔到地上，擺錘便損壞而無法修復，寶貴的科學儀器自此又減少一樣。此外，擺錘的鋼索斷了，有人指出，該博物館（學院）先前舉辦私人聚會時，與會者曾玩弄擺動的鐘擺，才會讓鋼索變得脆弱。

開完所有會議之後，與會各方終於在一八七五年五月二十日簽訂了《計量條約》（Treaty of the Metre）。國際度量衡局（Bureau international des poids et mesures，簡稱BIPM，亦即International Bureau of Weights and Measures）根據這項條約成立，總部位在塞夫爾（Sèvres）近郊的布勒特伊宮（Pavillon de Breteuil），該組織至今仍駐於此地。各方開會時多次用各種方式要求製作一套重要的新原器。

為了訂定一套國際認可的新計量標準，以及鑄造、加工、銑削、測量和拋光代表新標準的原器，然後上呈這些物件讓世界認可，如此一來一往，幾乎耗費了十五年。一八八九年九月二十八日，終於在巴黎舉行儀式來分發這些物件供各方檢視。

與會人士選出了兩個打造得最棒的物件（外觀完美，尺寸精確），將其奉為國際度量衡原器：一是「國際公尺原器」（International Prototype Meter），日後以黑色字母M代表；二是「國際公斤原器」（International Prototype Kilogram，簡稱IPK，法文稱為Le Grand K），將來用黑色字母K表示。這兩個鉑銥（platinum-iridium）合金原器將永世保存於布勒特伊宮的地下室，受到嚴密看管。

其他落選的物件則在布勒特伊宮的天台展出，但只有在九月的那一天供人參觀。矮壯的公斤原器不大，在玻璃鐘罩下閃閃發光（國家標準原器會罩著兩個玻璃鐘罩，IPK本身要罩三個玻璃鐘罩），細長的公尺原器置於木管中，木管再密封於黃銅管，黃銅管有特殊夾具，以免運送時受損。

巴黎印刷商斯特恩（Stern）在日本製重磅紙上印著「真品證書」（certificate of authenticity）。每份證書都有一套規則，足以說明伴隨物件的特質：例如，三十九號鉑銥圓柱體的記載內容是「46.402mL 1kg - 0.118mg」，解碼後的意思為：這個圓柱體的體積為四十六．四〇二毫升，比一公斤輕〇．一一八毫克。公尺原器的證書比較複雜一些：例如，其中一根公尺棒被標記為「1m + 6 μ.0 + 8 μ.664T + 0 μ.00100T2」，表示它在攝氏零度時，比一公尺長六微米，在攝氏一度時，長度則會多出八．六六五微米。

在房間的一個台子上放著三個桶子，而官員已經對每個桶子放入寫上剩餘標準原器號碼的紙條。抽籤之後，這些原器便會分發給成員國。

在那個星期六，各國代表在溫暖的秋天下午排起長長的隊伍，彷彿在競標體育季票。官員依照法語的字母順序呼叫各國名稱。德國（Allemagne）是第一個，瑞士（Suisse）是最後一個。抽籤抽了一個小時。美國最後得到編號四和二十的公斤原器，以及編號二十一和二十七的公尺原器。[19]英國獲得編號十六的公尺原器和編號十八的公斤原器；日本（此時已經簽署了一八七五年的《計量條約》）[20]抽到了編號二十二的公尺原器和編號六的公斤原器。

當天結束的時候，各國代表付清所有的帳單，然後帶著貴重的獎品離開巴黎。所有原器都裝在盒子裡（公斤原器從玻璃罩移除以方便運送）。這些物件所費不貲：一個鉑銥公尺原器要價一萬零一百五十一法郎；公斤原器比較便宜，只需三千一百零五法郎。

當時，全球各地紛紛成立計量機構，而在幾天或幾週內（日本人得用船把原器帶回國內），代表新計量標準的原器便妥善安置於那些機構之內。這些物件都保管得安全穩妥，即使不像國際原器M和K受到嚴格的看管。這兩個國際度量物件無與倫比、準確萬分且極為精密，如今已經被置放於地下室，墜入永恆的黑暗境地。在附近的保險箱裡有六個官方複製品，稱為「見證」（témoin），這些附屬物件會隨時與主要原器相比較，而它們也會一直保持精準，永久不受破壞。

然而，事實並非完全如此。但是變化不會那麼快發生。監管基礎度量衡的專家會保持警惕，總是不停尋找更好的標準。而他們確實辦到了。

好幾年之前，亦即在一八七〇年，可能有更好計量系統的線索便率先出現，而鉑金原器還得許久之後才會被鑄造成最終形狀和尺寸。在利物浦（Liverpool）舉行的英國科學促進會（British Association for the Advancement of Science）年會上，蘇格蘭物理學家詹姆斯．克拉克．馬克斯威爾（James Clerk Maxwell）發表了演講。對於所有已經完成的計量工作而言，這場演說攪亂了一池春水。馬克斯威爾的話縈繞於全球計量學者的耳中。他提醒聽眾，現代測量起源於調查子午線長度，然後法國又重啟調查，最後從調查結果得出公制單位：

相對於我們目前的比較手段，地球的尺寸及其旋轉時間是非常長久的。然而，它們在物理上並非必然。地球可能會因冷卻而收縮，或者可能因為落在地表的一層隕石而擴大，或者地球的旋轉速度可能會逐漸變緩，但它會跟以前一樣，依舊是一顆行星。然而，比如氫之類的分子，如果質量或振動時間稍微改變，它就不再是氫分子。

如果我們要獲得絕對不變的長度、時間和質量標準，便不能從地球的尺寸、運動或質量著手，而是要定睛於永恆不滅、不可改變且極為相似的分子，從分子的波長、振動週期與絕對質量去下手。

馬克斯威爾挑戰當時所有計量系統的科學基礎。長期以來，基於人體尺寸（拇指、

⓳ 編號二十七的公尺原器曾當作美國的國家標準七十一年之久，期間四度被送回巴黎與Le Grand K進行比較，它於一九六〇年功成身退，然後被送往華盛頓特區外馬里蘭州蓋瑟士堡（Gaithersburg）的美國國家標準暨技術研究院（National Institute of Standards and Technology），保存於該院博物館的玻璃櫃之中。

⓴ 中國直到一九七七年才成為《計量條約》的締約國。然而，如同後續將會提到的，那時整體的計量體系已經改變了。

手臂和步幅等）的系統基本上是不可靠的、主觀的、有變異的且無用的，這點不言而喻。馬克斯威爾當時指出，先前認為可靠的標準（比如等分地球的子午象限、鐘擺的擺動或一日的長短）也並非恆定有用。他宣稱，在自然界中，唯一的真正常數必須從最基本的原子水平上尋找。

正值此時，科學已經進展到足以讓人類窺探原子，揭露先前想像不到的原子結構和性質。馬克斯威爾指出，這些結構和性質才是真正永恆不變的，必須以它們當作標準，以此測量其他物件。捨近求遠，另尋他法，根本不合邏輯。基本性質就是最好的標準（其實是唯一的標準），為何不用呢？

首先用來定義長度標準（亦即公尺）的基本原子性質就是光的波長。畢竟，光是一種因原子激發而產生的可見輻射形式：原子被激發之後，電子會從一種能態（energy state）跳躍到另一種能態。不同的原子會產生不同光譜位置的光，具有不同的波長和顏色，因此會在光譜儀上產生不同且可識別的線條。

非得再經過一百年，國際社會才願意將長度與光及其波長掛鉤。要當時掌管世界、留著灰白鬍子的人士放棄地球尺寸不變的想法，轉而擁抱光的行為，這無疑是要他們相信各大洲會漂移，因為他們認為那根本是無稽之談。然而，到了一九六五年，有人率先提出板塊構造學說（plate tectonics），大陸漂移突然被視為顯而易見之事，只是大家視而不見。既然地質學如此，計量學也不例外：人們突然覺得，應該使用原子及其發射光線的波長當作標準來測量一切物體。

十九世紀末期，麻薩諸塞州出了一位天才，名叫查爾斯．桑德斯．皮爾士（Charles Sanders Peirce）。他率先領悟到可以結合這兩者。他的同輩沒人像他這般絕頂聰明，或者更讓人惱火，令人感到麻煩。他多才多藝，既是數學家，又是哲學家，既是測量師，又是邏輯學家，既風流多情，卻又飽受痛苦（他臉部神經有問題）。他患有精神疾病（極有可能是嚴重的躁鬱症），並且無法控制脾氣。他可以站在黑板之前，右手寫數學理論，左手寫下解答。然而，皮爾士曾被廚師控告用磚塊襲擊他。他不但酗酒，也吸鴉片成癮。他結婚多次，卻外遇成性。

一八七七年，皮爾士首度採用黃色的明亮白熾鈉光源，讓光線穿越繞射光柵（diffraction grating，一種高精度稜鏡），然後盡量測量光線產生的黑色光譜線（spectral line），他以公尺為單位，建立光與長度之間的尺寸關聯。可惜的是，不但光柵玻璃會膨脹，測量玻璃溫度的溫度計也有問題，因此這項實驗不甚理想。皮爾士在他七十五年的生涯中遭遇過諸多不幸，這次失敗只是其中之一。即便如此，他依舊在《美國科學期刊》（*American Journal of Science*）上發表一篇簡短的論文，成為首位嘗試這種方法的人。如果他成功了，人人都會把他的名字掛在嘴邊。皮爾士死前窮途潦倒，不得不向當地麵包店乞討發臭的麵包果腹，他在一九一四年去世，死時寂寂無名，埋沒於荒煙蔓草，遭人遺忘，唯有英國哲學家伯特蘭・羅素（Bertrand Russell）等極少數人才記得他。羅素將皮爾士稱為「美國歷來最偉大的思想家」。

不少科學家信服馬克斯威爾的論點，認為他提出的方法最能夠訂定牢不可破的標準。這些人大聲疾呼之後，全球的計量界總算在一九二七年（歷經一番爭論之後）達成協議。他們首度正式接受計算出來的某個特定元素的波長，該波長的數值非常小，只等於一公尺的一小部分。此外，他們同意可以利用乘法，將「公尺」定義為這些波長的某些倍數（相較之下是很大的數字，該數字至少有七個小數位數）。將波長乘以倍數，基本上便可得到一公尺（的長度）。

此處提到的元素是鎘（cadmium）。這是一種藍銀色金屬，很像鋅，毒性甚強，曾與鎳搭配，用於製造電池，也曾用於製造耐腐蝕鋼，現在則（和碲搭配）來製造太陽能電池板（solar panel）。鎘被加熱之後會發出非常純淨的紅光，從其光譜線便可推算出波長。這個數值非常精確，因此國際天文學聯合會（International Astronomical Union）曾用鎘的波長來定義一種新的極小長度單位，亦即埃格斯特朗（Ångstrom，簡稱埃），等於一公尺的十億分之一（10^{-10}公尺）。

經過測量之後，鎘紅光的波長被定義為六千四百三十八・四六九六三埃。二十年之後，計量官員齊聚巴黎，不但接受這項原理，也同意選用鎘（不過卻刪除最後的三，鎘紅光的波長就成為六千四百三十八・四六九六埃，稍微有點不精準），而且利用簡單的算術，便可輕易將「公尺」定為鎘紅光波長的一千五百五十三・一六四倍（將第一個數字乘以第二個數字，基本上就可得到一・〇〇〇）。

然而，鎘最終也被證明不夠好（定義「公尺」的歷程曲折多變，這一點也不奇怪）。一旦仔細檢查，會發現鎘的光譜線並非先前認為的那般精細純淨：鎘樣品可能是這種金屬的各種同位素混合而成，因此光的相干性／同調性（coherence）不如預期。雖然很多其他的計量長度用鎘來定義，但神聖的「公尺」從未正式與鎘掛鉤。度量衡委員會召開過數次會議，討論是否改用其他輻射線來定義「公尺」。雖然警報連連，但鉑銥棒依舊咬牙保住了王位。然而，到了一九六〇年，委員會又達成了協議。

全球代表決定採用氪（krypton）。一八九八年，人們在空氣中發現微量存在的這種惰性氣體。氪是霓虹燈標誌中最常用到的氣體，雖叫霓虹（neon），卻很少充滿氖（neon）這種氣體。[21]長期以來，人們一直想用波長來定義「公尺」，而氪的光譜線極為

[21] 譯注：氖放入玻璃管通電後會發出橘紅色的霓虹光。科學家覺得新奇炫目，便將其取名為neon，表示「新」的意思。

清晰明確。氪－86是六種天然存在的穩定同位素之一。[22]一九六〇年十月十四日，國際度量衡委員會（International Committee on Weights and Measures）決定（幾乎無異議通過）：氪這種氣體有強大的相干性，其紅橙色輻射有明確的波長（六千五百七十七·八〇二一一埃），非常適合用來定義「公尺」，如同用鎘來定義「埃」。

這些代表發現，公尺仍未定義「精確，以滿足當今的計量需求」。他們便同意，此後公尺的定義是「氪－86原子的2p10與5d5能階間躍遷輻射真空波長的一百六十五萬七百六十三·七三倍」。

這個陳述句簡單易懂，而此話一出，原本代表一公尺的白金棒就成了廢物。從一八八九年以來，這個原器一直是所有長度測量的終極標準：奧地利哲學家路德維希·維根斯坦（Ludwig Wittgenstein）曾說出一句令人困惑卻精確無比的玩笑話：「有一個東西，既不能說它長一公尺，也不能說它不是長一公尺。那個東西就是放在巴黎代表標準公尺的原器。」從一九六〇年十月十四日起，巴黎沒有代表標準公尺的物件，其他地方也沒有。新的測量方法擺脫了物質世界，進入宇宙絕對中立的領域。

一九六〇年的會議（在和平時期，這種會議每四年舉辦一次，通常選在巴黎舉辦）還討論了許多事情，而這些可能是從計量學問世以來最重大的事件。最值得紀念的是，一九六〇年的會議正式啟動了現今的「國際單位制」，通稱SI，這兩個首字母源自於法文Système International d'Unités（國際單位制）。如今，環顧全球，多數人知道、接受、認可且使用SI的七個單位：長度（前面一直討論的公尺）；時間（秒）；電流（安培）；溫度（克耳文）；[23]光強度（燭光）；物質量（莫耳）；以及質量（公斤）。在這些單位之中，有六個是根據自然現象來定義，通常是參照輻射現象，或者原子的行為或數目。

這次會議達成了許多結論：除了基本單位，還有衍生單位，比如赫茲（hertz）、伏特（volt）、法拉（farad）、歐姆（ohm）、流明（lumen）、貝克（becquerel）、亨利（henry）和庫侖（coulomb）；公認的大小前綴詞，包括上層的十（deca）、千（kilo）、吉（giga）、兆（tera）、艾（exa）、皆（zetta）和佑（yotta，這個最大單位代表10^{24}），以及下層的分（deci）、毫（milli）、奈（nano）、皮（pico）、飛（femto）、介

---

[22] 不穩定的同位素氪－85，其半衰期為十一年，乃是核爆炸和核燃料再處理（fuel reprocessing）的副產品。在北韓上方軌道運行的衛星已經在高層大氣（upper atmosphere）偵測到這種氣體的飄升物。

[23] 定義這些單位時，一點都不浪漫，這點可想而知。有人可能會認為「克耳文」有點浪漫，但這個單位的定義是：水在三相點（triple point，液態、固態和蒸汽共存之際）之熱力學溫度的二七三．一六分之一。此處的水不是一般的水：根據定義，要使用所謂的維也納標準平均海水（Vienna Standard Mean Ocean Water）。這種水混合來自各大洋的不同蒸餾水，卻以維也納來命名，顯然說不通，因為維也納是奧地利的首都，但奧地利位於內陸，沒有一個歐洲地區比它離海更遠。

（zepto）和攸（yocto，為了維持計量對稱性，表示極小的10^{-24}）。

然而，這次會議沒有提出新定義來淘汰另一個舊的標準，亦即「國際公斤原器」。這批代表創立了一個全新的測量系統，然後在十月下旬離開巴黎。然而，代表標準公斤的原器仍被關在黑暗的地窖裡，被三層玻璃罩蓋著。這個上世紀的遺物，憂鬱悲傷、悶悶不樂，只能過著悲慘生活。大約六十年之後，人們才找到替代品，取代這個高度拋光的實心金屬圓柱體。新替代物（晶球）的長寬大約等於一個芝寶（Zippo）打火機，尺寸大概相當於高爾夫球的大小，可讓國際公斤原器卸下重擔，不再當作全球各地測量質量的標準。二〇一八年年底，玻璃罩內的國際公斤原器會從嚴密看守的地下室移到一間博物館展示，而這個遺物代表的是先前技術。

計量科技日新月異，最新的公斤的替代物遠比公尺的替代物更晚問世，因此可善用更先進的技術。它將與一個長期被忽視的單位有關。這個單位對其他單位卻至關重要，而它就是時間單位「秒」。

這點牽涉到頻率概念，而頻率是時間的倒數（inverse），亦即某件事每秒重複發生的次數。在現今的七個基本測量單位之中，至少六個涉及頻率。[24]頻率幾乎無所不在。

舉三個例子說明便足矣。

首先，燭光是代表光源亮度的單位，乍看之下，似乎與時間毫無關係，但它們確實有關聯。國際社會現在將燭光定義為：「頻率五四〇×一〇一二赫茲（cycles per second，每秒週期數）之單色輻射光源，在給定方向發出之每立弳（steradian）輻射通量為六八三分之一瓦特之發光強度（luminous intensity）」。根據正式定義，光與秒有關係，因此與時間概念聯繫在一起。

舉第二個基本單位說明。公尺目前根據秒來定義：光在真空中於二九九七九二四五八分之一秒時間間隔內所行經之距離。一九八三年出現這個定義，此後長度也被公認與時間有關。

不久之前，被大肆報導公斤是根據巴黎精心研磨的白金圓柱體來定義，但目前公斤是依照光速來定義，並且利用著名的普朗克常數來彼此相連。此處不詳細說明普朗克常數，它是一個數字，亦即$6.62607004 \times 10^{-34}\ m^2 \times kg/s$。根據這些符號，普朗克常數也跟頻

㉔ 如上所述，七個基本單位是公斤（質量）、公尺（長度）、秒（時間）、安培（電流）、克耳文（溫度）、燭光（光強度）和莫耳（物質量）。還有一系列「衍生單位」來補充這些基本單位，譬如：庫侖（電荷）、牛頓（力）、帕斯卡（壓力）、法拉（電容）；還有大約十五個衍生單位，包括流行的特斯拉（**tesla**），這個單位定義了一種名為「磁通密度」（**magnetic flux density**）的隱晦性質，用來紀念近代科學界最受歡迎的科學家尼古拉·特斯拉（**Nikola Tesla**）。特斯拉去世十七年之後，亦即在一九六〇年，獲得這項榮譽。

率有關，當然也就牽涉到秒。因此，質量也是根據時間來定義。目前全球各界都公認：時間是一切的根基。

有先見之明的伽利略看著比薩的燈籠領悟了這點。爾後，威爾金森也提出這種觀點，法國貴族德塔列朗日後也附和支持。一切事物都與時間有關。

然而，時間是什麼？

據說聖者奧古斯丁（Augustine）曾說：「如果沒有人問我，我知道時間是什麼。但我若要向詢問的人解釋，我就不知道時間是什麼。」時間會前進，我們知道這點。但是時間如何前進？前進的究竟是什麼？為什麼時間只朝一個方向前進？就時間而言，方向到底代表什麼？愛因斯坦曾說，時間是「鐘錶測量之物」。還能說得比這更準確嗎？

突然之間，這些問題特別相互牽聯。

人類如何安排（以及我們歷來如何安排）時間的累積，端賴於如何選擇。多數人都同意分鐘、小時和日子（天數）的算法。[25]畢竟，長期以來，日升日落決定了時間的本質，創造了一種由上而下的機制來便於人類社會運轉，同時形塑了時間概念。直到一九五〇年代，這種由上而下機制最底層的「秒」還是被定義成一日的八六四〇〇分之一。

超過幾天以上的時間（往上累積到其他的人類構念〔construct〕，亦即英語的週

〔week〕、月〔month〕和年〔year〕），計時機制就會根據變幻莫測的宗教習俗和個人喜好而截然不同。現代計量學家處理牽涉基本單位「秒」的問題時，會致力於讓所有單位一致。人人皆可隨意處置更大的時間單位，但「秒」卻是神聖不可侵犯。

在一九六七年以前，「秒」與自然現象息息相關（在由上而下機制中，「日」位於頂端，「秒」是「日」長度的一小部分），乃是透過日晷（sundial）或秒擺（seconds pendulum）來計算。秒擺本身的長度會決定擺動的時間間隔。當它不停擺動時，便可顯示一日的推移。如果時光會流逝，便可輕易調整秒擺長度，使其以太陽通過兩次天頂（zenith）（稱之為正午）之間時程的八六四〇〇分之一之速率擺動。若根據學校教過的方程式$T = 2\pi\sqrt{l/g}$來計算就更簡單，其中l是秒擺長度，g是重力加速度，T則是秒擺擺動一次所經歷的時間。

從「日」推算「秒」確實很容易。然而，人類從古代便知道更大問題在於：礙於各

㉕如今，大家幾乎都接受一日有二十四小時、一小時有六十分鐘、一分鐘有六十秒的概念。然而，法國人長期以來偏好十進制時間。支持者認為，這樣比較符合邏輯，因為長度和質量也是十進位。中國曾有數個世紀以十進制劃分一天，不過卻反覆無常。在某一段漫長的中國歷史中，基本計時單位「刻」（ke，譯注：古代一晝夜共分一百刻）所代表的時間長短顯然異於其他時期。到了十七世紀，耶穌會會士統合了中國計時方式，宣稱一刻是一小時的四分之一，自此便讓中國與其他地區的晝夜計時維持一致。

種原因，包括本地的因素（例如潮汐的摩擦效應〔frictional effect〕）以及天體的因素（比方地球自轉的改變、地軸頂部的搖擺進動〔precession〕、[26]地球自轉週期的逐漸減緩〔偶爾會隨機加速〕），「日」本身的長度就會不斷改變。如果測量標準本身就不穩定，如何準確定義「秒」呢？此刻又浮現馬克斯威爾提出的奇特問題。

要處理這個問題，首先要拋棄計時概念機制頂端的「日」，改用更大的單位「年」，亦即用「年」的一小部分來測量時間的累積（增量），而所謂「年」，就是地球繞著太陽公轉一圈所經過的時間。星曆時（ephemeris time）的概念便於焉誕生。星曆時是基於行星和恆星的運動，亦即根據數個世紀觀察天體運動而記錄的結果。

隨著時間的推移，星曆表（ephemeris，亦即「天文年曆」〔almanac〕，這個詞比較容易懂）愈來愈完善，因為人類昔日靠望遠鏡觀察星象，後來改用衛星觀測，得到日益精準的結果。因此，到了一九五二年，由美國帕沙第納（Pasadena）噴射推進實驗室（Jet Propulsion Laboratory）定義的現代星曆時概念便成為標準。

當時，「秒」被定義為一年的三一五五六九二五・九七五分之一：此處的年，並非指任何一年，而是從一月〇日開始的一九〇〇年。這個〇日表示從一八九九年十二月三十一日過渡到一九〇〇年一月一日的起點。然而，「年」是人類提出的構念，從未由標示為〇的日子起始，某些人會對此感到困惑。我們的計數系統可以這樣（〇・五）；我們的時鐘可以這樣（〇〇．二三小時）；但是我們的日曆卻不行（有一月一日，但絕對沒有一月〇日）。

然而，「年」本身是根據行星繞恆星的時程來計算，跟「日」一樣會隨意改變而不夠精準，因此還需要尋找更好的計時標準。更好的解決方案其實早已準備就緒：就是要回答馬克斯威爾的問題。自然界有某些事物（尤其潛藏在原子和次原子性質的事物），其頻率振動永世不變，或者說，其改變幅度難以測量。

正如我們討論精工時所說過的，石英就是其中之一。石英錶可提供不變的精確秒數；無聲的秒數會累積成精確的分鐘數，接著成為精確的小時數和天數。

馬克斯威爾曾反對使用人類尺度、甚至行星尺度來定義公尺和公斤。到了二十世紀後半葉，同樣情況也發生了。對普通人而言，用石英計時已經夠好了，但是對於科學家或世界各地的國家度量衡機構而言，石英顯然不夠好。有鑑於此，科學家便發展了目前的標準，採用了一兩台近期發明的系列「原子鐘」（atomic clock）來計時。

原子時計也運用相同的基本原理：可以誘導天然物質，使其以固定且可測量的速率振動。石英晶體受到電荷影響時便會振動，這種特性簡單易懂，因此石英很適合用來計時。對於原子而言，頻率屬於一種更微妙的東西：在選定的元素中，繞著原子核旋轉的電子必須從某一個軌道跳到另一個軌道，亦即進行量子躍遷（quantum leap），或者量子跳變（quantum jump），此乃這個詞的最初講法。人們從十九世紀以來便知道，電子從基態（ground state）躍遷到另一個能階（energy level）時，便會發出極為穩定的電磁輻射（electromagnetic radiation）。

許多物理學以前便指出，這種原子躍遷產生的輻射非常精確和穩定，有朝一日可用來當作時鐘的基礎。一九四九年，有人在美國使用雷射的前身邁射（maser）和氨分子，首度展示了這種基本概念。

英國人路易．艾臣（Louis Essen）於一九五五年發明了真正的原子鐘。艾臣當時和同事傑克．帕里（Jack Parry）製作了一個模型，促使環繞金屬銫（cesium）原子核旋轉的電子進行躍遷來作為模型的心跳律動。他們這樣做似乎很奇怪：銫是最軟的金屬，在室溫時幾乎是液態。這種淺金色物質會在空氣中自燃，接觸到水也會爆炸。然而，銫現在用途廣泛，極具價值，因為它的電子在躍遷時，會發出節奏不變的穩定輻射；路易．艾臣和他任職的英國國家物理實驗室（National Physical Laboratory）大聲疾呼之後，塞夫爾的科學家終於在一九六七年同意以銫為基礎來定義「秒」。

這個定義沿用至今。目前「秒」的定義非常簡單（光從字面來講）：銫－133原子於基態之兩個超精細能階之間躍遷時，放出光譜線微波頻率的九一九二六三一七七〇週期之持續時間。乍看之下，這個十位數數字令人生畏，但是每位度量衡學家都認為它很好用，而且它很像美國的電話號碼，不但令人熟悉，也被口耳相傳。

雖然銫原子鐘非常昂貴且笨重，如今卻無處不在。據說目前有三百二十台原子鐘，彼此相互檢查：美國的主原子鐘每十二分鐘要檢查一次，藉此消除奈秒誤差。這些原子鐘會根據一批更精確的時計來校時，這些時計稱為噴泉式銫原子鐘（cesium fountain clock）。噴泉式銫原子鐘有十幾台，使用雷射去攪亂一堆鋼製容器內的銫原子，從而獲得比其他原子鐘更高的準確度。美國的主原子鐘位於馬里蘭州和科羅拉多州；GPS系統（第八章講述的極精密系統，也得根據時間運作）也是從華盛頓特區美國海軍天文台（U.S. Naval Observatory，簡稱USNO）[27]多達五十七台的銫原子鐘來獲取重要的時間數據，而這批銫原子鐘又會根據科羅拉多州受到嚴格保護的施里弗空軍基地之二十四台原子鐘來校時。

---

[26] 譯注：天體的自轉軸指向因為重力作用而在空間中緩慢且連續變化。

[27] USNO位於一座低矮山丘上，靠近麻薩諸塞大道（Massachusetts Avenue）的英國大使館。位於南方的華盛頓特區當年仍是個小城市，挑選這個場址，就是要避開它帶來的光害（light pollution）。然而，它的周圍現在都是郊區，當然會受到大量光害。此外，美國特勤局（Secret Service）護衛駐紮於此，保護先前的台長宅邸（Superintendent's Mansion），這棟建築如今已改為美國副總統官邸（底下有強固掩體，可抵擋核武攻擊）。

這些原子鐘非常精準，而全球各種標準實驗室也不斷構建或試驗新式原子鐘，並且宣稱這些時計更為精準（最典型的例子是馬里蘭州蓋瑟士堡〔Gaithersburg〕郊外的美國國家標準暨技術研究院〔National Institute of Standards and Technology〕正在研發的鐿原子鐘〔ytterbium clock〕）。這些原子鐘的準確度開始趨於可信。例如，英國標準局（British Standards Institution）聲稱，雖然標準的銫原子鐘具有大約10^{-13}秒的準確度，而仔細調校的NPL-CsF2噴泉式銫原子鐘，其秒的準確度可達到2.3×10^{-16}，亦即〇・〇〇〇〇〇〇〇〇〇〇〇〇〇〇〇二三。

這台噴泉式銫原子鐘要經過一億三千八萬年才會走慢或走快一秒鐘。

現在有人在談論更為精準的量子邏輯鐘（quantum logic clock）和光學鐘（optical clock），聲稱這些時計的準確度可達到8.6×10^{-18}秒，表示它們可極為精準地計時十億年。回想昔日，每隔幾天都必須從口袋掏出懷錶來校時，可惜這種迷人景況將永遠消失，今人將不復記憶，後人亦將難以想像。

精確計時領域高深精妙，科學界如今已經擁抱這個精彩的世界，投入資金、設備和人員去特別鑽研測量時間的古怪行為。正因為如此，計量學家也完全認可精確計時的構想，了解到時間「支撐著一切」。現在看來，「一切」甚至包括重力這種性質。如果有兩個放在兩張桌子的時鐘，其中一張桌子只比另一張高五公分，放在較高桌子的時鐘會記錄較長的秒數，長多少很難測量，但秒數絕對更長，這點毫無疑問，箇中原因很簡單：它離地球核心更遠了幾公分，受地球引力的影響較小。

如今已經證明時間和重力之間有這種關聯。中國正密集研究時間的本質，而出於因緣際會，當地降臨了現代物理界一次出人意表的機會。北京附近有幾間資金雄厚的全新實驗室，計量學家在其中進行關於時間的實驗，而且正因為感到同步而稍有喜悅，因為研究中心前門外有一個禮物，禮物來自於英格蘭主要的計量學院，亦即倫敦西部特丁頓（Teddington）的國家物理實驗室（National Physical Laboratory，簡稱ＮＰＬ）。

那是一棵蘋果樹的幼苗。

這棵樹只是一群樹的其中一棵，看似普通，卻非常特別。如果北京的夏季溫暖且不太乾燥，它將會結出稱為「肯特之花」（Flower of Kent）的蘋果，這種蘋果鬆脆、多汁且偏酸。然而，這棵樹並非因此奇特，而是因為系譜才獨特。

這棵蘋果樹被ＮＰＬ作為禮物贈送中國之前，它的直系先祖是一九四〇年代在倫敦南部水果研究站嫁接的幼枝（接穗）種植而成的。這棵幼枝乃是從白金漢郡（Buckinghamshire）一處修道院花園裡的一棵樹取出的，而這棵樹又是在一八二〇年代所栽植，且出自於另一棵巨大的蘋果樹。這棵大蘋果樹原本生長在更北方的一處鄉村莊園，亦即林肯郡的伍爾索普莊園（Woolsthorpe Manor），卻不幸遭遇歷來罕見的大風暴而被吹倒。

伍爾索普莊園曾是艾薩克・牛頓爵士的宅邸。牛頓在一六六六年從劍橋逃到了林肯郡，而在那「奇蹟之年」（annus mirabilis）的夏天，他看到蘋果從樹上掉了下來，於是思考到底是哪種力量讓蘋果掉落，最終提出了重力的概念，認為重力不但會影響這棵果樹，而且根據邏輯去延伸判斷，它也會影響月亮在繞地球的軌道上的恆定運動與所處的高度。

因此，牛頓的蘋果樹（應該說這棵樹的後代）如今正在北京的花園裡開花結果。花園旁邊是當年明朝皇帝埋葬先祖之處，也能由此眺望沿著山脊延伸的萬里長城。中國最新一代的科學家正以最精密的方式研究重力對穩定流逝時間的效應，從中展現高超智慧與雄心壯志。

重力是一種神祕的力量，讓所有人都牢牢站在地表，而時間屬於基本的物理量，滴答前行，不斷流逝。我們可說中國科學家正試圖在這兩者之間建立和證明一種可追溯的物理關聯。從根本上來說，我們利用時間來衡量所有製造和使用的東西，而時間又替我們提供無比的準確性和精密度，讓現代世界得以運轉。

致謝

至少在過去的七個世紀之中，星象盤的裝飾黃銅面板一直被稱為「網／層膜」（rete）。這個英語詞源自於表示「網絡」（network）的拉丁語。就詞彙意義而言，這個字用得非常恰當，因為許多古老星象盤的面板看起來很像鑄造的金屬網，底下有更為堅固的輪盤和齒輪，構成了這種最古老的天文儀器。

「層膜」這個詞現在也出現於網際網路。它代表郵寄名單，讓牛津大學科學史博物館（Museum of the History of Science）持續開啟網絡對話，使得全球熱衷於測量、科學設備、光學和密碼機（cypher machine）等共同主題，以及喜歡準確度和精密度等互為競爭概念的人士得以透過網路交流。我在二〇一六年加入這個郵寄名單，因為我想撰寫關於精密度歷史的書籍，想暗地詢問那裡的人有何想法？

哇！來自全球各地的人立即熱情回應，從波茨坦（Potsdam）到帕多瓦（Padua），從波多黎各（Puerto Rico）到巴基斯坦（Pakistan），大批熱衷科學的人給我提供意見並贈送書籍、提供我學術論文的連結，並且邀請我參加會議，甚至告訴我許多精確研究領域的頂尖人物。

因此，我首先要感謝「層膜」郵寄名單的發起人和管理者，也要謝謝促使我撰寫本書的許多自稱「層膜網友」（retian）的人士。我接著要感謝我透過rete@maillist.ox.ac.uk而初識的科學愛好者，以及那些或多或少從旁協助的人。這些人包括：

西爾克・阿克曼（Silke Ackermann）、查克・艾利安德羅（Chuck Alicandro）、保羅・柏托拉利（Paul Bertorelli）、哈里什・巴斯卡蘭（Harish Bhaskaran）、約翰・布里格斯（John Briggs）、斯圖爾特・戴維森（Stuart Davidson）、麥可・迪波德斯特（Michael de Podesta）、謝伊・德拉戈什—普里查德（Cheri Dragos-Pritchard）、巴特・弗里德（Bart Fried）、梅麗莎・格拉菲（Melissa Grafe）、齊格弗里德・赫克爾（Siegfried Hecker）、班・休斯（Ben Hughes）、大衛・凱勒（David Keller）、約翰・拉維里（John Lavieri）、安德魯・路易斯（Andrew Lewis）、馬克・麥克艾肯（Mark McEachern）、羅里・麥克沃伊（Rory McEvoy）、格雷厄姆・馬辛（Graham Machin）、戴安娜・繆爾（Diana Muir）、大衛・潘塔尼奧（David Pantalony）、林賽・帕帕斯（Lindsey Pappas）、伊恩・羅賓遜（Ian Robinson）、大衛・魯尼（David Rooney）、克里斯托夫・羅瑟（Christoph Roser）、碧姬・魯特曼（Brigitte Ruthman）、詹姆斯・薩爾斯伯里（James Salsbury）、道格拉斯・蘇（Douglas So）、彼得・索科洛夫斯基（Peter Sokolowski）、康拉德・斯蒂

芬（Konrad Steffen）、馬丁．斯托里（Martin Storey）、威廉．托賓（William Tobin）、詹姆斯．阿特拜克（James Utterback）、丹．維爾（Dan Veal）和斯科特．沃克（Scott Walker）。

在我詢問之後，其中有許多人（後續還有別人）立即要我聯繫精密度領域的兩位頂尖專家，一是英格蘭南部克蘭菲爾德大學（Cranfield University）的派特．麥基昂（Pat McKeown），二是北卡羅萊納大學夏洛特分校（University of North Carolina at Charlotte）的克里斯．埃文斯（Chris Evans）。我於是動身去拜訪這兩位專家。他們為人慷慨熱心，同時從旁鼎力協助。倘若沒有他們的幫忙與鼓勵，本書萬難付梓出版，我對此深表感激。當然，疏漏在所難免，文責由我自負。

我在研究調查期間，訪問過英國、日本、中國和美國的國家度量衡機構，因此特別感謝特丁頓國家物理實驗室的保羅．肖爾（Paul Shore）、勞拉．柴爾茲（Laura Childs）和山姆．格雷沙姆（Sam Gresham）；蓋瑟士堡美國國家標準暨技術研究院的蓋爾．波特（Gail Porter）、克里斯．奧茨（Chris Oates）和約瑟夫．譚（Joseph Tan）；北京中國計量科學研究院（National Institute of Metrology）昌平院區的嚴凱利（Kelly Yan，音譯）；以及筑波日本國家計量院（National Metrology Institute of Japan／計量標準総合センター）的朝海敏昭（Toshiaki Asakai）和島岡一博（Kazuhiro Shimaoka）。東京大學（University of

Tokyo）的国枝正典（Masanori Kunieda）教授也曾提供寶貴的意見，在此一併致謝。

參與哈伯和詹姆斯・韋伯太空望遠鏡計畫的ＮＡＳＡ科學家和其他人員也給予我諸多幫忙，這些人包括：戈達德太空飛行中心的馬克・克蘭賓（Mark Clampin）和李・費恩伯格（Lee Feinberg），以及哈佛大學的埃里克・克遜（Eric Chaisson）和大學天文研究協會（ＡＵＲＡ）會長馬特・茅騰（Matt Mountain）。

我也想謝謝下列熱心人士：德比勞斯萊斯車廠的理查・雷（Richard Wray）、克洛伊・沃爾特斯（Chloe Walters）和比爾・奧沙利文（Bill O'Sullivan）；勞斯萊斯銀魂協會（Rolls-Royce Silver Ghost Society）的比利・凱莉（Billi Carey）；倫敦科學博物館的馬克・強森（Mark Johnson）、安德魯・納胡姆（Andrew Nahum）、班・拉塞爾（Ben Russell）和吉姆・貝內特（Jim Bennett）；荷蘭愛因荷芬（Eindhoven）的傑姆・福蘭斯（Jelm Franse）（還有我的老友托尼・塔克〔Toni Tack〕，感謝他在我前往荷蘭訪察時對我熱情款待並提供住宿）；加州理工學院的約翰・格羅辛格（John Grotzinger）和埃德・斯托爾珀（Ed Stolper）；帕沙第納杭廷頓圖書館（Huntington Library）的史蒂夫・欣德（Steve Hindle）（我以學者身分在此地短暫停留，住得極為舒適）；牛津大學博德利圖書館（Bodley）館員理查・奧文登（Richard Ovendon）（他的辦公室鐵定是全世界最舒服的工作場所）；漢福德ＬＩＧＯ的弗雷德・拉布（Fred Raab）和邁可・蘭德里（Michael

Landry）；美國軍火製造商諾斯洛普．格魯門公司（Northrop Grumman）的潔西卡．布朗（Jessica Brown）；精工的成瀨恵子（Keiko Naruse，音譯）和上田隆（Takashi Ueda，音譯）；萊卡的斯蒂芬．丹尼爾（Stefan Daniel）以及我的報社老友克里斯．安傑利古（Chris Angeloglou），他大量蒐集了萊卡相機。

史蒂芬．沃爾夫勒姆（Stephen Wolfram）和他的同事艾米．楊（Amy Young）非常了解精密測量，提供我明智的意見（艾米還送我餅乾當作聖誕節禮物）。傑里米．伯恩斯坦（Jeremy Bernstein）精通核能，替我詳述許多鈽的知識。結交四十年的老友馬克斯．惠特比（Max Whitby）則引領我窺探迷人的奈米技術。牛津大學（聖凱瑟琳學院）院長羅格．安斯沃思（Roger Ainsworth）領導過勞斯萊斯葉片冷卻研究小組，他回憶起陳年往事，讓我從中汲取珍貴的訊息。從我開始撰寫本書時，佛蒙特州溫莎市的美國普利斯峻博物館的安．勞利斯（Ann Lawless）便一路支持我。此外，承蒙作家維托爾德．黎辛斯基（Witold Rybczynski）和電影製片人納撒尼爾．卡恩（Nathaniel Kahn）不斷鼓勵與協助，在此表示由衷的謝忱。

我的兒子魯珀特．溫契斯特（Rupert Winchester）眼光敏銳、閱讀細心，以往都會閱覽我所有的書籍。他此次也不例外，針對幾近定案的書稿提供了寶貴的意見。

哈潑柯林斯（HarperCollins）出版社的新編輯莎拉．尼爾森（Sara Nelson）任事熱心，令人讚賞不已。她運用多年來累積的專業知識修訂初稿，讓定稿盡善盡美，成果令我頗感自豪。能與她共事是莫大的榮幸，我們如今相處融洽，日後必能長久合作。在本書即將付梓的最後幾週，莎拉的助理丹尼爾·巴斯克斯（Daniel Vazquez）接替瑪麗·高勒（Mary Gaule）處理後續事宜。這兩位不負莎拉的信任，完成了交託的任務，我很高興能與他們一起合作。我要提一下在倫敦的哈潑柯林斯編輯阿拉貝拉·派克（Arabella Pike）：我們彼此剛認識，但她曾替小兒子買一套塊規（Jo block）當作聖誕節禮物。她讀到本書描寫塊規的內容之後，認為我倆很投緣，可以成為好朋友。

一如既往，我要感謝威廉·莫里斯奮進（William Morris Endeavor）經紀公司的代理人：位於紐約的蘇珊·克拉克（Suzanne Gluck）和位於倫敦的賽門·特瑞恩（Simon Trewin），還有蘇珊的助理安德里亞·布拉特（Andrea Blatt）。你們意志堅定且堅忍不拔，無愧為傳奇人物。承蒙各位關照，我銘感於心。你們當然也是我的摯友，我們的友誼必能長長久久。

我最後要感謝妻子節子（Setsuko），謝謝她對精密與工藝之間難以捉摸的關係（尤其在日本的情況）提供獨到見解，同時無怨無悔支持我撰寫本書。我對她的感激，著實難以言表。

二〇一八年三月於美國麻薩諸塞州桑迪斯菲爾德（Sandisfield）

參考書目

Ackermann, Silke. *Director's Choice: Museum of the History of Science*. Oxford. Scala Arts & Heritage Publishers. 2016.

Adams, William Howard. *The Paris Years of Thomas Jefferson*. New Haven, CT. Yale University Press. 1997.

Albrecht, Albert B. *The American Machine Tool Industry: Its History, Growth and Decline—A Personal Perspective*. Richmond, IN. Privately published. 2009.

Alder, Ken. *The Measure of All Things: The Seven-Year Odyssey and Hidden Error that Transformed the World*. Boston. Little, Brown. 2002.

Allen, Lewis, et al. *The Hubble Space Telescope Optical Systems Failure Report*. Washington, DC. NASA. 1990.

Althin, Torsten K. W. *C. E. Johansson 1864–1943: The Master of Measurement*. Stockholm. Aktiebolaget C. E. Johansson. 1948.

Atkins, Tony and Marcel Escudier. *Oxford Dictionary of Mechanical Engineering*. Oxford. Oxford University Press. 2013.

Atkinson, Norman. *Sir Joseph Whitworth: 'The World's Best Mechanician*.' Stroud, UK. Sutton Publishing. 1996.

Australian Transport Safety Bureau. *In-Flight Uncontained Engine Failure Overhead Batam Island, Indonesia. 4 November 2010*. Canberra. Australian Government. 2013.

Baggott, Jim. *The Quantum Story: A History in Forty Moments*. Oxford. Oxford University Press. 2011.

Baillie, G. H., C. Clutton, and C. A. Ilbert, *Britten's Old Clocks and Watches and Their Makers* (7th edition). New York. Bonanza Books. 1956.

Barnett, Jo Ellen. *Time's Pendulum*. New York. Plenum Press. 1998.

Bennett, Martin. *Rolls-Royce: The History of the Car*. New York. Arco. 1974.

Betts, Jonathan. *Harrison*. London. The National Maritime Museum. 1993.

Borth, Christy. *Masters of Mass Production*. New York. Bobbs-Merrill Co. 1945.

Bostrom, Nick. *Superintelligence: Paths, Dangers, Strategies*. Oxford. Oxford University Press. 2014.

Brown, Henry T. *Five Hundred and Seven Mechanical Movements*. New York. Brown and Seward. 1903.

Brown & Sharpe Mfg. Co. *Practical Treatise on Milling and Milling Machines*. Providence, RI. Brown & Sharpe. 1914.

Bryant, John and Chris Sangwin. *How Round Is Your Circle? Where Engineering and Mathematics Meet*. Princeton, NJ. Princeton University Press. 2008.

Burdick, Alan. *Why Time Flies: A Mostly Scientific Investigation*. New York. Simon & Schuster. 2017.

Cantrell, John and Gillian Cookson. *Henry Maudslay & the Pioneers of the Machine Age*. Stroud, UK. Tempus. 2002.

Carbone, Gerald M. *Brown and Sharpe and the Measure of American Industry*. Jefferson, NC. McFarland & Co. 2017.

Carey, Geo. G. *The Artisan; or Mechanic's Instructor*. London. William Cole. 1833.

CERN. *Infinitely CERN: Memories from Fifty Years of Research*. Geneva. Editions Suzanne Hurter. 2004.

Chandler, Alfred D. *Inventing the Electronic Century: The Epic Story of Consumer Electronics and Computer Industries*. Cambridge, MA. Harvard University Press. 2005.

Chrysler, Walter P. *Life of an American Workman*. New York. Dodd, Mead & Co. 1937.

Collins, Harry. *Gravity's Kiss: The Detection of Gravitational Waves*. Cambridge, MA. MIT Press. 2017.

Cossons, Neil, Andrew Nahum, and Peter Turvey. *Making of the Modern World: Milestones of Science and Technology*. London. John Murray. 1992.

Crease, Robert P. *World in the Balance: The Historic Quest for an Absolute System of Measurement*. New York. W. W. Norton. 2011.

Crump, Thomas. *The Age of Steam: The Power that Drove the Industrial Revolution*. New York. Carroll & Graf. 2007.

Darrigol, Olivier. *A History of Optics: From Greek Antiquity to the Nineteenth Century*. Oxford. Oxford University

Press. 2012.

Dawson, Frank. *John Wilkinson: King of the Ironmasters*. Stroud, UK. The History Press. 2012.

Day, Lance and Ian McNeil (eds). *Biographical Dictionary of the History of Technology*. London. Routledge. 1996.

Derry, T. K. and Trevor Williams. *A Short History of Technology: From the Earliest Times to AD 1900*. Oxford. Oxford University Press. 1960.

DeVorkin, David and Robert W. Smith. *Hubble: Imaging Space and Time*. Washington, DC. National Geographic Society. 2008.

Dickinson, H. W. *John Wilkinson, Ironmaster*. Ulverston, UK. Hume Kitchin. 1914.

———. *Matthew Boulton*. Cambridge, UK. Cambridge University Press. 1937.

Duncan, David Ewing. *Calendar: Humanity's Epic Struggle to Determine a True and Accurate Year*. New York. Avon Books. 1998.

Dvorak, John. *Mask of the Sun: The Science, History and Forgotten Lore of Eclipses*. New York. Pegasus Books. 2017.

Easton, Richard D. and Eric F. Frazier. *GPS Declassified: From Smart Bombs to Smartphones*. Lincoln. University of Nebraska Press. 2013.

Evans, Chris. *Precision Engineering: An Evolutionary View*. Bedford, UK. Cranfield Press. 1989.

Fenna, Donald. *Dictionary of Weights, Measures and Units*. Oxford. Oxford University Press. 2002.

Free, Dan. *Early Japanese Railways 1853–1914: Engineering Triumphs that Transformed Meiji-Era Japan*. Rutland, VT. Tuttle Publishing. 2008.

Gleick, James. *Chaos: Making a New Science*. New York. Viking. 1987.

Golley, John. *Whittle: The True Story*. Shrewsbury, UK. Airlife Publishing Ltd. 1987.

Gordon, J. E. *Structures: or, Why Things Don't Fall Down*. London. Penguin. 1978.

Gould, Rupert T. *The Marine Chronometer: Its History and Development*. London. J. D. Potter. 1923.

Guye, Samuel. *Time & Space: Measuring Instruments from the 15th to the 19th Century*. New York. Praeger Publishers. 1971.

Hand, David J. *Measurement: A Very Short Introduction*. Oxford. Oxford University Press. 2016.

Hart-Davis, Adam (ed). *Engineers: From the Great Pyramids to the Pioneers of Space Travel*. New York. Dorling Kindersley. 2012.

Heffernan, Virginia. *Magic and Loss: The Internet as Art*. New York. Simon & Schuster. 2016.

Hiltzik, Michael. *Big Science: Ernest Lawrence and the Invention that Launched the Military-Industrial Complex*. New York. Simon & Schuster. 2015.

Hindle, Brooke. *Technology in Early America*. Chapel Hill. University of North Carolina Press. 1966.

Hindle, Brooke and Steven Lubar. *Engines of Change: The American Industrial Revolution, 1790–1860*. Washington, DC. Smithsonian. 1986.

Hirshfeld, Alan W. *Parallax: The Race to Measure the Cosmos*. New York. Henry Holt. 2002.

Hooker, Stanley. *Not Much of an Engineer: An Autobiography*. Shrewsbury, UK. Airlife Publishing. 1984.

Hounshell, David A. *From the American System to Mass Production, 1800–1932*. Baltimore. Johns Hopkins University Press. 1984.

Hunt, Robert (ed.). *Hunt's Hand-Book to the Official Catalogues: An Explanatory Guide...to the Great Exhibition*. London. Spicer Bros. 1851.

Johnson, George. *The Ten Most Beautiful Experiments*. New York. Knopf. 2008.

Johnson, Steven. *Where Good Ideas Come From: The Natural History of Innovation*. New York. Penguin. 2010.

Jones, Alexander. *A Portable Cosmos: Revealing the Antikythera Mechanism, Scientific Wonder of the Ancient World*. Oxford. Oxford University Press. 2017.

Jones, Tony. *Splitting the Second: The Story of Atomic Time*. Bristol, UK. Institute of Physics Publishing. 2000.

Kaempffert, Waldemar (ed.). *A Popular History of American Invention*. New York. A. L. Burt Company. 1924.

Kaplan, Margaret L., et al. *Precisionism in America 1915–1941: Reordering Reality*. New York. Harry N. Abrams. 1994.

Kaye, G. W. C. and T. H. Laby *Tables of Physical and Chemical Constants*. London. Longman. 1911. 13th edition. 1966.

Kirby, Ed. *Industrial Sharon: Sharon, Connecticut, in the Salisbury Iron District*. Sharon, CT. Sharon Historical Society. 2015.

Kirby, Richard Shelton, et al. *Engineering in History*. New York. McGraw-Hill. 1956.

Klein, Herbert Arthur. *The Science of Measurement: A Historical Survey*. New York. Dover Publications. 1974.

Kula, Witold. *Measures and Men*. Princeton, NJ. Princeton University Press. 1986.

Lacey, Robert. *Ford: The Men and the Machine*. Boston. Little, Brown. 1986.

Lager, James L. *Leica: An Illustrated History* (3 vols). Closter, NJ. Lager Limited Editions. 1993.

Leapman, Michael. *The World for a Shilling: How the Great Exhibition of 1851 Shaped a Nation*. London. Hodder Headline. 2001.

Lynch, Jack. *You Could Look It Up: The Reference Shelf from Ancient Babylon to Wikipedia*. London. Bloomsbury. 2016.

Madou, Marc J. *Fundamentals of Microfabrication: The Science of Miniaturization*. Boca Raton, FL. CRC Press. 2002.

McNeil, Ian. *Joseph Bramah: A Century of Invention, 1749–1851*. Newton Abbot, UK. David & Charles. 1968.

Milner, Greg. *Pinpoint: How GPS Is Changing Technology, Culture, and Our Minds*. New York. W. W. Norton. 2016.

Mitutoyo Corporation. *A Brief History of the Micrometer*. Tokyo. 2011.

Moore, Wayne R. *Foundations of Mechanical Accuracy*. Bridgeport, CT. Moore Special Tool Co. 1970.

Muir, Diana. *Reflections in Bullough's Pond: Economy and Ecosystem in New England*. Lebanon, NH. University Press of New England. 2000.

Mumford, Lewis. *The Myth of the Machine: Technics and Human Development*. New York. Harcourt Brace. 1966.

Nahum, Andrew. *Frank Whittle: Invention of the Jet*. Cambridge, UK. Icon Books. 2005.

Noble, David F. *America by Design: Science, Technology, and the Rise of Corporate Capitalism*. New York. Knopf. 1977.

———. *Forces of Production: A Social History of Industrial Automation*. New York. Knopf. 1984.

———. *The Religion of Technology: The Divinity of Man and the Spirit of Invention*. New York. Knopf. 1997.

Pearsall, Ronald. *Collecting and Restoring Scientific Instruments*. New York. Arco. 1974.

Penrose, Roger. *The Road to Reality: A Complete Guide to the Laws of the Universe*. London. Random House. 2004.

Pugh, Peter. *The Magic of a Name: The Rolls-Royce Story—The First Forty Years*. London. Icon Books. 2000.

Quinn, Terry. *From Artifacts to Atoms: The BIPM and the Search for Ultimate Measurement Standards*. New York. Oxford University Press. 2012.

Rid, Thomas. *Rise of the Machines: A Cybernetic History*. New York. W. W. Norton. 2016. Rolls-Royce

PLC. *The Jet Engine*. Chichester, UK. Wiley. 2005.

Rolt, L. T. C. *Tools for the Job: A Short History of Machine Tools*. London. Batsford. 1965.

Rosen, William. *The Most Powerful Idea in the World: A Story of Steam, Industry and Invention*. Chicago. University of Chicago Press. 2010.

Roser, Christoph. "*Faster, Better, Cheaper" in the History of Manufacturing: From the Stone Age to Lean Manufacturing and Beyond*. Boca Raton, FL. CRC Press. 2017.

Russell, Ben. *James Watt: Making the World Anew*. London. Reaktion Books. 2014.

Rybczynski, Witold. *One Good Turn: A Natural History of the Screwdriver and the Screw*. New York. Touchstone/Simon & Schuster. 2000.

Schivelbusch, Wolfgang. *The Railway Journey: The Industrialization of Time and Space in the Nineteenth Century*. Oakland. University of California Press. 1977.

Schlosser, Eric. *Command and Control: Nuclear Weapons, the Damascus Incident, and the Illusion of Safety*. New York. Penguin. 2013.

Setright, L. J. K. *Drive On! A Social History of the Motor Car*. London. Granta Books. 2003.

Singer, Charles, et al. *A History of Technology: Vol IV: The Industrial Revolution, 1750–1850*. Oxford. Oxford University Press. 1958.

Smil, Vaclav. *Prime Movers of Globalization: The History and Impact of Diesel Engines and Gas Turbines*. Cambridge, MA. MIT Press. 2010.

Smiles, Samuel. *Lives of the Engineers* (5 vols). London. 1862.

———. *Industrial Biography: Iron Workers and Tool Makers*. London. 1863.

Smith, Gar. *Nuclear Roulette: The Truth about the Most Dangerous Energy Source on Earth*. White River Junction, VT. Chelsea Green Publishing. 2012.

Smith, Merritt Roe. *Harpers Ferry Armory and the New Technology: The Challenge of Change*. Ithaca, NY. Cornell University Press. 1977.

Sobel, Dava. *Longitude: The True Story of a Lone Genius Who Solved the Greatest Scientific Problem of His Time*. New York. Walker and Company. 1995.

Soemers, Herman. *Design Principles for Precision Mechanisms*. Eindhoven, Netherlands. 2011.

Standage, Tom. *The Turk: The Life and Times of the Famous Eighteenth-Century Chess Playing Machine*. New York. Walker and Company. 2002.

Stephens-Adamson Manufacturing Company. *General Catalog No. 55*. Aurora, IL. Stephens-Adamson Mfg. Co. 1941.

Stoddard, Brooke C. *Steel: From Mine to Mill, the Metal that Made America*. Minneapolis. Quarto. 2015.

Stout, K. J. *From Cubit to Nanometre: A History of Precision Measurement*. Teddington, UK. National Physical Laboratory. Penton Press. No date.

Tomlinson, Charles. *Cyclopaedia of Useful Arts, Mechanical and Chemical, Manufactures, Mining, and Engineering* (3 vols.). London. Virtue and Company. 1866.

Tsujimoto, Karen. *Images of America: Precisionist Painting and Modern Photography*. San Francisco. San Francisco Museum of Modern Art. 1982.

Usher, Abbott Payson. *A History of Mechanical Inventions*. Cambridge, MA. Harvard University Press. 1929.

Utterback, James M. *Mastering the Dynamics of Innovation*. Boston. Harvard Business School Press. 1994.

Vessey, Alan. *By Precision into Power: A Bicentennial Record of D. Napier & Son*. Stroud, UK. Tempus. 2007.

Wagner, Erica. *Chief Engineer: Washington Roebling: The Man Who Built the Brooklyn Bridge*. New York. Bloomsbury. 2017.

Watson, Peter. *Ideas: A History of Thought and Invention, from Fire to Freud*. New York. Harper. 2005.

Wilczek, Frank. *A Beautiful Question: Finding Nature's Deep Design*. New York. Viking. 2015.

Wise, M. Norton (ed.). *The Values of Precision*. Princeton, NJ. Princeton University Press. 1995.

Wolfram, Stephen. *Idea Makers: Personal Perspectives on the Lives and Ideas of Some Notable People*. London. Wolfram LLC. 2016.

Yapp, G. W. (compiler). *Official Catalogue of the Great Exhibition of the Works of Industry of All Nations 1851*. London. Spicer Bros. 1851.

Zimmerman, Robert. *The Universe in a Mirror: The Saga of the Hubble Telescope and the Visionaries Who Built It*. Princeton, NJ. Princeton University Press. 2008.

字彙表

準確度（Accuracy）：測量或動作與期望結果的接近程度。擊中靶心就是準確度的展現。

環形日晷／球形等高儀（Armillary sphere）：精心設計的交叉黃銅環框架，用於表示地球周圍的各種天體和其他特徵，譬如黃道（ecliptic）、月球軌道或熱帶地區（the tropics）。

像散現象（Astigmatism）：鏡頭形狀造成折射不規則，導致影像變形扭曲，或者讓照相機或望遠鏡功能失常。

天象儀（Astrarium）：類似於星象儀器與天文鐘（astronomical clock）的機械裝置，可以預測天象和行星橫越天際的日期。

星象盤（Astrolabe）：標有刻度的金屬圓盤，具備旋轉元件，可用於推算天象。

亞佛加厥數（Avogadro number）：「國際單位制」單位的一克分子（one mole）物質含有的粒子（原子、光子和分子）數目，此數為六．〇二二一四一五×一〇二三。

雙金屬片（Bimetallic strip）：不同金屬在不同的溫度下會展現不同的行為。如果將兩小片不同的金屬結合在一起，這個合成的金屬片便會隨著溫度變化而彎曲，因此可利用這種現象來觸發恆溫器（thermostat）的開關。

滑輪（Block）（海事）：裝在箱子內的滑輪或滑輪系統，用於拉起帆船的索具或拉起重物。

銅焊（Brazing）：利用高熱將金屬連接到金屬的方法，雖不比熔接（welding）牢固，卻比焊接

（soldering）更穩固。

專利（Brevet d'invention）：法文詞語，意思為專利。

英國標準惠氏螺紋（British Standard Whitworth）：製造螺絲和螺紋的一套標準。

卡鉗（Caliper）：測量儀器的鉗口，一側固定，另一側可依樞軸旋轉或滑動，用來測量物件的外部尺寸。

卡賓槍（Carbine）：一種槍枝，比滑膛槍略短且輕，通常屬於騎兵配備。

碳纖維（Carbon fiber）：非常強韌和輕盈的碳形式，於一九六〇年代問世，廣泛用於各種機械設備。

削角／倒角／去角（Chamfer）：將鋒利的邊緣或邊角磨平。

彗形像差（Coma）（望遠鏡）：鏡頭球面像差導致的結果，物件邊緣會顯得模糊不清。

夜課經（Compline）：修道院在一天中最晚的宗教儀式，將意義延伸之後，表示舉行這項儀式的夜間時辰。

繞射光柵（Diffraction grating）：刻上平行和等距精細線條的板子。光線通過這種板子時會出現生動的光譜。

分度器（Dividing engine）：一種裝置，通常是以蝸輪推動的巨大輪子，用來將刻度刻到測量儀器。

榫釘（Dowel）：通常是光滑的桿或栓，大部分由木材製成，可用於緊固物件。

放電加工（EDM）：使用高強度火花形塑金屬工件，通常用來在奇形怪狀的物件上鑽出小孔洞。

以太（Ether）：一種以前被認為看不見的物質，充盈整個空間，允許各種輻射四處散射。

晶圓廠（Fab）：量產電子元件的工廠。

燧發機（Flintlock）：一種裝置，將金屬片撞擊燧石，藉此多少產生點火花來點燃槍枝內的火藥。

傅科擺（Foucault's Pendulum）：十九世紀的法國物理學家（傅科）發現以下的現象：非常長且緩慢擺動的鐘擺將在一個方向上持續擺動，與此同時，地球會在其下方旋轉（透過擺錘下方的錶盤）。因此，人們便以他的名字來命名這種設備。

活動蓋板（Frizzle）：燧發機（請參閱前面解說）的金屬部分，與燧石撞擊之後會產生火花。

下滑航線（Glide path）：即將著陸的飛機最審慎規劃的下降路線。

驗適度規／通過—不通過量規（Go and no-go gauge）：一種檢查工具，具有兩個不同公差的部分：一是待檢查物件可切合的部分（一根桿子或一顆螺絲），一是待檢查零件無法切合的部分，然後便可從中確定待檢查物件的尺寸是否正確。

調速器（Governor）：連接到引擎的機械裝置，可調節和限制引擎的速度。

石墨烯（Graphene）：碳的一種形式，只有一個碳分子厚度，幾乎看不見，於二〇〇四年首度由人工製造出來。石墨烯堅硬且輕盈，如今受到廣泛研究。

隱籬（Ha-ha）：一種幾近隱形的人工溝渠，通常出現於大型莊園，作為田野、草地和花園的邊界。

可互換零件（Interchangeable parts）：現代製造業的基礎，所有組成零件都一樣，無論如何組裝都能契合。在十八世紀時，這種概念率先由法國提出，爾後主導十九世紀的美國製造業。

干涉儀（Interferometer）：一種基於光學且極為準確的測量裝置。它會將一道光束分成兩道光束，然後將其重新組合。只要這兩道光束走的路徑長短有差異，光波便會彼此干擾並產生彩色圖案，然後可由此推導出路徑長度的差異。

夾具（Jig）：通常為手工製作的導引或支撐工具，有助於替工具或鑽機定位，以便重複進行多次作業。

車床（Lathe）：起源很早的機器，可將等待被翻轉的（木頭、象牙或金屬）元件固定於水平位置，然後開始轉動這個元件，同時使用工具來削切它。

堅硬鐵梨木（Lignum vitae）：通常指西印度群島的一種樹木，這種樹木素以堅硬無比和自潤特性而聞名。曾經有一段很長的時間，它被用來製造齒輪和其他機械零件。此外，這種樹木會沉入水中。

雷射干涉儀重力波觀測站（LIGO）：ＬＩＧＯ通常指路易斯安那州和華盛頓州的兩座觀測站，但也泛指記錄和測量重力波是否通過時空結構的全球設備網絡。

工具機（Machine tool）：通常是不可攜帶的工具，用來鑽孔、銑削或形塑金屬；它經常被認為是製造機器的機器。

磁電機（Magneto）：一種小型裝置，轉動時會利用磁鐵和導線線圈來產生火花。

申正經（Matins）：修道院在一天中最早的宗教儀式，最晚的儀式則是夜課經（請參閱前面解說）。

分釐卡（Micrometer）：一種測量裝置，通常使用精密製造的螺絲以及使用刻度（等級）方式來旋轉螺絲，藉此讓裝置元件前進和後退。這種裝置是用來極為準確地測量物件尺寸。

核磁共振造影（MRI）：這種技術結合強大的磁場和高頻無線電波，用來檢查物件（通常是人體部位和器官，但也能應用於非生物體）不可見的內部。

太陽系儀（Orrery）：這種裝置通常由發條構成，可用來模擬天體繞太陽或地球的運動，供娛樂或學習之用。

縮放儀（Pantograph）：由連接的平行四邊形金屬構成，可用來精確複製平面圖、圖形或實體物件，因為這個裝置的一端在描繪輪廓時，會促使另一端的筆或切割工具以類似的方式移動。

二疊紀（Permian）：一個長達五千萬年的地質時期，始於約兩億九千萬年前，之前為石炭紀（Carboniferous）。在這個時期，砂岩或鹽經常會累積成厚厚的一層，覆蓋於更早形成的石油和天然氣上方。

光刻法／光蝕刻法（Photolithography）：一種列印形式，其中照片圖像會被轉印到列印表面；這種技法如今被用來製造半導體。

普朗克常數（Planck constant）：這個常數以德國物理學家馬克斯．普朗克（Max Planck）來命名，可將電磁輻射的能量子與其頻率聯繫起來。它通常用符號 h 來表示。

電漿（Plasma）：通常在非常高的溫度下形成的氣體，其特徵在具備自由電子和正離子。

精密度（Precision）：這個詞經常等同於準確度和精確度，但工程師卻認為它表示規格中的細化程度，小數點後的零愈多，表示測量的精密度愈高。

量子力學（Quantum mechanics）：物理學的一個分支，涉及原子和次原子粒子的相互作用和二元性及其現象。

級（Rate）（戰艦）：戰艦的分類。在昔日的風帆時代，人們（大致）根據火砲數量來替戰艦分級：一級戰艦配備一百門大砲，二級戰艦配置八十門，以此類推。

上發條裝置（Remontoir）：時鐘的一部分，利用秤砣和彈簧系統，持續對平衡輪／擺輪提供動力。

速度失控（Runaway）：如果蒸汽機的調速器發生故障，蒸汽機將會失控而無法控制，這種情況極其危險。

無褲黨（Sansculotte）：之所以命名為「無褲」，乃是因為這些人通常衣著破舊。這個詞指的是法國大革命時期的窮人，這些人在「恐怖統治」期間從事底層的粗活。

半導體（Semiconductor）：可以改變導電性的材料，譬如矽或鍺。小型電子產品的所有電晶體幾乎由這種材料製成。

六分儀和八分儀（Sextant, octant）：一種水手手持的儀器，可根據恆星和行星來導航。有了GPS之後，六分儀之類的儀器便幾乎全數遭到淘汰。然而，航海官／領航員（navigator）至今依舊知道如何使用八分儀。

國際單位制（SI）：只有緬甸、賴比瑞亞和美國拒絕簽署，不同意採納這個系統。

矽（Silicon）：矽是最常見的元素，構成了組成地球的岩石。它也是多數電腦晶片的核心組成分。

滑動台架／刀架（Slide rest）：車床的一部分，能夠用來固定各種切削工件的工具。

計算尺（Slide rule）：不久之前，工程師都會在前方口袋放一支計算尺。這種攜帶式計算工具使用起來方便迅速但準確度有限。它包含標示對數刻度的可滑動尺，移動這些尺可以立刻回答算術問題。

斜繫船纜（Springs）（船隻）：將船隻固定於碼頭的繩索；下令鬆開船纜就表示要鬆開繩索準備出航。

開始鑽油井（Spud）（石油產業）：為了開始鑽油井，鑽頭會在海底表面上下反彈，直到鑽出一個深孔，然後才開始鑽探。

德塔列朗（Talleyrand）：十八世紀的法國外交家和主教（有王子的封號），為人狡猾、奸詐和傲慢，而「德塔列朗式」成為這些特質的代名詞。

推桿（Tappet）：機器內部的小零件，接觸凸輪軸時會上升和下降，如此便可將動作傳遞給較大的零件，例如閥門。

測試質量（Test mass）：在ＬＩＧＯ觀測站每個艙室的末端，有懸掛的熔矽石圓柱體土，它就稱為測試質量。另有一套複雜的代償性沉錘和彈簧。

鉄瓶（Tetsubin）：一種日式鑄鐵茶壺，有蓋子和把手，通常會放在炭火上加熱來泡茶。

土瓦茲（Toise）：法國的舊制長度單位，約等於一．九公尺，於十九世紀初逐漸遭到淘汰。它可分為六個「步子」（pied）。

公差（Tolerance）：與具體標準相比，加工零件允許出現的尺寸差異。要有高精密度，公差就得很小。

可追溯性（Traceability）：這個術語指的是一種鏈帶，任何測量皆可據此回溯到一項標準。例如，手錶顯示的「秒」可以連結到原子鐘輸出的恆定時間訊號，最終根據這個訊號來相互比較。

電鈴線圈（Trembler coil）：早期的火花產生器（spark generator），用於福特Ｔ型車之類汽車的點火系統。

釩（Vanadium）：一種銀灰色重元素，把它添加到鋼之後，可大幅增加鋼的硬度，從而構成許多複雜合金添加劑的基礎。

游標尺（Vernier）：十六世紀的法國數學家維爾尼爾（Vernier）發明了這種以他的名字來命名的測量工具。滑動游標尺（vernier scale）便可測出主尺刻度下一位的數值。

晚課（Vespers）：修道院的日落祈禱，接近一日禮拜儀式的尾聲。

侘寂（Wabi-sabi）：與完美背道而馳。這種觀念目前備受青睞，其體現的美學就是去欣賞無常與粗糙，以及抱持寧靜之心去喜愛工藝。

賽門·溫契斯特作品集1

精確的力量：從工業革命到奈米科技，追求完美的人類改變了世界

2019年11月初版　定價：新臺幣490元
2021年9月初版第二刷
有著作權·翻印必究
Printed in Taiwan.

著　者	Simon Winchester
譯　者	吳煒聲
叢書主編	王盈婷
校　對	陳佩伶
封面設計	許晉維
內文排版	林婕瀅

出版者	聯經出版事業股份有限公司
地址	新北市汐止區大同路一段369號1樓
叢書主編電話	(02)86925588轉5316
台北聯經書房	台北市新生南路三段94號
電話	(02)23620308
台中分公司	台中市北區崇德路一段198號
暨門市電話	(04)22312023
台中電子信箱	e-mail：linking2@ms42.hinet.net
郵政劃撥	帳戶第0100559-3號
郵撥電話	(02)23620308
印刷者	文聯彩色製版印刷有限公司
總經銷	聯合發行股份有限公司
發行所	新北市新店區寶橋路235巷6弄6號2樓
電話	(02)29178022

副總編輯	陳逸華
總編輯	涂豐恩
總經理	陳芝宇
社長	羅國俊
發行人	林載爵

行政院新聞局出版事業登記證局版臺業字第0130號

本書如有缺頁，破損，倒裝請寄回台北聯經書房更換。　ISBN 978-957-08-5402-2 (平裝)
聯經網址：www.linkingbooks.com.tw
電子信箱：linking@udngroup.com

THE PERFECTIONISTS.
Copyright © 2018 by Simon Winchester
This edition is published by arrangement with William Morris Endeavor Entertainment, LLC.
through Andrew Nurnberg Associates International Limited.
Complex Chinese edition © 2019 by Linking Publishing Company,
All rights reserved

國家圖書館出版品預行編目資料

精確的力量：從工業革命到奈米科技，追求完美的人類改變了世界/ Simon Winchester著．吳煒聲譯．初版．新北市．聯經．2019年11月．456面．14.8×21公分（賽門·溫契斯特作品集 1）
譯自：The perfectionists: how precision engineers created the modern world
ISBN 978-957-08-5402-2（平裝）
[2021年9月初版第二刷]

1.工程學　2.歷史

440.09　108016266